山东大学自贸区研究院建设经费资助
国家社科基金重大项目（20&ZD100）阶段性成果

自贸试验区框架下
山东省海洋经济高质量发展路径研究

Research on the Path of High-quality Development
of Marine Economy in Shandong Province
Under the Framework of Pilot Free Trade Zone

主编◎杨　林　杨广勇

中国财经出版传媒集团
经济科学出版社
Economic Science Press

图书在版编目（CIP）数据

自贸试验区框架下山东省海洋经济高质量发展路径研究/杨林，杨广勇主编 . —北京：经济科学出版社，2021.11

ISBN 978-7-5218-3164-1

Ⅰ.①自… Ⅱ.①杨…②杨… Ⅲ.①海洋经济 - 经济发展 - 研究 - 山东 Ⅳ.①P74

中国版本图书馆 CIP 数据核字（2021）第 250709 号

责任编辑：陈赫男
责任校对：齐　杰
责任印制：范　艳

自贸试验区框架下山东省海洋经济高质量发展路径研究
主编◎杨　林　杨广勇
经济科学出版社出版、发行　新华书店经销
社址：北京市海淀区阜成路甲 28 号　邮编：100142
总编部电话：010-88191217　发行部电话：010-88191522
网址：www.esp.com.cn
电子邮箱：esp@esp.com.cn
天猫网店：经济科学出版社旗舰店
网址：http://jjkxcbs.tmall.com
北京季蜂印刷有限公司印装
710×1000　16 开　25 印张　390000 字
2021 年 12 月第 1 版　2021 年 12 月第 1 次印刷
ISBN 978-7-5218-3164-1　定价：99.00 元
（图书出现印装问题，本社负责调换。电话：010-88191510）
（版权所有　侵权必究　打击盗版　举报热线：010-88191661
QQ：2242791300　营销中心电话：010-88191537
电子邮箱：dbts@esp.com.cn）

前　言

2018年3月8日，习近平总书记在参加十三届全国人大一次会议山东代表团审议时指出："海洋是高质量发展战略要地。"对山东推进高质量发展提出要求："要加快建设世界一流的海洋港口、完善的现代海洋产业体系、绿色可持续的海洋生态环境，为海洋强国建设作出贡献。"[①]

山东省历来重视海洋经济发展，1991年率先提出"陆上一个山东，海上一个山东"战略构想，1998年全面启动"海上山东"建设；2007年提出建设山东半岛蓝色经济区，助推海洋经济强省发展，2011年山东半岛蓝色经济区成为国家首个以海洋经济为主题的区域经济发展战略，承担起"加快建设具有较强国际竞争力的现代海洋产业集聚区、具有世界先进水平的海洋科技教育核心区、国家海洋经济改革开放先行区和全国重要的海洋生态文明示范区"的重任。"十三五"规划以来，在省委、省政府坚强领导下，山东全省上下深入学习贯彻习近平总书记关于山东要更加注重经略海洋的重要指示精神，坚持陆海统筹，科学推进海洋资源开发，加快构建完善的现代海洋产业体系，海洋经济综合实力显著增强。2018年5月，山东省印发《山东海洋强省建设行动方案》，确立"龙头引领、湾区带动、海岛协同、半岛崛起、全球拓展"的海洋强省建设总体格局。2019年山东省将海洋强省建设列入全省"八大发展战略"。2020年，将海洋强省作为"九个强省突破"之一，把现代海洋产业列入十强产业集群，提出开创经略海洋新局面。2021年6月，山东省委再次召开海洋强省建设工作会议，对海洋强省建设进行再动员、再部

---

① 《图解2018全国两会》，人民出版社2018年版，第132页。

署。多年来，山东省海洋渔业、海洋生物医药产业、海洋盐业、海洋电力业、海洋交通运输业5个产业规模居全国第一位。据自然资源部反馈，2020年山东省海洋生产总值达13187亿元，占地区生产总值的18.03%，占全国海洋生产总值的16.48%。其中，第一产业、第二产业、第三产比重分别为5.3%、36.8%和57.9%，第一产业、第二产业比重较上年有所提升，第三产业比重有所下降。[①]

2019年8月中国（山东）自由贸易试验区总体方案获得通过，明确提出着力将山东自贸试验区打造成为海洋经济发展的引领区，推动自贸试验区海洋经济高质量发展，纵深推进"一带一路"倡议和海洋强国、创新驱动发展等国家重大战略，并更好地服务我国陆海内外联动、东西双向互济的对外开放总体布局。在此目标下，山东自贸试验区通过各项政策叠加优势，聚焦航运物流、海洋高端装备、海洋生物医药、涉海高端服务业等特色海洋产业，集中优势资源向自贸区融注，构建经略海洋的大产业格局，向海洋经济发展示范区高速迈进，高水平推进自贸试验区建设。

基于上述背景，自贸试验区建设为山东省海洋经济发展、海洋强省乃至海洋强国建设带来了哪些影响？如何以开放探索为主线、以特色海洋产业发展为基础、以海洋经济高质量发展为目标，形成可复制、可推广、有国际竞争力的制度创新？海洋特色产业还存在哪些短板、如何通过推进重大研发、试验验证平台、中试基地、综合信息平台建设等公共服务，提升特色、优势海洋产业综合竞争力？基于以上思考，本书以"自贸试验区框架下山东省海洋经济高质量发展路径"为对象研究，在自贸试验区框架下山东省海洋经济高质量发展问题与对策的基础上，从海洋经济发展的主体挖潜（特色产业）、海洋经济发展的区域承载（半岛区域海洋经济）、海洋经济发展的生态支撑（海洋环境治理）三个维度构建研究框架，展开内容分析，以期抛砖引玉，为山东自贸试验区在经略海洋方面创新突破、高质量发展海洋经济、开创海洋强省建设新局面、为海洋强国建设作出山东贡献提供基本素材与决策参考。同时，我们也深知，自贸试验区框架下山东省海洋经济高质量发展所涉及的

---

① 《解读〈2020年山东海洋经济统计公报〉新闻发布会》，中国山东网，http://sdio.sdchina.com/online/1142.html。

问题和研究领域非常广泛、深奥，无论是理论逻辑、现实逻辑，还是政策逻辑，我们的研究还刚刚起步，还存在诸多不足，有待进一步深化和改进。期待在广大专家学者的关心、支持下，深入挖掘海洋经济作为经济增长新引擎的重要作用，不断提高自贸试验区框架下海洋经济高质量发展相关议题的研究质量，大力推进海洋经济所涉及学科的交叉融合研究，为新文科建设在海洋经济领域的布局提供思路与基础引导。感谢山东大学自贸区研究院的资助，感谢经济科学出版社的大力支持。

目　　录

Ⅰ　总　报　告

自贸试验区框架下山东省海洋经济高质量发展问题与对策
………………………………………………………… 杨　林 / 3

Ⅱ　特色产业篇

山东省海洋高端装备制造业发展现状、问题与对策
………………………………………… 安　冬　韩耀南 / 47

山东省海洋交通运输业发展现状、问题与对策
…………………………… 安　冬　张瑞毅　储　馨 / 61

山东省滨海旅游业发展现状、问题与对策
…………………………………………… 于　红　付吉星 / 86

山东省海洋生物医药产业发展现状、问题与对策
………………………………………………………… 沈春蕾 / 103

山东省海水淡化产业发展现状、问题与对策
………………………………………… 周瑞恒　胡银辉 / 120

山东省海洋牧场发展现状、问题与对策
.... 张信信/140

山东省涉海金融服务业发展现状、局限性与对策
.... 刘丹丹/159

Ⅲ 区 域 篇

青岛片区海洋经济高质量发展路径研究
.... 杨广勇　吕永康/191

烟台片区海洋经济创新发展对策研究
.... 贾永华　白书婷/210

山东自贸试验区建设框架下威海开放型海洋经济发展问题与对策研究
.... 孙乃杰　刘潇逸/232

山东自贸试验区建设框架下胶东半岛海洋经济一体化发展障碍与突破
.... 孟楚翘　杨婧雯/248

自贸区建设背景下山东省特色海洋产业发展对策
　　——基于与广东、福建的比较
.... 杨广勇/273

山东省东北亚地区水产品加工及贸易问题研究
.... 柳俊燕/296

Ⅳ 环 境 篇

山东省自贸区海洋生态环境现状、问题与对策
.... 郝新亚/317

海洋塑料垃圾治理困境与实现机制研究
.... 王馨缘　杜钦钦　刘粉粉/333

山东省自贸区海洋微塑料垃圾的协同治理研究
………………………………………………………………… 陈 欣/344

中日韩协同治理海洋塑料垃圾实现机制研究
………………………………………………………… 郑 潇 于 红/361

山东省自贸区蓝碳能力评估与提升路径
………………………………………………………… 沈春蕾 郑 潇/377

Ⅰ 总报告

自贸试验区框架下山东省海洋经济高质量发展问题与对策

▶ 杨 林[*]

摘要： 基于山东省海洋经济发展现状，描述自贸试验区建设方案对与海洋经济发展、特色海洋产业发展空间布局影响，从优化片区海洋经济高质量发展经营环境、加快海洋重大项目建设步伐、促进海洋产业结构转型升级、促进口岸功能完善、积极推进东北亚航运枢纽建设进程等方面分析自贸试验区建设为山东省加快海洋经济高质量发展提供新机遇，结合自贸试验区建设对山东省海洋经济发展的目标要求，分析山东省海洋经济发展存在的问题与体制机制障碍。最后，根据新发展格局的战略诉求，提出自贸试验区框架下山东省海洋经济高质量发展的建议：陆海统筹，加强海洋生态文明建设；先试先行，进一步促进海洋特色产业提质增效；持续推进海洋科技创新；加强国际合作，提升海洋产业开放性，走向价值链中高端。

关键词： 自贸试验区　海洋经济　特色海洋产业　高质量发展

2018年3月8日习近平总书记在参加十三届全国人大一次会议山东代表团审议时指出："海洋是高质量发展战略要地。"对山东推进高质量发展提出要求："要加快建设世界一流的海洋港口、完善的现代海洋产业体系、绿色可持续的海洋生态环境，为海洋强国建设作出贡献。"[①] 为落实总书记指示要求，山东省委、省政府采取了一系列措施，大力推进海洋强省建设。2018年5月，山东省委召开了海洋强省建设工作会议，深入实施海洋强省建设"十大行动"，加快推进海洋经济高质量发展。2019年8月《中国（山东）自由

---

[*] 杨林，山东大学自贸区研究院研究员。
[①] 《图解2018全国两会》，人民出版社2018年版，第132页。

贸易试验区总体方案》获得通过，明确了山东省利用自贸区建设的契机，以建设海洋强省深入推进海洋强国战略的任务，明确了海洋经济的发展目标：发挥自身海洋资源优势，发挥青岛、烟台、威海三个国家海洋经济创新发展示范城市的引领示范作用，着力将山东自贸试验区打造成为海洋经济发展的引领区，推动自贸试验区海洋经济高质量发展，纵深推进"一带一路"建设和海洋强国、创新驱动发展等国家重大战略，并更好地服务我国陆海内外联动、东西双向互济的对外开放总体布局。因此，山东省海洋经济如何充分利用自贸试验区建设的机遇、以海洋科技创新为引擎、提升海洋资源开发能力、高质量发展成为建设海洋强省的重要支撑。

一、山东省海洋经济发展现状

（一）海洋资源丰富，海洋强省建设不断取得新进展

山东省是海洋大省，其发展最大优势和潜力在海洋。海岸线长3345千米，占全国的1/6，濒临海域面积15.95万平方千米[1]，海洋产业基础雄厚，科研创新能力较强，拥有青岛国家海洋实验室等一批重量级的海洋科研机构和创新平台，海洋经济发展水平在全国各沿海省份中处于领先地位，海洋在建设经济文化强省中具有特殊的战略地位。近年来，为加快海洋强省建设步伐，山东省委、省政府认真贯彻习近平总书记重要指示和党中央、国务院关于海洋的决策部署，发挥海洋优势，坚持陆海统筹，深化改革开放，加强海洋生态文明建设，全省海洋经济和海洋管理工作取得了显著成效。山东省出台了《山东海洋强省建设行动方案》，规划了海洋科技创新行动、海洋生态环境保护行动、世界一流港口建设行动、海洋新兴产业壮大行动、海洋传统产业升级行动、智慧海洋突破行动、海洋文化振兴行动、海洋开放合作行动

---

[1] 《山东统计年鉴2020》。

和海洋治理能力提升行动等海洋强省建设"十大行动",实施海洋创新驱动发展战略,科学推进海洋资源开发,加快构建完善的现代海洋产业体系,海洋经济综合实力显著增强,海洋渔业、海洋生物医药产业、海洋盐业、海洋电力业、海洋交通运输业5个产业规模连续多年位居全国第一位。同时,充分发挥青岛、烟台、威海三个国家海洋经济创新发展示范城市的引领示范作用,重点围绕海洋生物和海洋高端装备两大产业,推进产业链协同创新和产业孵化集聚创新,加快山东省海洋生物和海洋高端装备等产业区域集聚发展。支持威海、日照建设国家海洋经济发展示范区,探索海洋经济发展新模式,鼓励先行先试。由图1可知,山东省海洋生产总值从2009年的5820亿元激增到2019年的13445亿元,因为新冠肺炎疫情影响,2020年,山东省实现海洋生产总值13187亿元,继续居全国第二位,占全国海洋生产总值的比重达到16.5%,占全省地区生产总值的比重虽然下降为2020年的18.1%,但海洋经济依然是山东省开创新时代现代化强省建设新局面的有力引擎。

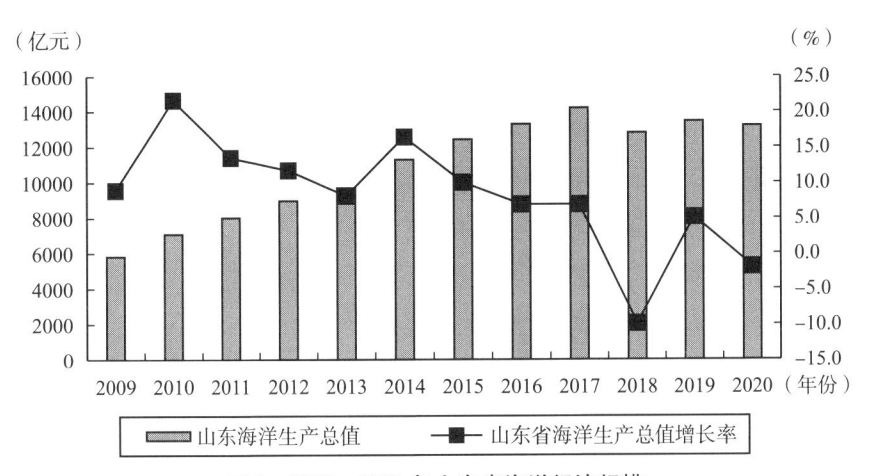

图1 2009~2020年山东省海洋经济规模

资料来源:2011~2017年《中国海洋统计年鉴》、2018~2019年《中国海洋经济统计年鉴》;《解读〈2020年山东海洋经济统计公报〉新闻发布会》,中国山东网,http://sdio.sdchina.com/online/1142.html。

图 2 显示，山东省海洋生产总值占全国海洋生产总值的比重也呈逐渐上升趋势，连续多年居全国第二位，但自 2016 年后增速减缓。海洋生产总值占山东省 GDP 的比重呈先上升后下降趋势，2016 年为 19.8%，2017 年达到 22.5%，海洋经济发展的质量效益不断提高，成为拉动山东省经济发展的重要力量。

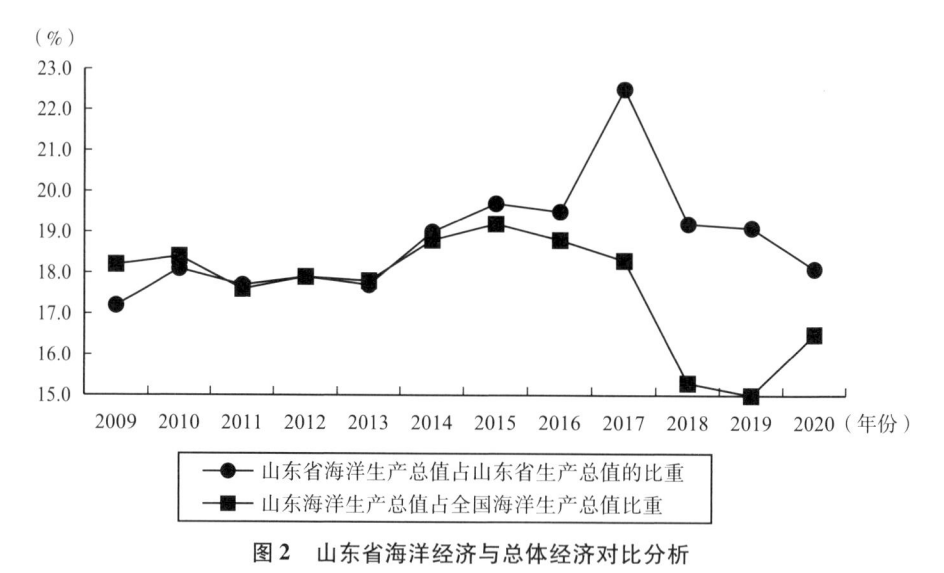

图 2　山东省海洋经济与总体经济对比分析

资料来源：2011～2017 年《中国海洋统计年鉴》、2018～2019 年《中国海洋经济统计年鉴》；《解读〈2020 年山东海洋经济统计公报〉新闻发布会》，中国山东网，http://sdio.sdchina.com/online/1142.html。

（二）海洋产业结构不断优化[①]

山东省海洋产业经历了从第一产业到第二、第三产业快速发展的转变，尤其是第三产业，近两年发展较为迅速，形成了较为完善的海洋产业体系。在第一产业发展方面，山东曾引领我国海水养殖"五次浪潮"，现在，作为全国现代化海洋牧场建设唯一综合试点省份，又在引领海洋牧场的新发展趋

---

① 《"十三五"时期山东海洋经济发展成就发布会》，中国山东网，http://sdio.sdchina.com/online/938.html。

势。目前，拥有省级以上海洋牧场示范区（项目）达到105处，其中，国家级44处，占到全国的40%，2020年海洋牧场综合经济收入超过2500亿元，稳居全国首位。海洋牧场的建设，将山东省以往在沿海-5米以下范围的传统养殖，推到-15米以下范围的近远海区域，日照市在黄海冷水团海域养殖三文鱼，将山东省的海洋生态牧场拓展至离岸130海里。海洋牧场利用海洋的自然营养进行生产，是绿色生态的；同时，海洋牧场也是海洋渔业发展"新六产"的综合载体，如2021年7月份烟台投入运营的"耕海1号"，为全国首制智能化大型生态海洋牧场综合体平台，采用第一、第三产业融合发展的运营思路，可以实现渔业养殖、智慧渔业、休闲渔业、科技研发、科普教育等功能，年可接待游客5万人次以上，综合效益可观。在远洋渔业方面，截至2019年底，山东省拥有农业农村部远洋渔业资格企业达到42家，投入作业的专业远洋渔船487艘，渔船总功率66万千瓦，实现产量41.4万吨，产值50亿元。综合实力居全国前列。

在第二产业发展方面，海洋工程装备制造业是山东省海洋产业体系的新兴战略产业，产业规模走向1000亿元层级。海洋工程装备主要指海洋资源（特别是海洋油气资源）勘探、开采、加工、储运、管理、后勤服务等方面的大型工程装备和辅助装备，处于海洋产业价值链的核心环节。海洋工程装备制造业是先进制造、信息、新材料等高新技术的综合体，代表着高端装备制造业的重要方向。"十三五"期间，山东省加快发展高端海工装备制造业，初步建成船舶修造、海洋重工、海洋石油装备制造三大海洋制造业基地。着力突破关键技术，主攻海洋核心装备国产化，支持"梦想号"大洋钻探船等大国重器建设。在深海技术装备领域，蛟龙号、向阳红01、科学号以及海龙、潜龙等一批具有自主知识产权的深远海装备投入使用，有效拓展了海洋开发的广度和深度。实施第七代超深水钻井平台等关键装备制造工程，中集来福士自主设计建造超深水半潜式钻井平台——"蓝鲸1号""蓝鲸2号"，成功承担了我国南海可燃冰试采任务，使我国深水油气勘探开发进入世界先进行列。武船集团顺利交付世界首座全自动深海半潜式智能渔场，成功交付的我国首座"深海渔场"——"深蓝1号"，推动海上养殖从近海向深海加速转变。烟台船舶及海工装备基地成为全球四大深水半潜式平台建造基地之

一、全国五大海洋工程装备建造基地之一，国内交付的半潜式钻井平台80%在烟台制造。

另外，山东省海洋资源丰度指数全国第一，海洋生物资源产量全国第一，为海洋生物医药产业发展提供了充足的物质来源，汇聚了全国80%以上的海洋药物研究资源和力量，形成了一批具有国内外影响力的创新平台和人才团队，使山东省成为海洋生物医药产业大省，产值超过200亿元，约占全国的50%，拥有世界最大的硫酸软骨素原料药生产基地、亚洲最大的保健食品软胶囊生产基地、全国产量第一的海藻酸钠原料药基地。"十三五"期间，山东省加大海洋创新药物研发攻关力度，设立总规模50亿元的"中国蓝色药库开发基金"，创建山东省海洋药物制造业创新中心。"蓝色药库"建成现代海洋药物、现代海洋中药等6个产品研发平台。管华诗院士团队自主研发的国产治疗阿尔茨海默病新药GV971获批上市，成为全球第14个（中国第2个）海洋药物；"蓝色药库"重点新药项目抗肿瘤药物BG136即将进行临床申报。青岛市打造了全球规模最大的海藻生物制品产业基地，海藻酸盐产能全球第一；正大海尔制药是国内唯一的国家级海洋药物中试基地；烟台东诚药业成为全球最大的硫酸软骨素原料生产企业，国内唯一的注射剂硫酸软骨素供应商。

在第三产业发展方面，海洋交通运输业是山东省现代海洋产业体系建设的重要支柱产业，产值规模超过1200亿元。为打造世界一流港口，省委、省政府强化陆海统筹，整合沿海港口资源，于2019年8月成立了山东省港口集团，原有青岛、烟台、日照、渤海湾四个港口成为省港口集团全资子公司，推动沿海港口一体化发展。近年来，山东省沿海港口基础设施不断完善，形成了以青岛、烟台、日照三大港为主要港口，威海、潍坊、东营、滨州等地区性重要港口为补充的沿海港口群发展格局，与世界180多个国家和地区的700多个港口实现通航，综合实力居沿海省份前列，港口集团资产总额超过2000亿元，成为全国唯一的具有3个超过4亿吨吞吐量大港的省份。山东沿海规模以上港口货物吞吐量从2015年的13.4亿吨增长至2019年的16.1亿吨，占全国沿海主要规模以上港口货物吞吐量的17%以上。2020年，山东港口集团货物吞吐量达14.2亿吨，同比增长7.5%，高出全国沿海港口平均增速 4.3 个百分点；完成集装箱 3147 万标箱，同比增长 6.5%，高出全国沿海港口平均增速 5 个百分点；新增集装箱航线 35 条，其中外贸航线 18 条，集装箱航线总数达到 300 条。①

图 3 表明，历经多年发展，山东省海洋第一产业产值比重逐年下降，第二、第三产业产值比重呈稳步上升之势，产业结构出现较大的调整，主导产业由第一产业向第二、第三产业转移。2016 年山东省海洋三次产业结构为 5.8∶43.2∶51，2019 年山东省海洋三次产业结构为 4.2∶38.7∶57.1。

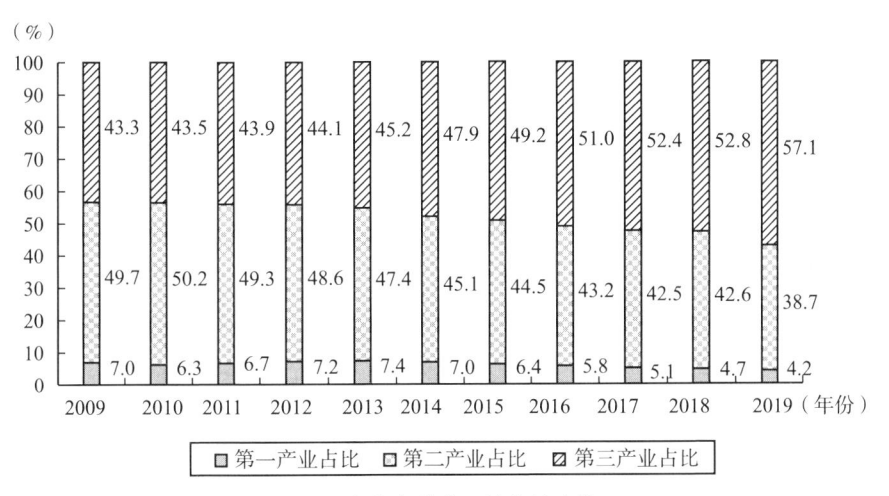

年份	第一产业占比	第二产业占比	第三产业占比
2009	7.0	49.7	43.3
2010	6.3	50.2	43.5
2011	6.7	49.3	43.9
2012	7.2	48.6	44.1
2013	7.4	47.3	45.2
2014	7.0	45.1	47.9
2015	6.4	44.5	49.2
2016	5.8	43.2	51.0
2017	5.1	42.5	52.4
2018	4.7	42.6	52.8
2019	4.2	38.7	57.1

图 3　山东省海洋产业结构演变情况

资料来源：2010~2017 年《中国海洋统计年鉴》、2018~2019 年《中国海洋经济统计年鉴》以及山东省海洋局公布数据。

（三）重视科技支撑

海洋的复杂性、综合性、不确定性决定了海洋经济发展和环境保护需要强大的科学技术水平作支撑。科技水平成为影响现代海洋开发广度和深度重要因素。山东拥有全国近一半的海洋科技人才、全国 1/3 的海洋领域院士，

---

① 《山东港口瞄准"双循环"格局　冀当好"万能接口"》，中国新闻网，https://www.chinanews.com.cn/cj/2021/03-09/9428345.shtml。

拥有55所省级以上海洋科研教学机构,236个省级以上海洋科技平台,其中国家级46个、省级以上企业技术中心中涉及海洋产业领域的近30个,海洋科技实力走在全国前列。近年来,山东充分发挥海洋科技优势,把创新驱动作为核心战略,以山东半岛国家自主创新示范区为载体,加快建立开放、协同、高效的现代海洋科技创新体系,海洋科技资源不断聚集,创新力不断提升。比较典型的成果有:第一,打造了一批创新平台。国之重器——超级计算机升级项目落户山东,部署在海洋试点国家实验室。建设国际一流的海洋智能超算与大数据中心,打破了国外发达国家对海洋大数据的技术垄断。启动建设"海洋人工智能与大数据协同创新""冷冻电镜生物影像平台"等10个重大科研平台,集合全国7个单位24艘科考船及564台套船载设备,建成深远海科考共享平台,国内首个以海洋为特色的冷冻电镜中心启动试运行。青岛海洋科学与技术试点国家实验室、中国科学院海洋大科学研究中心、中国工程科技发展战略山东研究院等重大创新平台建设不断取得新进展。第二,研究团队的队伍建设水平不断提高。近年来,山东省先后新增涉海领域博士后科研流动站2家,博士后科研工作站7家,省博士后创新实践基地9家,为集聚海洋人才提供了平台支撑。实施完成"海洋强省"领域国家级、省级高级研修项目22项,培训高层次、急需紧缺和骨干专业技术人才1440名,培训专业技术人才6.3万人次。中船重工725所海洋新材料研究院、中船重工702所青岛深海装备试验基地、天津大学海洋工程研究院、哈尔滨工程大学船舶科技园等科研机构落户山东省。实施了泰山学者、泰山产业领军人才、"外专双百计划"等重大引才引智工程,面向全球开展了海洋高层次人才引进活动,搭建了高水平有特色国际交流合作平台。青岛市聚集了全国30%的涉海院士、40%的涉海高端研发平台、50%的海洋领域国际领跑技术。第三,海洋科研成果质量不断提升。实施了一批重大科研项目,设立国家自然科学基金委—山东省联合基金,支持面向海洋领域的基础研究,吸引省内外涉海机构参与科研活动。2019年"蓝色粮仓科技创新"重点专项,获立项10项,约占全国全部立项项目的42%。主导及参与完成37项国家科学技术奖项,占全国54%,托起了我国海洋科技的"半壁江山",蛟龙号载人潜水器研发与应用项目团队荣获2018年度国家科学技术进步一等奖。第四,海洋科研成果转化能力不断增强。推进青岛国家海洋技术转移中心建设,依托青岛海洋生物医药研究院、黄海研究所、中科院声学所等高校院所,在海洋生物医药、海洋农业、海洋信息等领域建设了8个分中心,打造了全国首家省级海洋产权交易机构—烟台海洋产权交易中心。依托中科院海洋研究所、青岛国家海洋科学研究中心启动建设"山东省海洋科技成果转移转化中心"创新创业共同体,进一步畅通"政产学研金服用"创新价值链。2020年主办的中国科学院—山东省科技成果转化对接会,签署21项合作协议,达成26项合作意向。①

(四) 加强海洋生态文明建设

随着新时期开发利用海洋程度的加深,山东转变海洋经济发展方式,正确处理开发与保护的关系。近年来,山东积极推进实施"蓝色海湾""退养还湿"等重大项目,累计投入各类资金50多亿元,整治修复岸线200多公里;拆除清理垃圾废弃物100多万立方米;恢复养护沙滩40多公里,生态修复海域2000多公顷,逐步建立起海洋生态修复长效机制,近岸海域优良水质面积比例达到89%以上。② 同时,山东积极探索加强海洋生态环境保护的制度建设,海洋管理水平不断提高。在全国率先实现沿海市海岸带保护立法全覆盖,实施海岸带分类分段精细化管控,严格保护海洋生态保护区、敏感生态区、自然岸线等海洋生态安全核心区,规范海域开发时序和强度,近岸海域影响生态环境的海水养殖已基本清除。设置省、市、县三级湾长,实现省市县三级湾长总覆盖,压实各级党委、政府领导责任。完善陆海污染防治体系,实行陆、岸、海生态环境综合防治,以点源治理保流域治理,以流域治理保海洋治理。

---

①② 《山东省做优做强海洋发展大文章有关情况发布会》,中国山东网,http://sdio.sdchina.com/online/887.html。

二、自贸试验区建设对山东省海洋经济发展的目标要求与空间布局

（一）自贸试验区建设方案对于山东省海洋经济发展的目标要求

2019年8月26日，国务院批复同意中国（山东）建设自由贸易试验区（以下简称"自贸试验区"）。《中国（山东）自由贸易试验区总体方案》（以下简称《总体方案》）明确要求以制度创新为核心，以可复制可推广为基本要求，全面落实中央关于增强经济社会发展创新力、转变经济发展方式、建设海洋强国的要求，加快推进新旧发展动能接续转换、发展海洋经济，形成对外开放新高地。2020年6月，山东省十三届人大常委会第二十次会议对《中国（山东）自由贸易试验区条例（草案）》进行审议。该条例（草案）明确了自贸试验区的定位和发展目标，自贸试验区的定位是围绕增强发展创新力、转变经济发展方式、建设海洋强国的战略要求，以制度创新为核心，探索可复制可推广经验，加快推进新旧动能接续转换、海洋经济高质量发展、区域经济合作持续深化，形成新时代改革开放的新高地。自贸试验区的发展目标是：对标国际先进经验，推动经济发展质量变革、效率变革、动力变革，建立与国际投资贸易规则相衔接的制度框架和监管机制，逐步建成贸易投资便利、金融服务完善、监管安全高效、辐射带动作用突出的高标准高质量自由贸易园区。要求自贸试验区各片区应当根据发展定位和目标，发展重点产业，建立联动合作机制，实现优势互补、错位发展。

山东自贸试验区的实施范围为119.98平方公里，涵盖济南、青岛、烟台三个片区。其中，青岛和烟台片区为沿海地区。《总体方案》要求青岛片区重点发展现代海洋、国际贸易、航运物流、现代金融、先进制造等产业，打造东北亚国际航运枢纽、东部沿海重要创新中心、海洋经济发展示范区，助力青岛打造我国沿海重要中心城市；烟台片区重点发展高端装备制造、新材

料、新一代信息技术、节能环保、生物医药和生产性服务业，打造中韩贸易和投资合作先行区、海洋智能制造基地、国家科技成果和国际技术转移转化示范区，这为山东进一步推进海洋经济高质量发展提供了有力支撑。

同时，载于《总体方案》对海洋经济高质量发展也作出了具体的要求：一是加快发展海洋特色产业。引导海洋高端装备、海洋生物医药、海洋智能制造、涉海高端服务等产业要素向自贸试验区聚集，重点发展下列海洋产业和项目：建设现代化水产品加工以及贸易中心；建设海洋工程装备研究机构、重大研发试验平台、智慧码头，发展涉海装备研发、制造、维修、服务等产业；建设现代化海洋种业资源引进中转基地，加强海洋生物物种质和基因资源研究以及产业应用；推进自贸试验区国家海洋药物中试基地、蓝色药库研发生产基地建设。支持自贸试验区内有条件的金融机构为海洋经济发展提供各类涉海金融服务。二是提升海洋国际合作水平。发挥东亚海洋合作平台作用，区内区外联动，深化开放合作。支持涉海高校、科研院所、国家实验室、企业与国内外机构共建海洋实验室和海洋研究中心。支持国际海洋组织在山东省设立分支机构。搭建国际海洋基因组学联盟，开展全球海洋生物基因测序服务。支持涉海企业参与国际标准制定。三是提升航运服务能力。建设航运大数据综合信息平台。探索依托现有交易场所依法依规开展船舶等航运要素交易。支持青岛国际海洋产权交易中心试点开展国际范围船舶交易。支持设立国际中转集拼货物多功能集拼仓库。逐步开放中国籍国际航行船舶入级检验。支持开展外籍邮轮船舶维修业务。发挥港口功能优势，建立以"一单制"为核心的多式联运服务体系，完善山东省中欧班列运营平台，构建东联日韩、西接欧亚大陆的东西互联互通大通道。加强自贸试验区与海港、空港联动，推进海陆空邮协同发展。

（二）自贸试验区建设方案对海洋经济发展的功能定位与空间布局

1. 青岛片区

中国（山东）自由贸易试验区青岛片区实施范围52.00平方千米，占山东自由贸易试验区实施范围的43.3%，是面积最大的片区。片区全部位于青岛西海岸新区，包括青岛前湾保税港区、青岛西海岸综合保税区、青岛经济技术开发区、青岛国际经济合作区（中德生态园）四个功能区，多重功能、政策优势叠加。《总体方案》明确要求：青岛片区发挥国家赋予的"新亚欧大陆桥经济走廊主要节点城市"和"海上合作战略支点"的双定位功能，重点发展现代海洋、国际贸易、航运物流、现代金融、先进制造等产业，打造国际航运枢纽、东部沿海重要的创新中心、海洋经济发展示范区，助力青岛打造我国沿海重要中心城市。2020年，青岛自贸片区全年新引进市场主体17462家，是历史总和的202%；新增纳税主体5149个，是历史总和的42.8%；完成利用外资5.3亿美元，较2019年同期翻了一番；外贸进出口总值1108亿元，同比增长13.7%，总量约占全市1/6。围绕五大产业，创新"双招双引"落地各类过亿元项目63个、世界500强参股项目13个。[①]

根据《总体方案》，依托特色海洋资源，青岛将重点发展现代海洋、国际贸易、航运物流、现代金融、先进制造等产业，打造东北亚国际航运枢纽、东部沿海重要的创新中心、海洋经济发展示范区，将青岛建设成为我国沿海重要中心城市。

青岛海关于2019年9月提出了《服务中国（山东）自由贸易试验区建设二十八项措施》，提出"提升经略海洋能力，推进海洋强省建设行动"。一是全链条施策，支持建设东北亚水产品加工及贸易中心。强化对远洋自捕鱼的政策指导，对国外海域捕获并运回国内销售的目录内水产品免收关税和进口环节增值税。以推荐渔船境外注册为抓手，对渔船设施、卫生管理、食品安全体系建立等方面进行全面指导和评估，积极扶持水产品捕捞企业有效应对国外技术性贸易措施，助力水产品捕捞企业进入国外水产品产业链。二是多措并举，促建船舶与海洋工程装备产业聚集区。扶持重点龙头企业，巩固船舶及海工装备产业优势，推动海工装备、深远海渔业装备、海洋高端旅游装备等产业向更高层次迈进。充分运用减免税、保税等政策，支持企业拓展国际钻井平台维修、海洋工程结构物维修及国际邮轮修造等新兴业务，形成

---

① 《青岛自贸区获评"中国十大最具投资价值园区"》，光明网，https://m.gmw.cn/baijia/2021-04/05/1302210980.html。

集研发、设计、总装、配套、融资、工程服务为一体的船舶与海洋工程装备产业聚集区。三是全方位联动，助力打造中国北方邮轮中心。推动建立"政府为主导、口岸运营单位为主体、海关提供技术指导、相关部门协同联动"的工作机制，支持创建国际卫生海港。支持在邮轮母港申请设立口岸进境免税店，促进境外消费回流。四是各节点发力，推动一流优良海洋种质资源港建设。支持引进国外优良海洋种质资源，保障渔业种质资源安全，推进我国渔业持续健康稳定发展。支持自贸试验区内口岸高标准、高起点建设现代化海洋物种引进中转基地，积极开展国外优良海洋种质资源的检疫准入工作。

2. 烟台片区

中国（山东）自由贸易试验区烟台片区位于烟台经济技术开发区范围内，实施范围 29.99 平方公里，其中包括中韩（烟台）产业园、烟台保税港西区两个国家级园区，是烟台改革突破、创新发展的又一国家级重大开放平台和创新高地。烟台开发区是全国首批 14 个国家级经济技术开发之一，在 2018 年全国 219 个国家级开发区中综合排名第 7 位，荣获 ISO 14000 国家示范区、中国工业园区环境管理示范区、全国循环经济试点园区、国家新型工业化示范基地、国家知识产权试点园区、联合国绿色工业园区等称号，聚力打造先进制造业中心、现代服务业中心、科技创新中心和城市品质示范区。

烟台片区依托烟台经济技术开发区，拥有四大发展优势：一是产业基础雄厚。烟台片区所在烟台开发区共有 5 万多家市场主体，工业企业近 3000 家，形成机械制造、电子信息、生物医药、化工新材料、节能环保、智能制造等产业格局。聚集各类金融机构 124 家，设立各类基金 174 支、总规模 1300 多亿元。拥有各类科技创新平台 215 家，其中省级以上 130 家。拥有喜来登、希尔顿、万豪等 7 家国际品牌五星级酒店。二是战略机遇叠加。该片区同时拥有"一带一路"倡议海上重要节点城市、山东新旧动能转换、中韩（烟台）产业园三个国家战略于一身，政策叠加效应凸显。随着这些重大战略加速实施，烟台片区将进入加速崛起、创新发展的"快车道"。三是区位优势明显。烟台片区地处中国山东半岛黄海之滨，位于环太平洋经济圈和东北亚经济圈交汇处，是中国大三经济圈之一——环渤海经济圈南翼端点，与我国辽东半岛及日本、韩国、朝鲜隔海相望,位于北京、上海、首尔的几何中心,与韩国、日本多个国际城市开通直航。四是发展潜力巨大。该片区集聚烟台港西港区、烟台蓬莱国际机场、保税港区、环渤海高铁"三港一站"重大设施,将与烟台片区协调联动发展。烟台蓬莱国际机场是山东省三大干线机场之一,已与27个国内大中城市通航。烟台港西港区是我国北方沿海为数不多的适宜建设大型深水码头港址,港区拥有40万吨矿石码头可靠泊世界上最大的船舶,自投产以来,港口货物吞吐量呈现逐年增长态势。未来,随着环渤海高铁、烟大渤海跨海通道等重大交通设施的规划建设,将推动烟台片区成为环渤海最具发展潜力和竞争力的区域。[①]

根据《总体方案》,烟台将重点发展高端装备制造、新材料、新一代信息技术、节能环保、生物医药和生产性服务业,打造中韩贸易和投资合作先行区、海洋智能制造基地、国家科技成果和国际技术转移转化示范区。烟台片区明确其战略定位:立足区位和产业优势,主动服务和融入国家发展战略、支撑区域经济高质量发展,围绕高水平对外开放、新旧动能转换、机制流程再造,努力将烟台自贸试验区建设成为智能制造的聚集区、中日韩合作的先行区、海洋经济的示范区、科技成果转化的试验区、现代服务业的样板区。

在海洋经济方面,烟台海域面积占山东省的1/6,海岸线长占全省近1/3,海洋产业基础好,海洋经济发展前景广阔,特别是烟台片区濒海临港,创新涉海服务、发展海洋经济潜力巨大。依托海洋优势,烟台片区在经略海洋上创新突破。一是做强海洋产业,探索开展海工装备整体方案设计、融资租赁、全球保税维修再制造和系统集成服务,建设海工高端装备制造全产业链城市。探索优化海洋生物种质及其生物制品进口许可程序,完善海关特殊监管区水产品保税加工、集散、交易功能,支持建设东北亚水产品加工及贸易中心。二是做强涉海服务,不断优化港口物流及通关流程,构建公路、铁路、海运、空运、管输等多种运输方式衔接高效的多式联运网络,鼓励集中开展境内外货物中转、集拼和国际分拨配送业务,搭建"中韩海上高速公路"。三是加强海洋领域政产学研合作,共同打造经略海洋的"烟台模式"。

---

① 《山东自贸试验区烟台片区范围公布!拥有四大发展优势》,烟台市商务局网,http://swj.yantai.gov.cn/art/2019/8/27/art_20605_2496523.html。

烟台将建设海洋经济创新中心，组建海洋产业技术创新联盟，引进培育海洋产业投资基金，搭建智慧海洋数据平台，提供创新协同、资源共享、联合攻关等服务，聚焦海洋发展新领域，打造更加特色化、首位度的蓝色地域标识，烟台自贸片区将塑造"八角湾"品牌，高标准打造国际海工创新城、八角湾海洋经济创新区、现代化海洋牧场和海洋特色产业。烟台自贸片区的海洋经济重点以海工装备为主，将发挥以往的技术和产业优势，拓展"海工＋"新模式，发展"海工＋渔服""海工＋文旅"等新业态。

三、自贸试验区建设为山东省加快海洋经济高质量发展提供新机遇

海洋经济是开放型经济，要转型跨越、实现高质量发展需要更高水平的对外开放。自贸试验区运行后，通过各项政策叠加优势，在促进海洋经济发展、重大项目引进建设、产业优化提升等方面将发挥积极作用。

（一）优化片区海洋经济高质量发展经营环境

自贸试验区运行后，片区将用好改革先行先试权，充分利用好国际国内两个市场、两种资源，在贸易自由化便利化方面不断推出新的制度创新措施，政策效应将增强对涉海市场主体和各类要素的引聚力，加速涉海高端制造、现代涉海服务业等产业项目引进与建设，为区域海洋经济发展不断注入新动力。如2019年，青岛西海岸新区管委为加强顶层谋划，编制印发了《青岛西海岸新区关于支持海洋产业强链补链的若干政策》《支持海洋产业强链补链的若干政策实施细则及资金管理办法》等惠企政策，并牵头做好相关政策条款组织申报工作；梳理编制各级政府关于支持海洋经济发展的重点政策，形成了《现代海洋产业发展政策汇编》，为全面经略海洋提供了政策支撑。[1]

---

[1]《青岛西海岸新区海洋发展局多措并举落实涉海惠企新政》，山东省海洋局网，http://hyj.shandong.gov.cn/xwzx/xtdt/202007/t20200708_3156179.html。

2021年6月17日，青岛自贸片区开放合作项目落地大会签约的48个项目中，海洋及相关产业项目35个，计划总投资380.7亿元，涉海投资占比超过70%。① 再如自成立以来，烟台自贸片区先后推出了中日韩投资便利化"跨国办"新模式、远程勘验、企业设立"共享注册"等15项创新制度，企业开办平均用时仅为1/4个工作日，审批效能、便利化程度步入全国最优行列。从局部探索、破冰突围，到系统协调、全面深化，突出创新性、引领性，烟台自贸片区倾力打造高度便利化的"企业开办系统"，积极争创系统集成创新的典范，已成为一张极具辨识度的营商环境名片。截至2020年底，该片区累计引进重大项目近100个，落户世界500强项目124个，吸收利用外资近百亿美元。②

（二）加快海洋重大项目建设步伐

在推进实施《山东海洋强省建设行动方案》的基础上，自贸试验区建设针对各项试点任务的落地落实，开展精准发力，有效推进重大项目建设。如山东省围绕海洋新兴产业发展，创新海洋经济管理机制，加快推进中船重工海洋装备研究院、中国北方水产品交易中心和冷链物流基地、青岛国际航运中心、烟台海洋工程装备等重点项目建设，投入财政资金近30亿元，引导社会投资383亿余元，培育年产值过10亿元的企业55家，认定省级海洋特色产业园区32家。设立50亿元的"中国蓝色药库开发基金"，全面启动"蓝色药库"建设；设立50亿元的山东省海水淡化产业发展基金，全面创建全国海水淡化与综合利用示范区；编制完成《山东省海上风电发展规划（2019-2035）》，全面推进三大海上风电基地建设，加速海洋经济向高端化、规模化、集约化方向发展。③ 自贸试验区青岛片区突出抓好18项海洋领域试点任

---

① 《坚持项目带动引领 推进现代海洋产业发展》，青岛政务网，http://www.qingdao.gov.cn/zwgk/xxgk/hyfz/gkml/gzxx/202106/t20210623_3120754.shtml。
② 《国际化营商环境激活自贸发展"一池春水" 烟台自贸片区成立两周年综述②》，烟台经济技术开发区网，http://www.yeda.gov.cn/art/2021/8/24/art_14106_2915420.html。
③ 《海洋强国建设，山东如何作出更大贡献》，大众网，http://www.dzwww.com/2021zthz/sddjbjjsdzb/tlhnfhnp/zmsl/tp/202107/t20210723_8819514.htm。

务推进落实，不断强化机制创新和模式创新，大力发展海洋生物医药、海工装备制造、航运贸易等特色海洋产业，海洋经济高质量发展成效显著。到2020年底，青岛片区试点任务落地实施率近九成，累计新引进涉海市场主体超过1200家，形成生物样本进口"清单式"监管模式、海铁联运货物"全程联运提单"模式等7项海洋领域创新实践典型案例。其中，生物样本进口"清单式"监管创新模式为全国首创，5项创新实践案例在山东省内复制推广。一批重大支撑项目载体建设进度加快，正大制药海洋一类新药BG136预期明年进入临床试验阶段；华大基因青岛研究院加快筹建国家海洋基因库；中瑞威飞高端海洋装备项目打造全球海洋高端油气装备生产基地；北方海洋钻井项目即将完成平台改造并投入使用。[1]

（三）促进海洋产业结构转型升级

通过自贸试验区建设，加快航运服务、国际贸易、海洋金融、总部经济等高端服务业发展，能够快速提升涉海服务业发展水平和速度，进一步优化现代海洋产业结构。山东省海洋三次产业结构由2015年的6.8∶44.5∶48.7优化调整为2019年的4.2∶38.7∶57.1[2]，第三产业比重进一步提升。同时，各片区充分利用自贸试验区背书的优势，不断拓宽国际海洋交流合作路径，培育地方特色海洋经济，多维度创新经略海洋经济。

烟台片区紧扣特色定位，利用海洋种业产业优势，聚焦生态修复和保护，在全国搭建起苗种繁育、野生驯化、养殖以及资源修复长效监督评价"四大体系"，打造中国"蓝色种业硅谷"，促进海洋生态修复、实现增殖放流标准化。

烟台片区拥有5家国家级水产原良种场，占全市的5/7、全省的5/13、全国的5/28，密集程度居全国首位。该片区以建设蓝色种业基地为抓手，围

---

[1] 《自贸区青岛片区高质量发展海洋经济成效显著》，山东海洋局网，http：//hyj.shandong.gov.cn/xwzx/xtdt/202012/t20201203_3474714.html。
[2] 《挺起！向着"未来之海"》，烟台经济技术开发区网，http：//www.yeda.gov.cn/art/2021/4/11/art_14106_2909594.html。

绕鱼、参、贝、藻四大海洋经济生物，构建集"保、育、繁、推、管"一体化的现代种业技术创新体系，建设海水鱼、海参、海水贝类、海藻现代化海洋种质资源引进中转基地，如"南苗北繁基地"。同时，引导双方种业龙头企业、科研院所、高校与海洋牧场建设单位联合，建立种质科技创新中心与支撑服务平台，提供集种质资源收集、保存、监管、繁育、科研、中转、流通等功能于一体的便利化服务，服务国内外海洋种质资源进出境业务的综合平台。如国信东方孵化基地充分利用烟台片区"引进中转+陆海接力"的海洋渔业养殖新模式，三文鱼的育苗能力大大提升，从每年60万尾提高到120万尾。另外，为保护海洋生物资源，烟台片区在全国率先推出了"政企社科"四方联动增殖放流新模式，构筑起海洋生态"大养护"格局，并成功入选"全国自贸试验区最佳实践案例"。2021年7月，与韩国合作，开展了大养护背景下的"第三次中韩联合增殖放流活动"实践，这种开放性协同保护一方面改善了近海海域的水生生物群落结构，使渔业生物的资源量和多样性趋于稳定，重点区域生物多样性修复增加15%以上、高营养层级生物资源量增加30%以上，为维护海洋生物多样性、深耕蓝色牧场奠定了良好基础；另一方面提升了经济效益与社会效益，烟台片区先后签约并启动100亿元的"百箱计划"经海渔业项目、50亿元的"蓝鲲号"高端海洋装备项目和陆基高端三文鱼工业化养殖挪威海洋牧场等高端项目，仅2020年就实现投资270.4亿元，为往年同期3倍，带动片区涉海固定资产投资增长50%，并吸引人才、技术、数据、信息等要素集聚到海洋产业，建设"蓝色粮仓"。据统计，自2020年以来，自贸区烟台片区累计向日韩出口鲜活水产品4300多吨，包括河豚、章鱼、鲈鱼苗、海湾贝等8个品种，海洋种苗贸易实现较大发展。[①]

在第二产业方面，烟台片区海工装备制造业近年来快速发展，目前拥有规模以上海工装备企业17家，形成了以中集来福士、杰瑞等为骨干的海工装备制造集群，烟台制造的海工装备已走向世界30多个国家和地区。目前，国内交付的半潜式钻井平台80%在烟台片区制造，其中超深水双钻塔半潜式钻

---

① 《挺进！向着"未来之海"》，烟台经济技术开发区网，http://www.yeda.gov.cn/art/2021/4/11/art_14106_2909594.html。

井平台"蓝鲸"系列是全球最先进一代超深水双钻塔半潜式钻井平台,钻井深度超过15000米。"蓝鲸1号""蓝鲸2号"在南海顺利完成两轮可燃冰试采,将中国深水油气勘探开发能力带入世界先进行列。在建造海工重器的同时,中集来福士还向智能海洋渔业装备领域拓展,并与乌克兰巴顿焊接研究所合作建设中集巴顿焊接技术研究院,共同研发水下焊接机器人等前沿技术,海工装备核心部件国产化率从10%提升到60%。在第三产业方面,烟台片区开展"多港联动"体制机制创新,加强自贸试验区与海港联动,打造中日韩跨境物流海上黄金通道。

(四) 促进口岸功能完善

自贸试验区建设促进了通关模式改革,使口岸营商环境不断优化,提升口岸贸易便利化水平,有利于加快口岸空间优化,进一步促进航运服务领域扩大开放。例如,促进了青岛港集团集装箱自动化码头二期工程建设,打造世界集装箱自动化码头建设运营的"青岛模式"。一是持续提升口岸通关效能。关港区合作推进"快靠快离""快装快卸""快验快放",进口货物"船边直提"和出口货物"抵港直装"业务量分别增长10.1%和32.6%。优化检验检疫监管,进口肉类单证审核与查验由"串联"改"并联",缩短通关时间0.5天;进境粮食实施靠泊检疫,允许附条件提离,每船节省通关时间6小时;实施进口棉花"集成查检、分次出区"模式,平均每批棉花通关时间缩短75%以上;进口汽车零部件采信第三方检验结果,缩短通关时长7天以上;进口铁矿石、原油实施"先放后检""两段准入"后,前湾港进口铁矿靠泊至放行时间缩短至1.4天,下降74%,原油验放时间缩减为半天,港口罐容周转效率提升35%。2021年9月,关区进口、出口整体通关时间分别为44.03小时、2.35小时,较2017年分别压缩54.40%、89.07%。二是先行先试构筑制度开放高地。依托自贸试验区平台,推出首创性监管创新举措40余项,12项入选山东自贸试验区首批"最佳实践案例"。全国首创"陆海联动、海铁直运"监管新模式,内陆港出口货物实现"一次申报、一次查验、一次放行",境内综合运输成本下降20%;首创"水水中转"监管模式,实现支线船与干线船无缝衔接，码头物流效率提高约30%；首创企业集团加工贸易保税监管模式，前9个月为企业节省保证金7700余万元，海关总署已于2021年10月15日在全国推广。三是不断提升口岸智慧化水平。首创"先期机检、码头直提"模式，通关时效压缩3~7个小时，每标准箱物流成本节约600~1000元；首创入境空箱顺势无干扰智慧监管模式，年节约搬倒费近3000万元，箱平均减少滞港时间1.5天；以胶东新机场转场为契机，实现进出境旅客"无感通关"，建设货运物流可视化辅助管理系统、智能卡口，实现全程"无纸化、无人化"监管；支持青岛港全球首个智能空轨集疏运系统示范段竣工，实现在轨运输集装箱100%顺势机检和机检图像智能化实时研判，为全球智慧港口建设提供了"中国方案"。[1]

另外，提升港口物流业务办理电子化、信息化水平，为企业提供"一站式"口岸物流作业服务。如烟台自贸片区全国率先试点探索"两段准入"监管新模式，通过对进口货物分段实施准入监管，对于只有目的地检查指令的货物，允许抵港即可提离，减少货物在口岸存放的时间和成本，提升通关便利化水平。

（五）积极推进东北亚航运枢纽建设进程

青岛港借助山东港口一体化改革，全力应对国际航运业变化，持续提升港口综合服务能力，积极打造东北亚国际航运枢纽中心。聚焦世界一流海洋港口建设，青岛港自动化码头运用十大创新技术打造世界一流智慧码头，其中8项为全球首创，为全球港航业贡献了可复制可推广的"中国模式""青岛方案"。首创自动化码头无人卡口监管模式，闸口通行效率提高108%；首创生物样本进口"清单式"监管创新模式，实现"一次办理，全年许可"；首创货物储运状态分类监管新模式，库容率平均提升30%以上，物流成本平均节省15%；完成国内首票舱单状态下无须报关的国际中转集拼业务，通关时间比韩国釜山港节省约1.5天；首创海铁联运货物"全程联运提单"，依

---

[1] 《我市优化口岸营商环境大干60天攻坚行动取得阶段性成效》，青岛政务网，http://www.qingdao.gov.cn/zwgk/xxgk/bgt/ywfl/kagl/kadt/202010/t20201029_2002521.shtml。

托海运提单的完备功能，形成"一单到底+一票结算+一次委托+一口报价"的"一单制"模式。2020年青岛港完成货物总吞吐量5.4亿吨，较上年同期增长4.5%，完成集装箱吞吐量2201万标准箱，较上年同期增长4.7%，实现营业收入132.19亿元，较2019年同期增长8.7%。2020年，面对新冠肺炎疫情冲击、国际环境不稳定、世界经济增长乏力等多方面冲击，青岛港借力山东港口资源集聚、业务协同等平台优势，新增外贸航线14条，全面扩大了"一带一路"建设的市场布局。青岛港货物吞吐量和集装箱吞吐量均位居全国沿海港口第五位，外贸吞吐量位居全国沿海港口第二位。另外，青岛港坚持"东西双向互济、陆海内外联动"，持续推进内陆港建设及功能完善，打造以青岛港为轴线、辐射全国的海铁联运网络，开通海铁联运班列的城市突破30个，海铁联运箱量达到165万标准集装箱（TEU），继续保持全国沿海港口首位。[①]

四、山东省海洋经济发展存在的问题与体制机制障碍

（一）产业结构层次偏低，传统产业比例较高，产业结构同质化问题严重

全国海洋第三产业比重自2015年过半后，一直保持上升趋势，2019年首次达到60%，2020年进一步提升至61.7%，相比于全国海洋产业结构（见图4），山东省海洋第三产业比重相对较低。2018年与全国差距高达5.8个百分点，2019年有所好转，仍比全国低2.9个百分点（见图3），但2020年差距又进一步扩大，比重为57.9%，落后全国3.8个百分点。主要原因在于传统海洋产业转型升级潜力尚未充分挖掘。以海洋渔业、海洋油气业、海

---

① 《中国山东网山东自贸试验区设立一周年建设总体情况发布会》，中国山东网，http://sdio.sdchina.com/online/883.html。

洋化工业、船舶工业、海洋工程建筑业、海上交通运输业、滨海旅游业为代表的传统海洋产业生产总值占全省海洋生产总值比重大，传统海洋产业存在高投入、高消耗、高污染、产业链短、技术含量低、附加值低等问题。而新兴海洋产业总体规模偏小，海洋生物医药与制品、海洋高端装备制造、海洋新能源新材料、海水淡化等新兴海洋产业占全省海洋生产总值的比重较低，总体规模相对偏低。此外海洋产业同质化问题是一个短板，主要原因在于：部分海洋产业的发展质量不高，粗放式发展，主要靠资源的高投入、能源高消耗来拉动，科技创新的贡献不足，以企业为主体的创新体制未完全建立起来，有效的科技成果供给不足，产品的科技含量低、附加值低。此外，山东航运金融、航运保险、现代物流、海洋仲裁等现代涉海服务业规模都较小，海洋科研教育潜能未得到充分释放，海洋发展的产业配套能力较弱等，给山东省海洋经济发展、海洋产业转型升级提出新挑战。

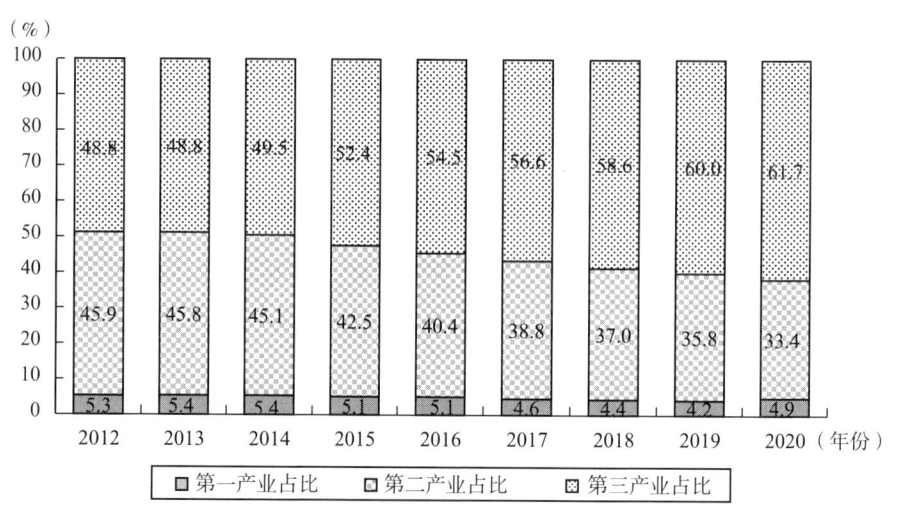

年份	第一产业占比	第二产业占比	第三产业占比
2012	5.3	45.9	48.8
2013	5.4	45.8	48.8
2014	5.4	45.1	49.5
2015	5.1	42.5	52.4
2016	5.1	40.4	54.5
2017	4.6	38.8	56.6
2018	4.4	37.0	58.6
2019	4.2	35.8	60.0
2020	4.9	33.4	61.7

图4 2012～2020年中国海洋三次产业增加值占海洋生产总值变化

资料来源：2013～2017年《中国海洋统计年鉴》、2018～2019年《中国海洋经济统计年鉴》、2019～2020年《中国海洋经济统计公报》。

（二）科技创新能力不够强，海洋科技成果转化不足

一是海洋科技创新及成果转化体制机制不健全。企业与科研院校间未形成有效的信息交互网，加之企业对项目的先进性、市场预期把握不准，最终授权企业转化成果较少，造成科技资源的浪费。二是海洋人才资源配置不合理，科技人才支撑能力不足。人才结构以海洋生物、海洋地质、海洋化学等基础性学科为主，海洋应用型技术开发人才以及复合型管理人才匮乏，高端科技领军人才和团队不够多，科技成果转化率相对较低。三是企业自主创新能力不足，注重短期利益，缺乏长期、前沿发展规划，科研成果转化动力不足，对科研成果的吸收转化能力不强。

（三）海洋环境形势严峻，海洋国土开发与保护仍然存在矛盾

海洋生态环境会制约海洋经济社会发展，一方面海洋生态环境恶化对海洋渔业发展造成严重威胁，另一方面海洋生态环境对滨海旅游资源造成破坏，会降低旅游资源经济价值。《2019年中国海洋生态环境状况公报》显示，山东省入海河流断面水质状况为轻度污染，主要超标指标是化学需氧量、高锰酸盐指数、氟化物。2019年全国入海河流断面有6个断面总氮年均浓度超过10毫克/升，分布在山东、辽宁和广东。[①] 此外，海洋国土开发与保护存在问题，主要是自然岸线保有压力增大，因沿岸防潮减灾、发展海水养殖和港口建设需要，大量围填海工程建设导致山东省大陆自然岸线长度持续减少，自然岸线保有量和保有率不断降低。面对海洋经济快速发展需求，山东省自然岸线资源储备已显不足，保障压力逐步增大。海洋空间开发利用科学性不足，海洋开发利用空间分布不均衡，海洋开发利用产业结构不合理。部分海岸带开发利用不尽合理，导致近岸海域生态系统及服务功能受损较重。

---

① 《2019年中国海洋生态环境状况公报》，生态环境部网，https://www.mee.gov.cn/hjzl/sthjzk/jagb/。

(四)交通运输体系亟待完善,综合规划势在必行

目前,山东半岛沿海城市交通建设有以下特点:建设起步较早,但标准相对落后;网络密度较高,但运输能力不强;运输方式齐全,但衔接不够紧密;网络骨架初具,但发展不够平衡;客货运量较大,但运输结构不合理。最大的缺项是综合交通运输体系规划仍不完善。机场、高铁、高速公路、省国道、港口、内河运输以及管道运输之间,如何科学合理布局、协调有序运转,充分发挥整体效能,做到人流其畅、物流其畅,这一难题急需破解。因此,制约各市区域协调发展的最大问题,仍是交通基础设施支撑能力不足。

(五)区域统筹协调力度不够,陆海统筹机制不健全

山东半岛沿海各市应是一个纽带,将区域内各个城市或经济实体有机地连接起来,科学开发利用海洋资源,培育海洋优势产业,使沿海经济与腹地经济优势互补,互为依托,共同发展。山东半岛沿海各市竞争多、合作少,竞争性超过互补性,例如在产业协作方面,由于缺乏有效分工与整合,产业结构趋同,重复建设明显,发展特色缺乏。主要是全省区域统筹协调的"文章"做得还不够。此外,存在陆海统筹机制不健全的问题。山东省的陆海统筹发展取得了长足进步,但在城市建设、旅游发展、重大工程和港口建设等方面,没有统筹考虑海域、海岛、海岸线的保护与开发,临港、临海产业不断向海岸带地区集聚,对近海生态环境形成了巨大威胁,制约了海洋经济的健康发展,制约了陆海一体化发展的进程。山东沿海各地缺乏陆海统筹开发利用的经验,也没有形成完善的陆海统筹机制,陆海衔接的生态环境保护目标、空间管控、污染物总量排放及标准体系还不健全。

五、自贸试验区框架下山东省
高质量发展海洋经济对策

进入新发展阶段，构建新发展格局，对自贸试验区改革创新和海洋经济高质量发展提出更高要求。《山东省国民经济和社会发展第十四个五年规划和2035年远景目标纲要》提出要建设世界一流的海洋港口，优化港口功能和布局，提升国际航运服务能力，建设智慧绿色港口；建设完善的现代海洋产业体系，全面提升海洋创新能力，培育壮大海洋新兴产业，优化提升传统海洋产业，加快发展现代海洋服务业；建设绿色可持续的海洋生态环境，统筹陆海生态建设，加强海洋污染防治，集约节约利用海洋资源，积极参与全球海洋治理，并提出要高标准建设中国（山东）自由贸易试验区，推进济南、青岛、烟台片区联动发展、特色化发展，通过差异化探索和协同联动，进一步扩大制度创新的影响力、经济发展的辐射带动能力，并提升贸易、投资、跨境资金流动、运输来往、人员进出便利化自由化水平。在自贸试验区框架下，为将山东自贸试验区打造成为海洋经济引领区、示范区，建议从以下几个方面展开。

（一）陆海统筹，加强海洋生态文明建设

1. 继续推进相关法律法规的贯彻实施

深入推进《全国海洋生态环境保护规划（2017－2020年）》提出的"治、用、保、测、控、防"六方面工作；认真贯彻执行《中华人民共和国海洋环境保护法》相关法律条例，构建事前防范、事中管控、事后处置的多层级风险防范体系，适时开展海洋污染基线调查评估，拓展重点流域、海域的水生生物调查评估；实施海岸带分类分段精细化管控，严格保护海洋生态安全核心区，加强海洋生态灾害立体监测网络建设，注重推动海洋生态环境

监测提能增效。

2. 推进海洋生态文明建设

要加强海洋生态考核评估与指导。推进海洋生态保护与整治修复。统筹推进"蓝色海湾""南红北柳""生态岛礁"三大生态修复工程，做好相关项目的实施和监管。实施海陆河协同、合力治理的"湾长制"，探索市、区、镇三级海湾保护治理新机制。强化海洋生态红线管控，制定管辖海域红线制度具体落实方案，对海洋生态红线执行情况进行监督检查。设立全省统一的海洋保护区标识、标志，推进海洋保护区管理提档升级。加强海洋生态补偿和海洋工程环境监管。严格海洋生态补偿管理，规范海洋生态损失补偿费的评估和确认程序。完善海洋工程建设项目环境影响公众参与制度，落实建设单位公众参与主体责任。夯实属地管理责任，根据海洋工程建设项目所在区域实施跟踪监测任务。加强海洋工程建设项目环评核准的事中、事后监管，探索开展海洋工程建设项目（围填海）环保竣工验收工作。

3. 全面提升海洋环境监测评价能力水平

加强海洋环境监测与评价体系建设，落实海洋环境监测机构层级管理和监测人员持证上岗制度。健全海洋生态环境监测网络，优化监测任务和站位设置，开展重要渔业海域"两场一通道"生态状况监测。整合各类监测资源，建成省级海洋环境监测在线信息监控平台，出台海洋环境监测数据共享、评价信息系统运行等管理制度。

4. 合理配置海洋空间资源，严格海岸线功能管控

坚守自然岸线保有率，实施海岸线的分类管控，优先保护自然岸线，健全自然岸线管控制度，将海岸线划分为严格保护、限制开发和优化利用3个类别，明确各类别岸段位置和范围，并提出分类管控要求。统筹考虑近岸浅海和深远海渔业协同发展，构建各有侧重、协调有序的发展格局。近岸浅海以生态发展和融合发展为核心，严格控制近岸浅海捕捞强度，支持鼓励发展外海和远洋捕捞，同时要加快深远海的智能化和装备化发展，不断探索以

"长鲸一号"为代表的深远海智能化坐底式养殖方式。统筹陆海生态建设。

5. 坚持区域联动，强化湾区生态环境协同治理

持续推进海岸带修复保护、渤海生态修复和蓝色海湾整治行动，加强烟台、威海、青岛、日照、滨州五大岛群保护利用。健全陆海统筹污染防治体系，强化陆源入海污染控制、海岸带生态保护、海洋污染防治，构建跨区域海洋生态环境共保联治机制。

6. 完善陆海统筹污染防治体系，实施陆海污染一体化治理

推进陆上水域和近海海域环境共管共治，针对黄河口、胶州湾、莱州湾等重点入海河口和海湾，进一步完善并严格执行污染物浓度控制与排放总量控制制度。实施"流域—河口—海湾"污染防治联动机制，加强重点入海河流和陆源入海排污口实时动态监控，完善多级河长制流域管理体系，建立河长制与湾长制对接协作机制。通过新媒体平台，面向全社会宣传和开展海洋资源、环境教育，提高人们的海洋保护意识。

（二）先试先行，进一步促进海洋特色产业提质增效

自贸试验区高质量发展，要与海洋产业转型升级相结合。根据《总体方案》和《山东海洋强省建设行动方案》的要求，结合世界海洋经济发展潮流和我国区域经济发展要求，创新发展现代海洋经济发展理念和体制机制，优化海洋资源配置，尽快构建现代海洋产业体系，创新海洋合作平台模式，打造我国海洋产业开放发展新高地。

1. 尽快形成特色、高端、集群、智慧的现代海洋产业体系

一是紧密结合市场需求和市场拓展要求，推动传统海洋产业转型升级，创新海洋渔业、海洋旅游业、海洋航运业等传统优势产业发展模式。如在青岛、烟台、威海、日照等地，培育一批高水平的海洋生态牧场综合体，形成海洋牧场新业态，促进海洋牧场与新能源、海洋牧场与海洋文化、滨海旅游

等产业融合发展。建立集能源供给、监测保障、渔业生产、休闲娱乐等功能于一体的"能源岛"智慧平台；在保障环境和资源安全的前提下，推进海洋牧场与海上风电、光伏发电、波浪发电、休闲垂钓、生态旅游等融合发展，打造三产融合、渔能融合、渔旅融合等发展模式，探索建设水上城市综合体，为实现国家碳中和目标提供陆海统筹方案，实现现代化"全域型"海洋牧场高质量发展。二是发挥新技术、新业态、新服务对海洋新兴产业发展的引领带动作用，加快智能化、生态化、服务化、跨界融合化进程。在继续大力发展海洋高端装备制造、海洋药物与生物制品、海洋可再生能源、海水淡化与综合利用、深海高端仪器装备关键零部件与新材料研发制造等新兴海洋产业的基础上，强化创新平台建设和创新资源吸聚，突出关键核心技术与装备自主研发和集成开发，推进创新链、产业链和价值链高度融合发展。三是积极发展现代海洋服务业，加强新技术、新模式、新业态开发应用，大力拓展产业发展链条，促进跨界融合发展，加快实现现代海洋服务业规模与内涵的同步提升。四是加强顶层设计与统筹，构建合作机制完善、要素流动高效、发展活力强劲、辐射作用显著的区域发展共同体，推进海洋产业资源共享、互补发展，解决产业同质化问题。应突出项目带动，链条发展，各市根据海洋资源禀赋发挥优势。例如，青岛市海洋产业完备，海洋生物医药产业和海水淡化产业全国领先；烟台市、威海市海工装备制造业、滨海旅游业比较知名；东营、潍坊、滨州的海洋化工产业很有特色；日照市海洋渔业、交通运输业有自己的优势。各市应做强做优产业，延长补齐产业链条，提升价值链条，实现产业提质增效。应突出特色，做大核心产品。沿海海洋企业要发挥自身优势，做大做强，昂起引领产业发展的"龙头"。

2. 进一步促进海洋特色产业提质增效

围绕现代海洋渔业、海洋生物医药、海洋盐业、海洋新能源、海洋交通运输5个规模全国领先的产业，深度挖潜，向海图强。

（1）建设海洋种业经济新高地，进一步加强海洋生物种质资源多样化。充分发挥青岛片区国家海洋渔业生物种质资源库的作用，以海洋渔业生物种质资源安全保存与高质量利用为中心，根据不同海域海洋渔业生物种质资源保护需求，构建现代化的渔业生物资源保存平台，保存样本实现海洋经济种、生态种、特有种、稀有种和濒危种等重要生物资源全覆盖，支撑水产种业振兴行动，服务海洋强省、海洋强国战略。增殖放流是目前国内外公认的养护水生生物资源最直接、最有效的手段之一。

烟台片区全面提升蓝色种业水平。一是提升水产优良品种和新品种的技术影响力。引导重点水产种业企业与科研院所、高校联合，建立种业科技创新中心与支撑服务平台，开展鱼、虾、贝、藻、参等大宗水产生物现代种业创新与示范工程。重点培育"名优、抗逆、生产性能好"的水产新品种，鱼、虾、贝、藻、参选育达到国际先进水平。二是创新水产种业发展机制。着力培育"育、繁、推"一体化水产种业龙头企业，打造水产联合育种基地，发挥水产种业企业在原良种保护、保存、选育及新品种研发和推广的主力军作用。发挥市场配置资源的决定性作用，支持优势水产种业企业做大做强、做专做精，逐步形成大中小、多层次协调发展的水产种业产业格局。引导水产种业企业强化品牌意识，加强品牌资源整合及品牌推介力度，着力打造烟台水产种业品牌。三是强化水产种业发展保障措施。加大水产种业政策资金扶持力度，重点支持水产种质资源保护与开发利用、新品种选育、品种试验示范、水产原良种场及繁育基地建设、种质监测鉴定、潜力水产品种储备等工作。加强水产种业监管体系建设，不断完善水产种业全程可追溯和多部门联合执法机制，强化事中事后监督和日常执法。四是建设更高标准的海洋种质资源引进中转基地。依托现有国家级原良种繁育资源和八角湾蓝色种业硅谷，建设适用于贝类、鱼类、虾类等多个品种的综合型种苗引进隔离场所，打造承载"育繁推"一体化企业、北方种业企业、种业发展基金等机构的北方种业总部，成为"立足北方、连接日韩、辐射全国"的海洋种业经济新高地。

同时，进一步推广烟台片区"政企社科"四方联动增殖放流新模式，把增殖放流重心由"大宗经济物种"向"生态环境需要的系统物种"精准转移，大幅改善水生生物群落结构，增加渔业生物的资源量，修复生态链，提高生物资源多样性；高标准建设国家海水养殖综合标准化示范区，通过对增殖放流过程的"前中后全链条"管理，提高增殖放流品种放归大海后对自然

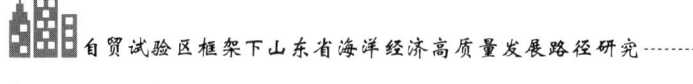

条件的适应率，构筑更高水平的海洋生态"大养护"格局，为维护海洋生物多样性、深耕蓝色牧场奠定良好基础。

（2）发展现代高端海洋设备制造，成为本领域科研建造的世界中心。一是在全省层面合理规划产业布局，提高产业发展质量。发展前端船舶海工设计、研发服务业及关键、重要部件制造等海洋设备制造产业，抓住产业"微笑曲线"两端。因此，从全省来看，结合沿海各市已有产业（产品）优势，打造特色产业基地，划分区域，错位竞争，关联发展：以烟台—青岛为主线的海工高端装备设计建造区，辐射威海、日照，以中集来福士研究院为研发创新源头，主要产业包括研发设计一体化、海洋石油平台建造、特种工船、特种平台建造、港口码头机械、海洋工程用新材料等大类；以青岛为核心的新型海洋装备研发建造区，主要依托青岛研发主体优势明显的特点，打造新型的产业体系，辐射整个半岛，包括海洋监测设备、各类水下机器人、水面上下智能装备、军民通用海洋装备、海洋大数据中心、海洋新能源装备等方向；以威海—青岛—烟台—日照为主线的高端船舶设计制造区，以山东船舶技术研究院为研发创新源头，主要产业包括船舶及配套设备设计研发、传统造修船、新型渔船、豪华邮轮、客滚船、各类游艇、船用动力设备等大类；以东营—滨州—潍坊为主线的海工配套特色产业区，主导产业包括海洋油气输运装备、海洋石油钻采核心装备、海洋装备动力设备等大类。二是促进产业转型升级。推进海洋工程装备研究院及重大研发、试验验证平台和智慧码头建设，发展涉海装备研发制造、维修、服务等产业，促进山东海工产业前端研发设计突破，形成整体方案解决能力，同时填补空白，提升核心技术和设备的国产化水平，创新新产品、新业态，进而形成完整的产业链，壮大产业集群。产业层面，推动海洋工程装备及高技术船舶向深远海、极地海域发展，实现主力装备结构升级，突破重点新型装备，提升设计能力和配套系统水平，形成覆盖科研开发、总装建造、设备供应、技术服务的完整产业体系。支持龙头骨干企业牵头创建海洋工程装备产业联盟，整合资源、集聚优势，共同开发市场，发展分工协作、错位发展、协同联动的产业合作新模式，打造全国一流、国际先进的现代海洋工程装备与高技术船舶制造基地。

（3）促进海洋生物医药产业集聚集群发展，进一步提升产业的生产效能。一是加强国际合作,建设海洋生物医药资源库和国内一流的海洋生物医药创新研制平台。支持青岛片区、烟台片区的海洋生物医药研究机构建以"'智能+'海洋药物开发关键技术"等为代表的关键技术体系,加快海洋药物、海洋生物制品等研发和先进医疗服务的引进,加快涉海医药科技成果推广应用,引进培育高性能诊疗设备项目,提高海洋药物开发的速度与效率。二是充分发挥青岛市海洋生物制品产业联盟作用,促进企业、政府、科研机构之间的有效沟通和良性互动,通过联合开展技术攻关等方式,提高海洋生物核心技术拥有量和成果转化效率。三是坚持仿创并举、引育共进的推进路径,打造国内知名的海洋生物医药研产基地。着眼国际最新生物医药发展成果,加速重点产品研发。实施"蓝色药库"开发计划,加强自主创新能力,重点开发抗肿瘤、抗病毒、降血糖、心脑血管、神经系统等海洋创新药物,研发高效低成本的海洋生物多糖和胶原蛋白等海洋生物材料,搭建智能超算海洋创新药物研发设施,加速海洋创新药物研产进程。四是加强海洋生物种质和基因资源研究及产业化应用,推进国家海洋药物中试基地、"蓝色药库"研发生产基地建设,开展海洋生物基因、医学检测、高效农业基因等方面的研究、检测和应用,打造全球最大的海洋综合性样本、资源和数据中心,建设海洋生物医药资源库,将海洋药物按规定纳入国家医保目录。五是促进产业链集聚协同。依托山东省海洋药物制造业创新中心等研发机构,促进"政产学研金服用"创新载体一体化融合,形成全产业链的创新协同机制和产业推进体系。加快具有自主知识产权的创新型中小海洋生物企业培育进程,以医药研发外包(CRO)、医药合同定制生产(CMO)、医药合同定制研发生产(CDMO)等方式吸引国内外知名药物服务研发机构落户。推进创新型现代海洋生物医药产业集聚区建设,搭建完整的海洋药物和生物制品产业链。

(4)着力提升港口综合服务能力,推动海洋交通运输业转型升级。一是充分发挥山东省港口集团统筹协调作用,优化胶东半岛港口功能布局,完善港口基础设施和集疏运体系,推动港口错位发展、组合发展。鼓励青岛港牵头推动港口基础设施的共建共享,协同推进港口航道建设,实现各大港口之间、海陆运输之间互联互通互惠,增强服务山东乃至全国的能力,形成合理分工、相互协作的世界级港口群,打造黄河流域生态保护和高质量发展的出海口。二是打造现代智慧物流园区。依托自贸试验区国际中转、航运服务等优势,做大做强航运和港口主业。运用物联网等先进技术,提升物流智能化水平。拓展国际贸易物流网络,发展航运物流总部经济。三是数值赋能港口基础设施建设。完善海铁多式联运基础设施与设备标准,提升多式联运链接效率。引入人工智能、5G、物联网等新一代信息技术,实现"物联网+AI+物流"智慧物流园区新模式,提升港区货物运输效率。四是打造综合性物流公共服务平台。各片区整合现有物流信息服务平台资源,打造集电子口岸、大宗商品交易、交运仓储信息和配货交易等平台于一体的跨行业和区域的综合性物流公共服务平台,完善集航运物流信息发布、数据交换、在线交易、跟踪追溯等功能为一体的综合服务功能。五是大力发展跨境电子商务。充分发挥面向日韩、背靠欧亚的港口优势,加快航运物流业与电子商务融合发展,鼓励发展跨境电商、快销等新兴的商贸物流业态。通过定向招商,引进培育唯品会等大型综合跨境电商平台项目,建设区域性电商平台及物流配送基地,打造电商物流联盟;推进青岛港跨境电商综合服务平台建设,打造跨境电商综合服务示范区。六是积极发展第三方物流服务。鼓励物流企业开展技术创新、模式创新、服务创新,形成具有特色的第三方物流企业。鼓励现有运输、仓储、货代等传统物流企业功能整合和业务延伸,通过战略重组、扩大经营、延伸服务领域方式向专业化现代物流企业转型。引导和鼓励大型制造业企业的物流自营机构不断完善功能、提高服务能力,进而实现与母体的分离,成为社会化的第三方物流企业。

(5)一体化发展,提升山东海洋文化与旅游特色品牌影响力。一是整合滨海旅游资源,构建海洋旅游战略发展联盟,共同打造胶东半岛海洋休闲旅游区,开发"海上看山东"项目,推出山东的"海洋名片"。在充分了解胶东半岛各市海洋旅游自然特色与人文特色、海洋旅游发展现状及发展潜力、目前面临的发展问题及发展困境的基础上,广泛学习国外和国内其他省市建设及管理海洋旅游区的经验,针对海洋旅游业的发展对山东省海滨地区进行统一规划和统一部署,促进山东省沿海七市海洋旅游协同发展,实现资源共享、客源共享和优势互补,从而减少并避免各自为政和重复建设的现象。二是发展特色旅游文化。深度挖掘沿海城市海洋文化基因,提升湾区城市宜居宜业宜游宜养品质，推动山东海滨游、山东海上游、山东海岛游、山东海上夜间游等"大融合"。设计推出一批海洋特色主题旅游线路和产品，开展旅游综合营销与旅游服务品质提升行动，加快配套政策落地。同时，将海洋旅游与齐鲁文化相结合，从景点到服务赋予其深厚的齐鲁文化底蕴，与其他海滨城市的旅游业区别开来，因地制宜，塑造大型民俗旅游活动，并加大对本地旅游特色的宣传。如东营地区可以与石油资源相结合，建造人工沙滩，打造"海上石油城堡"，发展母亲河观光；青岛地区围绕自己的独一无二的啤酒文化，开发特色娱乐项目；潍坊则应该改良风筝文化，将风筝文化与滨海文化结合，打造各具特色且难以复制的娱乐、参观项目，进而吸引各地游客前来参观体验。三是加强滨海旅游业与其他产业之间的融合。如海岛、港湾等地方发展滨海休闲垂钓、捕捞，娱乐垂钓、捕捞等休闲渔业；实现游艇业、大型游览船、帆船、海上运动和滨海旅游业的融合，开发海上茶馆、海上咖啡厅、海上戏剧院等项目，以此达到海上观山、海上观城的另一种视角体验。如青岛片区依托国家级邮轮旅游发展试验区先行先试优势，建设集国际客运中心、金融商务、商业贸易、休闲度假于一体的"国际邮轮城"。丰富邮轮母港航线和旅游产品，加大144小时过境免签、离境退税等政策宣传，争取开放无目的地公海游、内海巡游、国内港口多点挂靠。支持青岛国际游艇俱乐部建设，建立游艇俱乐部一体化服务网络。统一规划帆船帆板训练基地和陆岛交通码头等海上旅游设施，大力发展帆船帆板、游艇、摩托艇、水上滑翔、沙滩运动等休闲项目。四是进一步畅通山东省海滨地区各市之间的交通，加快城际公路、铁路建设，开通海上旅游航线，便于游客流动。要以"胶东半岛海洋休闲旅游区"这一整体形象进行旅游宣传，以海洋旅游较为发达的青岛、烟台、威海带动日照、滨州、潍坊、东营等地知名度的提升，将山东滨海地区打造成一张亮丽的名片。五是强化海洋文旅相关的公共服务。建设中小学生海洋实践训练基地，联合涉海科研机构、涉海企业组织精品科普活动，开展科学性、知识性、趣味性、互动性相结合的海洋科普文化展览和参与体验式的教育活动，办好中小学海洋节。推进各类海洋博物馆、海洋科技博物馆。开展海洋主题文化创建活动，普及海洋知识，提升海洋意识。另外，依托国家文物局水下文化遗产保护中心北海基地，加强水下遗产的调查与研究，促进海洋文化遗产资源保护与利用。积极参与海上丝绸之路联合申遗，开展海上丝绸之路遗产点保护研究等。

（6）推出金融服务海洋经济发展的行动方案，在全国形成比较有影响力的涉海金融业。金融要素无论是在海洋经济规划开发环节还是区域内海洋产业整合和优化升级阶段均发挥着先导性作用。如海产品加工是连接海洋产业链上游海产品生产和下游海产品流通消费的桥梁和纽带，是保障海产品优质安全供应、推动海洋产业可持续发展的重要环节，具有资金投入大、风险高、回收期长等特点，需要持续、稳定、高校、精准的金融支持，推动海洋产业向生态化、规模化、标准化、品牌化转型升级。一是营造良好的涉海金融生态环境。通过培育服务于海洋经济的法人银行、保险、证券、期货等各类金融机构，建立服务于海洋经济的各类金融市场，发挥青岛的龙头带动作用，加快组建山东省海洋经济综合性金融集团，为涉海企业提供投融资、结算、风控、保险、信息等全方位的金融服务。加强投融资市场的信用体系建设，处理好服务海洋经济发展和防范金融风险的关系，建立风险预警机制，加强风险管控，促进涉海融资系统良性循环、健康可持续发展。二是结合海洋经济特点提供专门的金融服务。加大涉海抵质押贷款业务创新推广，对于海洋基础设施建设和重大项目、产业链企业、渔民等不同主体，给予针对性支持；鼓励银行业金融机构围绕全国海洋经济发展规划，优化信贷投向和结构，支持海洋经济第一、第二、第三产业重点领域加快发展；明确加强涉海企业环境和社会风险审查，坚持"环保一票否决制"。三是健全服务种类。在股权、债券方面，引导处于不同发展阶段的涉海企业，积极通过多层次资本市场获得金融支持。在保险方面，强调规范发展各类互助保险，探索巨灾保险和再保险机制，加快发展航运险、滨海旅游险、环境责任险等，扩大出口信用保险覆盖范围；鼓励保险资金通过专业资产管理机构、海洋产业投资基金等方式，加大投资力度。四是创新服务方式。鼓励金融机构设立海洋经济金融事业部、业务部和专营服务机构，围绕海洋自然资源资产使用权益进行产品研发、试点和推广，积极拓宽涉海企业贷款抵押担保范围。加快培育和发展地方海洋自然资源资产使用权二级交易市场和变现平台，依托山东海洋产权交易中心探索涉海抵押权益的市场化处置和流转，试点海域使用权集中收储和运营。鼓励辖内海洋产业投资基金加大对海洋科技成果转化和海洋科技型企业支持力度。支持保险机构在依法合规、风险可控和商业可持续的前提下加强与渔业互保组织的合作，稳妥推广海水养殖保险。出台涉海金融统计标准，将相关指标纳入金融监管考核。支持符合条件的金融机构和企业发起设立金融租赁公司；推动航运金融发展，加快政府和社会资本合作（PPP）、投贷联动等模式在海洋领域的规范推广。四是健全投融资服务体系，搭建海洋产业投融资公共服务平台，建立优质项目数据库，建立健全以互联网为基础、全省集中统一的海洋产权抵质押登记制度，建立统一的涉海产权评估标准。加快设立蓝色金融研究院，鼓励辖内金融机构在绿色金融框架下开展海洋绿色信贷、蓝色债券示范，提供海洋经济可持续发展的山东范本。积极参与国家涉海金融相关重大改革工作，主动对接国家主管部委参与设立国家海洋产业发展基金。总之，自贸试验区金融制度创新，要与转变政府职能和持续优化营商环境相结合，发挥制度创新的不竭动力，切实提升支付监管效能，增强涉海金融服务海洋产业发展水平。

3. 完善海洋产业集群集聚发展的推进机制

产业集聚集群发展在带动海陆基础设施建设、实现基础设施的规模经济和范围经济效应同时，不仅解决沿海地区发展空间紧缺的矛盾和问题，而且通过对各市产业集群的不同定位，突出特色、错位发展，有利于解决产业结构低质同构问题，增强区域经济的核心竞争力。《山东省人民政府关于加快胶东经济圈一体化发展的指导意见》明确提出要培育形成以青岛市为龙头、湾区经济为带动、临港经济为支撑的产业功能布局，打造世界先进的海洋科教核心区和现代海洋产业集聚区。

一是以海洋经济一体化发展助力推进胶东经济圈一体化发展。在胶东五市联席会议制度基础上，依托胶东半岛区域合作办公室、胶东半岛海洋产业联盟等组织机构，建立健全沿海地市间海洋经济工作的沟通协商机制。强化海洋产业的分工协作与梯次分布，充分发挥青岛龙头引领作用和胶东五市各自特色海洋产业的优势，打造资源共享、优势互补的差异化发展模式。推动共建船舶、海洋知识产权、水产品等海洋要素交易中心，提高海洋资源的市场化配置能力。共同建设胶东五市海洋经济对外开放合作平台，支持涉海企业落户上合示范区和自贸区。在东亚海洋博览会等大型论坛展会设置"胶东海洋经济发展专题区"，统一打造胶东海洋经济发展品牌。推动成立滨海旅游、海洋生物医药、船舶海工等产业发展联盟，组建胶东海洋经济团体联盟。二是培育发展涉海企业，完善产业链。海洋企业是区域海洋科技创新的主体，更是带动蓝色经济发展的主要力量。可通过建设海洋产业基地引导同类涉海企业集聚发展，弥补产业链上相对薄弱或缺失的企业和项目，完善海洋经济产业链条和创新链条，带动海洋产业的全面、持续发展。三是建立海洋新兴产业集聚集群发展的引导机制。可在沿海地区海洋资源供给、消费需求与产业特点基础上因地制宜，加强海洋资源要素集约集中利用，发挥新技术、新业态、新服务对海洋新兴产业发展的引领带动作用；调整政府投资方式和重点，推动海洋工程制造业和海洋生物制品发展，提升海洋可再生能源产业链整体水平，抓紧培育一批海洋新兴产业重大工程与行动计划，建设集约化、生态化的海洋新兴产业群。

（三）持续推进海洋科技创新

1. 强化海洋科技创新的应用性

依托中科院海洋所、国家海洋科学研究中心等海洋科研机构，聚焦国家战略，引育一批战略科学家，抢占海洋科技创新制高点，力争承担更多国家重大科技创新任务，增强海洋原始创新策源能力；围绕海洋强省建设，重点实施好"透明海洋"等省级大科学计划，打通各涉海部门间信息壁垒，整合各类海洋信息资源，实现海洋信息资源共建共享和智慧应用，在深远海设施渔业、智慧港口、高技术船舶、海洋生物医药、海工装备和海洋生态保护等领域实施一批省级重大科技创新工程，重点攻克一批"卡脖子"关键技术问题，增强产业自主可控能力，为"海洋经济走在前列"提供科技支撑。

2. 完善人才保障体系，缩短成果转化周期

海洋科技人才是海洋科技创新的强有力基础，因此，加大海洋科技人才

的引进和培育是促进山东蓝色经济区发展的关键性因素。着力引进高层次海洋科研人员，制定具有国际竞争力的人才政策，吸引海洋领域高端人才就业，给予该领域科学家更大的科研自主权以激励科技成果研发。同时，以中国海洋大学等以海洋研究为中心的高校、研究所为依托，培育科研水平强的复合型创新人才。鼓励高校和专科院校开设海洋相关专业，推动产学研一体化发展。建设山东半岛特色的海洋人才市场，使其趋于专业化、规范化。健全人才培养、考评、激励机制，优化科技成果转化收益分配方案，激发科研人员研发新技术的热情；加强与中国海洋大学、中国石油大学等科研院校合作，加强实践型人才培养，努力在核心技术和关键装备上下功夫，推动海洋科技由跟跑向并跑、领跑跨越。

3. 加快海洋科研成果转化，促进海洋科技与海洋经济深度融合

强化以企业为主体、市场为导向、产学研相结合的创新体制。搭建海洋科企对接平台，提高政府服务水平，在技术咨询、市场预测、对外合作、项目孵化、客户服务等方面做好支撑；打造集"产学研金服用"一体的科技研发中心、企业孵化中心和产业集群，实现以龙头企业为核心，辐射带动周边小企业的集群发展模式。高标准建设山东海洋科技成果转移转化中心，完善成果转移转化体系，推动产业链、创新链和资金链深度融合，促进中科院更多涉海科技成果落地转化，在沿海各市形成特色鲜明、差异发展、具有较强竞争力的海洋科技产业聚集区，培育完善的现代海洋产业体系。

4. 加强海洋大数据公共服务平台建设

一是推进海洋科研服务一体化，建设胶东半岛海洋科技创新示范区，积极引导胶东半岛区域海洋科创力量整合，打通原始创新向现实生产力转化渠道，协同推进科技成果转移转化，联合举办科研成果对接会和开展海洋人才培训。二是依托青岛海尔卡奥斯、新一代国产超算等平台基础，建设服务胶东五市港口航运、生物医药、海洋渔业等产业发展的海洋大数据中心。三是争取建设海洋领域国家重点实验室、技术创新中心等高能级创新平台，布局建设一批省级重点实验室和技术创新中心，进一步完善从基础研究、应用基础研究到产业开发的海洋科技创新平台体系。

5. 强化科技合作与创新国际化体系建设

在优势领域建设国际科技创新合作平台，以国际科技合作创新创业共同体为纽带，布局建设一批国际合作平台。坚持海纳百川的开放思想和全球视野，加强优势领域科技合作，积极参与"一带一路"科技创新行动计划，共建"一带一路"联合实验室；加快建设中日科学城、中乌研究院等合作载体，举办中日创新大赛、中韩创新大赛，打造中日韩科技创新合作的"桥头堡"。

（四）加强国际合作，进一步提升海洋产业开放性

自贸试验区建设要求海洋经济发展建立在更高水平开放的基础上，加强国际合作成为重要路径。山东自贸试验区发挥东亚海洋合作平台作用，区内区外联动，深化开放合作。支持涉海高校、科研院所、国家实验室、企业与国内外机构共建海洋实验室和海洋研究中心。支持国际海洋组织在山东省设立分支机构。搭建国际海洋基因组学联盟，开展全球海洋生物基因测序服务。支持涉海企业参与国际标准制定。其中重点任务包括以下几个方面。

1. 建设东北亚水产品加工及贸易中心

通过发挥自贸试验区区位优势和水产品加工及贸易传统优势，推动自贸试验区深度融入东北亚水产品产业链、价值链、供应链，培育水产品加工及贸易国际竞争新优势。

2. 青岛片区加快建设国际海洋名城

立足海洋优势和特色，坚持科技兴海、产业强海、生态护海，努力在全国海洋经济发展中率先走在前列，当好海洋强国、海洋强省建设生力军。巩固提升传统优势，建设海洋科教名城。加快中船重工海洋装备研究院、国家海洋设备质量检验中心等项目建设，发挥海洋类创新平台带动作用，打造具

有国际影响力的海洋科技创新策源地。推进"健康海洋"等重大科研项目攻关，在海洋领域突破一批核心技术。组建国际海洋科技创新联盟。推进国家海洋技术转移中心建设。支持驻青大学涉海学科加快发展。办好国际海洋节。提高海洋科学教育文化国际交流合作水平。

3. 建设东北亚海洋科技国际合作新高地

以海洋科学研究和教学为突破口，积极推进面向全球的广泛的交流与合作，建设国际海洋科教名城；深化东亚海洋合作平台合作机制，组织好亚欧会议创新发展合作论坛、全球海洋院所领导人论坛、青岛国际海洋科技展览会、中国国际渔业博览会等国际展会，积极开展国际性的海洋文化交流活动，促进建设国际海洋文化名城。

4. 建设国际航运服务中心

完善现代航运服务体系，优化贸易结构，建设以船舶交易为主的海洋产权交易市场和引领国际时尚的涉海消费品贸易市场。建设中日韩跨境电商零售交易分拨中心、上合组织国家地方特色商品进口体验交易中心。提升与全球枢纽节点地位相匹配的航运中心综合服务功能，打造沿黄流域、上合组织国家面向亚太市场的出海口。

5. 提升航运国际公共服务能力

（1）建设航运大数据综合信息平台。探索依托现有交易场所依法依规开展船舶等航运要素交易。支持青岛国际海洋产权交易中心试点开展国际范围船舶交易。支持设立国际中转集拼货物多功能集拼仓库。逐步开放中国籍国际航行船舶入级检验。支持开展外籍邮轮船舶维修业务。发挥港口功能优势，建立以"一单制"为核心的多式联运服务体系，完善山东省中欧班列运营平台，构建东联日韩、西接欧亚大陆的东西互联互通大通道。加强自贸试验区与海港、空港联动，推进海陆空邮协同发展。

（2）发展现代航运金融服务业。一是推进以服务跨境交易为核心的金融业态集聚，开展金融业务、产品、服务和风险管理等方面的创新，着力增强金融服务功能，促进跨境贸易、投融资便利化。二是完善海洋产权交易中心功能，在开展海域使用权等要素交易的基础上，支持其试点开展国际范围船舶交易，做大海洋产权交易市场，开展涉海金融业务。三是推动有实力的金融机构、航运企业等组建专业化的金融租赁、航运保险机构，大力开展船舶抵押贷款、船舶抵押贷款信托、船舶融资租赁、船舶经营性租赁、船舶出口信托等融资服务；发展船舶保险、海上货运险、保赔保险、航运再保险等保险业务。四是鼓励开展供应链金融业务，选择以物流企业为节点的产业链条，以核心企业的信用为担保，向上、下游的中小物流企业提供资金融通。发展以动产质押为基础的物流银行业务，为客户提供融资担保、存货质押、仓单质押、保兑仓、统一授信等增值服务。

参 考 文 献

［1］《山东：海洋经济高质量发展态势进一步巩固》，新浪财经网，http：//finance.sina.com.cn/roll/2021－11－03/doc－iktzqtyu5094278.shtml。

［2］杜涛：《山东海洋经济崛起》，经济观察网，http：//www.eeo.com.cn/2021/1023/508587.shtml。

［3］《山东海洋经济发展四十年：成就、经验、问题与对策》，中华网，https：//sd.china.com/sdyw/20000931/20211019/25464032_all.html。

［4］《山东充分发挥产业资源优势　海洋科技实力走在全国前列》，新浪网，https：//news.sina.com.cn/o/2020－09－08/doc－iivhuipp3142203.shtml。

［5］《青岛自贸片区打造跨境资源配置新高地》，中国日报网，http：//sd.chinadaily.com.cn/a/202110/25/WS61762411a3107be4979f472f.html。

［6］《青岛自贸片区：以产业优势加速项目集聚》，招商网络网，https：//sd.zhaoshang.net/2021－06－25/792681.html。

［7］《烟台自贸片区：构建"自贸海洋"大格局》，凤凰网，http：//sd.ifeng.com/c/8AKVAhNu1XF。

［8］《烟台对韩合作日益丰富　对日合作插上翅膀》，山东省政府网，

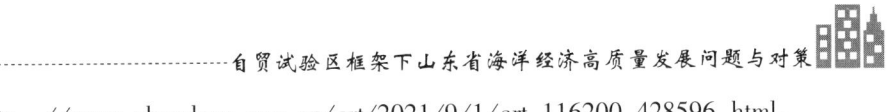

http：//www.shandong.gov.cn/art/2021/9/1/art_116200_428596.html。

［9］郑贵斌、徐质斌：《"海上山东"建设概论》，中国社会科学出版社2015年版。

［10］山东省发展改革委：《关于"十二五"时期山东海洋经济发展试点工作情况的报告》，山东省发展改革委档案室。

［11］张新文：《培育新动能拓展新空间——山东半岛蓝色经济区发展纪实》，山东人民出版社2018年版。

［12］自然资源部海洋发展战略研究所课题组：《中国海洋发展报告（2019）》，海洋出版社2019年版。

Ⅱ 特色产业篇

山东省海洋高端装备制造业发展现状、问题与对策

▶ 安 冬* 韩耀南**

摘要： 高端装备制造业以高新技术为引领，处于价值链高端和产业链核心环节，是推动工业转型升级的引擎。大力培育和发展海洋高端装备制造业，是山东省积极布局海洋战略性新兴产业、提升海洋产业核心竞争力的必然要求。本文在自贸试验区建设背景下，探究山东省海洋高端装备制造业的发展现状、问题与对策。山东省重点培育济南、青岛、烟台三大核心区，打造集聚胶济和京沪铁路的产业带，构建起"三核引领、一带支撑"全面升级的高端装备产业发展新格局，基本形成以青岛—烟台、东营—滨州为核心的海工装备聚集区，形成以潍坊特种海工装备、威海现代造船基地为补充的产业聚集链条，但仍存在：市场低迷制约海洋装备工业技术进步、研发力量薄弱阻碍海洋装备技术升级、专业人才紧缺造成海洋装备原始创新力不足等问题。据此，助推山东省海洋高端装备制造业高质量发展的政策着力点为加快新旧动能转换节奏，加快创新平台建设，破解产能过剩、加快技术输出，积极与国外海洋装备对接、增强国际竞争力等。

关键词： 自贸试验区 海洋高端装备制造业 "三核引领、一带支撑" 产业聚集

一、引　言

海洋高端装备制造业又称海洋先进装备制造业，是指生产制造高技术、高附加值的先进工业设施设备的行业。高端装备主要包括传统产业转型升级

---

* 安冬，山东大学自贸区研究院研究助理。
** 韩耀南，山东大学自贸区研究院研究助理。

和战略性新兴产业发展所需的高技术高附加值装备。2012年，中国政府提出了"建设海洋强国"的战略目标，提出高端装备制造产业要"加快发展海工装备"。海洋工程装备主要指海洋资源（特别是海洋油气资源）勘探、开采、加工、储运、管理、后勤服务等方面的大型工程装备和辅助装备，处于海洋产业价值链的核心环节。海洋工程装备制造业是先进制造、信息、新材料等高新技术的综合体，代表着高端装备制造业的重要方向。海工装备是人类开发、利用和保护海洋活动中使用的各类装备的总称，是海洋经济发展的前提和基础，处于海洋产业价值链的核心环节。海工装备制造业是高端装备制造业的重要方向，具有知识技术密集、物资资源消耗少、成长潜力大、综合效益好等特点，是发展海洋经济的先导性产业（工业和信息化部，2012）。海工业产业关联度大，带动性强，具有明显的"外部经济"特征（贺俊、吕铁，2012），同时其发展关乎国家安全与社会稳定，具有全局性和政治性等特征。

在"十三五"规划重点扶持高端海洋装备的大背景下，我国的高端海洋装备发展空间广阔。蓝色经济是山东省21世纪经济发展的重要引擎，它不仅仅是产业项目，而是全球瞩目的"中国海洋崛起"的国家战略布局之一。"十三五"期间，山东省加快发展高端海工装备制造业，初步建成船舶修造、海洋重工、海洋石油装备制造三大海洋制造业基地。山东省海洋装备产业发展迅速，涵盖高端海洋工程装备、高技术船舶、海洋仪器仪表、海洋新能源等领域的装备产业已成为山东制造的重要组成部分。海洋工程装备制造业是山东省海洋产业体系的新兴战略产业，产业规模走向千亿元层级。"十四五"规划开局，山东省工信厅于2021年3月20日印发了《2021年全省智能制造工作要点》的通知，提出2021年要培育10家左右智能制造标杆企业，基本构建起企业梯次发展、产业链条完善、公共服务齐全、产用深度融合的智能制造生态体系，为制造业高质量发展提供强大动力，塑造山东制造新优势。

高端装备制造业以高新技术为引领，处于价值链高端和产业链核心环节，是决定着整个产业链综合竞争力的战略性新兴产业，是现代产业体系的脊梁，是推动工业转型升级的引擎。大力培育和发展海洋高端装备制造业，是提升山东省海洋产业核心竞争力的必然要求，是抢占未来经济和科技发展制高点的战略选择，对于加快转变经济发展方式、实现由制造业大省向强省转变具有重要战略意义。

二、山东省高端海洋装备制造业的发展现状

(一) 山东省海洋高端装备制造业发展规划

1. 总体目标

2018年10月30日,山东省出台《山东省高端装备制造业发展规划(2018—2025年)》(以下简称《规划》),《规划》从产业竞争力、自主创新能力、产业聚集度、产业远景四个层面设定了具体目标。

(1) 产业竞争力方面:到2022年,力争全省高端装备制造业主营业务收入超过2万亿元;培育5家以上具有国际影响力的千亿级企业集团,30家以上综合实力全国领先的百亿级企业,100家"专精特新"单项冠军企业。

(2) 自主创新能力方面:到2022年,高端装备产业技术研发投入占主营业务收入的比重达到3%以上,重点骨干企业技术研发投入占比达到5%以上;建成10个以上高端装备行业创新平台,引进20家以上高水平研发机构,培育30家以上自主创新示范企业。

(3) 产业集聚方面:到2022年,形成济南、青岛、烟台三个产业核心区,产业规模占全省的60%以上。

(4) 产业远景方面:到2025年,形成以新技术、新产品、新业态、新模式主导发展的现代产业体系,打造一批代表中国高端装备形象和水平的企业、产品及品牌,建成全国一流世界知名的高端装备制造基地,成为现代装备制造业强国的重要支柱。[1]

---

[1] 《山东省人民政府关于印发〈山东省高端装备制造业发展规划(2018—2025年)〉的通知》,山东省工业和信息化厅网,http://gxt.shandong.gov.cn/art/2018/10/31/art_15178_1595146.html。

2. 区域布局

统筹考虑山东省现有产业分布和未来发展空间，依托区位、交通和资源优势，将高端装备重点布局在胶济和京沪高铁沿线，重点培育济南、青岛、烟台三大核心区，打造集聚胶济和京沪铁路的产业带，辐射带动周边市优化产业布局，推动产业集聚向产业集群转型，加快构建"三核引领、一带支撑"全面升级的高端装备产业发展新格局。济南、青岛、烟台每个市重点发展5~6类产品；高铁沿线的淄博、潍坊等6市，每个市主攻1~2类优势产品[①]；其他市根据本地资源和条件，发展具有特色优势的产品及配套关键零部件，打造特色产业集群，形成与主体产业带优势互补、错位发展的格局。

3. 重点支持方向

根据《规划》，山东省将大力发展培植以下几种战略新型装备。

（1）海洋工程装备及高技术船舶。海洋工程装备及高技术船舶是发展海洋经济的先导性产业。山东省在这一领域具有制造优势，要推动海洋工程装备及高技术船舶向深远海、极地海域发展，实现主力装备结构升级，突破重点新型装备，提升设计能力和配套系统水平，形成覆盖科研开发、总装建造、设备供应、技术服务的完整产业体系。支持龙头骨干企业牵头创建海洋工程装备产业联盟，整合资源、集聚优势，共同开发市场，发展分工协作、错位发展、协同联动的产业合作新模式。打造全国一流、国际先进的现代海洋工程装备与高技术船舶制造基地。

（2）海洋工程装备。加快提升中深水自升式钻井/生产平台、深水半潜式钻井/生活平台、极地冰区平台、海洋多功能（钻采集输）平台等关键技术装备开发制造能力。瞄准未来海洋开发重大需求，加快开发深海矿产勘探开发、天然气水合物开采、水下油气生产系统装备、深海水下应急作业装备、大型海上构筑物安装及拆解平台（船）、海洋牧场平台、深海空间站、智能

---

① 《山东省人民政府关于印发〈山东省高端装备制造业发展规划（2018－2025年）〉的通知》，山东省工业和信息化厅网，http://gxt.shandong.gov.cn/art/2018/10/31/art_15178_1595146.html。

网箱、浮式电站、浮式生产储卸装置、浮式液化天然气再气化装置等。加快建立规模化生产制造工艺体系,提高国际化服务水平,力争设计建造能力居世界前列。

(3) 高技术船舶。快速提升液化天然气(LNG)船、大型液化石油气(LPG)船、超大型半潜式运输船、深水半潜式起重铺管船、钻井船、物探船、海洋调查船等产品的设计建造水平。突破豪华游轮设计建造技术,积极发展极地专用船和核心配套设备,加强高端远洋渔船、高性能公务执法船舶、无人艇、万箱级以上集装箱船、大中型工程船等开发能力建设,推进智能船舶、生态环保船舶等研发和产业化,打造高技术船舶世界品牌。

(4) 核心配套设备。大力发展海洋工程用高性能发动机、液化天然气(LNG)/柴油双燃料发动机、超大型电力推进器等,提高深水锚泊系统、动力定位系统、自动控制系统、水下钻井系统、柔性立管深海观测系统等关键配套设备设计制造水平,突破水下采油树、水下高压防喷器、智能水下机器人、水下自动化钻探装备、海底管道检测等装备,提升专业化配套能力。

与此同时,山东省规划做优做强五大特色优势装备——新能源汽车、高档数控机床与机器人、高性能医疗设备、高端能源装备和智能农业装备。山东省对于这五大装备有基础有潜力,经过努力,有条件发展成为引领全国、达到国际先进水平的高端装备。

(二) 山东省海洋高端装备制造业具体发展情况

1. 山东省海洋装备制造业板块设计

山东省海洋装备制造业的六大板块包括:船舶制造、船舶制造设备及配件生产体系(整产业链);海上油气平台装置制造及设备、配件生产体系(整产业链);海洋新能源及新材料(海洋风能、海水淡化等,包括能源设施和设备、产品生产制造);船舶维养(设备、配件、维养工程、改装工程等);海洋重工人才培养、设计、研发能力体系;海洋重工金融,是支持海洋经济发展不可缺的平台(专业金融机构、专业银行,如日本三菱重工银行及韩国现代银行等)。这六个板块形成了山东省海洋重工的重要主干。

2. 山东省海洋高端装备制造业产值

横向来看,在船舶工业方面,山东省起步较晚,目前拥有造船产能600万载重吨,从规模上看与江苏省差距较大,但山东省远海钻井平台、豪华客滚船、远洋渔船等产品的国内市场占有率均为第一,半潜式、自升式多型海洋钻井平台市场份额更是占到国内的80%、全球的20%以上。全国累计建造交付的18座半潜式海洋平台中,有15座为山东自主设计制造。[1]

纵向来看,根据青岛、烟台、威海、日照和滨州2015年、2017年和2019年的海洋装备产业总值(见图1),可知山东省各市海洋装备制造业发展水平差异较大。其中,青岛位居榜首,三年的海洋装备制造业分别为1605.99亿元、2909亿元和3140亿元。2017年青岛海洋设备制造业迈向高端,完成生产总值512.5亿元,增长19.7%;海洋船舶业完成生产总值21.5亿元,增长15.9%。青岛北海船舶重工有限责任公司、青岛海西重机有限责任公司等企业开拓国际市场,开展高技术船舶、高端海洋工程装备等关键技术和先进制造工艺的研发与应用,推动企业加快转型升级。烟台2015年海洋工程装备与机械制造业产值409.83亿元,居于山东省第二位,其2017年和2019年的海洋装备工业产值分别为541.8亿元和650亿元。烟台拥有规模以上船舶及海工装备企业28家,年海工装备生产能力25万吨,造船能力120万载重吨。威海2015年海洋工程装备主营业务收入超过300亿元,位列山东省第三位,拥有规模以上海洋高端装备制造企业150余家。威海高端船舶制造及配套产业近年来保持了平稳较快发展,2015年造船完工量超100万载重吨,有6家企业入选省重点发展的十大造船企业。其2017年和2019年的海洋装备工业产值分别为1018.96亿元和1012亿元,发展迅速,超过位列第二的烟台。日照2015年海洋船舶装备业产值9465亿元,2017年和2019年的海洋装备工业产值分别为22.4亿元和46亿元。日照在帆艇制造、游艇码头、组装、深度游乐等方面积极探索,努力建成了在国际国内具有影响力的帆艇

---

[1] 《山东领跑多个海洋装备特色细分领域》,中原新闻网,https://baijiahao.baidu.com/s?id=1651717318999830107&wfr=spider&for=pc。

产业基地。滨州2015年海洋船舶装备业产值32亿元，2017年和2019年的海洋装备工业产值分别为69亿元和85亿元。滨州拥有海洋工程装备制造企业6家，其中海洋石油装备企业2家、海洋风电装备2家、海洋工程浮体制造企业1家、海洋船舶工程1家。[①]

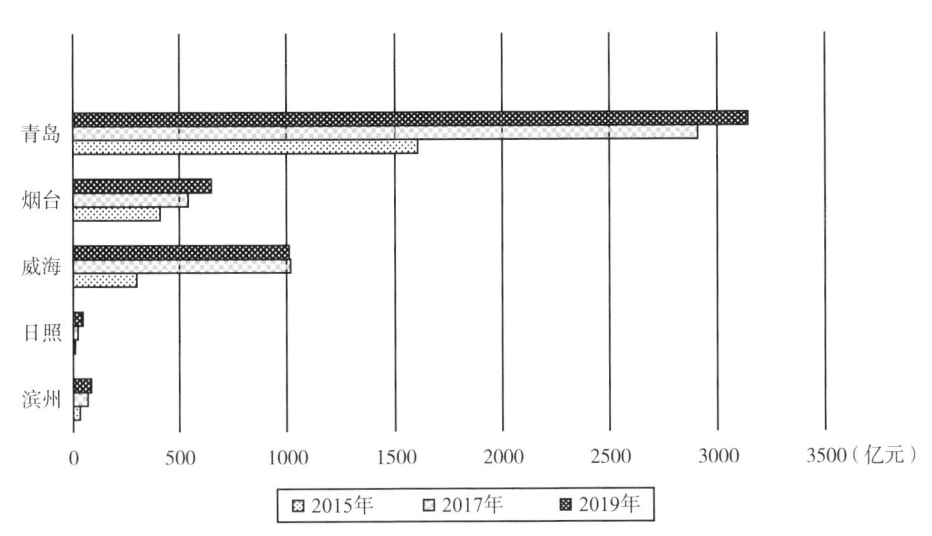

图1　青岛、烟台、威海、日照和滨州海洋装备产业产值

资料来源：2015年、2017年、2019年青岛、烟台、威海、日照相应年份《政府工作报告》。

3. 山东省海洋高端装备制造业产业集群发展状况

"十二五"规划以来，山东省大力建设新型工业化示范基地和高端装备制造产业基地（园区），已建成8家国家新型工业化产业示范基地和26家省级新型工业化产业示范基地[②]，形成了一定的区域特色，如青岛、烟台、威海的海洋工程装备与高技术船舶，济南、青岛的轨道交通装备，济南、枣庄的高档数控机床。通过海洋装备制造业集群化培育和提升，山东省基本形成以青岛—烟台、东营—滨州为核心的海工装备聚集区，形成以潍坊特

---

① 资料来源：2015年、2017年、2019年青岛、烟台、威海、日照相应年份《政府工作报告》。
② 《山东省人民政府关于印发〈山东省高端装备制造业发展规划（2018－2025年）〉的通知》，山东省工业和信息化厅网，http://gxt.shandong.gov.cn/art/2018/10/31/art_15178_1595146.html。

种海工装备、威海现代造船基地为补充的产业聚集链条。由此可见，山东省高端海洋装备制造业集聚化步伐加快，发展良好。2018年，山东省在高端装备产业规划中提出构建"三核引领、一带支撑"的产业发展布局，按照这一布局，启动实施了支柱产业集群三年培育计划，对集约程度显著、创新能力较强的产业集群进行扶持培育。2019年起，山东省培育高端装备领域支柱产业集群3个、主导产业集群5个。[①] 山东以新旧动能转换重大工程为统领，将现代海洋产业列入"十强"现代优势产业集群，成立工作专班，集中打造青岛船舶、烟台海工、海洋油气装备等产业集群，推进现代海洋产业高质量发展。

此外，山东省研究制定了《关于山东省船舶工业深化结构调整加快转型升级的实施意见》，将海洋工程装备纳入全省高端装备规划，确定重点打造青岛、烟台、威海三个海洋工程装备产业集群，依托三个市打造国际领先的海洋工程装备基地。目前，初步形成了船舶修造、海洋重工、海洋石油装备制造三大海洋制造业基地，聚集了一批大型骨干企业，突破和掌握了一批具有自主知识产权的关键技术，具有国际影响力的海洋工程装备基地正在加快建设。

4. 山东省海洋装备创新发展情况

在突破核心技术瓶颈上，山东省主攻海洋核心装备国产化，支持"梦想号"大洋钻探船等大国重器建设。在深海技术装备领域，蛟龙号、向阳红01、科学号以及海龙、潜龙等一批具有自主知识产权的深远海装备投入使用，有效拓展了海洋开发的广度和深度。实施第七代超深水钻井平台等关键装备制造工程，中集来福士自主设计建造超深水半潜式钻井平台——"蓝鲸1号""蓝鲸2号"，成功承担了国家南海可燃冰试采任务，将中国深水油气勘探开发能力带入世界先进行列。武船集团顺利交付世界首座全自动深海半潜式智能渔场，成功交付的中国首座"深海渔场"——"深蓝1号"，推动海上养殖从近海向深海加速转变。烟台船舶及海工装备基地成为全球四大深水

---

① 《山东省人民政府关于印发〈山东省高端装备制造业发展规划（2018－2025年）〉的通知》，山东省工业和信息化厅网，http：//gxt.shandong.gov.cn/art/2018/10/31/art_15178_1595146.html.

半潜式平台建造基地之一、全国五大海洋工程装备建造基地之一，国内交付的半潜式钻井平台有80%在烟台制造。①

在创新平台建设上，山东省为推动海洋油气工程装备产业创新能力，建设有各类创新平台34个，其中国家级技术中心3个、省级工程（技术）研究中心11个、省部级重点实验室10个、院士工作站5个、产业联盟5家。全省新培育国家级企业技术中心9家，其中高端装备企业5家，累计达到50家，占全省总数的30%；首批培育的14家省级制造业创新中心试点中，高端装备占6家，其中山东省船舶与海洋工程装备创新中心通过验收，成为继高性能医疗器械创新中心（威高集团）后的第2家投入运行的高端装备创新中心。②

在协同创新发展方面，参考我国"海洋石油981"和"蛟龙"号载人潜水器两大国家重大创新项目带动技术创新的成功范例，山东省于2014年围绕400英尺自升式钻井平台项目开展了协同创新试点。项目由中国石油大学（华东）、山东海洋投资公司、胜利海洋钻井公司、中集来福士、青岛天时海洋装备研究院（TSC）和中国海洋大学等共同参与实施。在研发设计过程中突破一批关键核心技术和系统集成技术，设备和材料配套国产化率达到七成。项目实施后可实现海工油气装备由"山东制造"向"山东创造"跨越，形成一种可复制、可推广、可延伸的重点项目带动协同创新机制（张永波，2017）。此外，青岛中乌特种船舶研究设计院、青岛国家海洋设备检测中心、山东省船舶技术研究院、中集来福士海洋工程研究院等在山东落地，在市场、政策和资金引导下，各类协同创新模式涌现，并取得了良好的效果。由此可见，多年来，山东省高端海洋装备创新技术不断突破，取得重大成果。

---

① 《"'十三五'成就巡礼"新闻发布》，搜狐网，https://www.sohu.com/a/437654152_273814。
② 《经略海洋谱写新篇章！看山东海洋强省建设6大新路径》，山东广播电视台闪电新闻，https://baijiahao.baidu.com/s?id=1677231677979673806&wfr=spider&for=pc。

三、山东省高端海洋装备制造业存在的问题

（一）市场低迷制约海洋装备工业技术进步

山东省海洋装备产业大规模兴起过程中，逐渐遇到了全球市场低迷、全球原油价格波动幅度较大、船舶和海工装备产业发展初显过剩等难题考验。纵观行业的发展规律，科技创新仍是突破产业壁垒和提高核心竞争力的武器。当前，国家实施海洋强国战略对海洋装备需求加大，山东半岛国家自创区获批，山东半岛蓝色经济区建设正在加快，海洋装备产业急需结构调整、转型升级、提质增效。在多重背景下，急需强化科技支撑，推动海洋装备制造水平不断提升。

（二）研发力量薄弱阻碍海洋装备技术升级

工业设计缺位已成为制约高端海洋装备发展的关键因素之一。海洋装备产业是高科技产业，海洋装备产业普遍具有高科技含量的特征。设计能力不足主要就是关键技术研究的欠缺，表征是产业结构不平衡，建造和研发设计"头重脚轻"。虽然山东在海洋装备技术研发中已成立了相关的科研院所，但由于起步较晚，尚未形成强大的海洋装备领域的科研力量，同时在海洋装备产品研发设计的实践经验不足。山东省内由业主、承包商自发牵头，联合油气勘探开采企业、装备制造企业、设备配套企业、研发设计、高等院校等创新单元建立的综合创新平台数量不足、规模较小，本土化的产—学—研—用合作整体效应不明显（翁震平、谢俊元，2012）。

（三）专业人才紧缺造成海洋装备原始创新力不足

山东拥有全国近70%的海洋领域两院院士和60%的中高级海洋科研人员[①]，但船舶与海洋工程专业人才占全省海洋科技人员的比重很低。在快速发展中，船舶修造业还存在着熟练工人和专业技术人才紧缺的矛盾，而海洋装备产业对此类人才的要求更高。相对海洋人才队伍建设成熟的国家和地区，所需专业人员储备严重不足。同时，引进专家与本土技术人员的融合以及培养本土专业技术队伍的历程也处于起步阶段。

四、山东省高端海洋装备制造业高质量发展的对策

以海洋基础科研支撑技术研发，以海洋关键技术突破引领产业转型升级，以体制机制改革激发创新要素，以交流合作带动开放共享，围绕区域特色科技产业，以科技为先导、以特色海洋产业为聚焦，有效集聚产业群进行"上下配套、左右耦合"，在全国打造海洋装备集聚的典范。

（一）加快新旧动能转换节奏

外部市场环境羸弱，国内需求拉动的力量较小，部分国内海洋装备企业已经有2~3年的时间处于不盈利状态。借助正在实施的山东省新旧动能转换政策，山东海洋装备产业聚集区应有效串联带动省内产业增强关联度，划分区域重点产业领域突破，以优势产品为主导，立足国内市场，打入国际市场；结合山东沿海已有产业优势，打造特色产业基地。建立有效、联动的聚集区管理与考核评价体系，形成多基地联动的聚集区总体握力。

---

① 《山东打造高端海洋产业　申报海洋领域专利已超1000项》，齐鲁网，http：//m.iqilu.com/pcarticle/2544257。

（二）加快创新平台建设

山东海洋装备工业依托原有创新平台，联合优势力量，如借助山东省海洋研究院和山东省各大高校来规划布设新的创新载体，重点在高端海洋工程装备、先进船舶、特色海洋装备研发等方面。打造研发体系完善化、攻关方向企业化、人员培养社会化的新型创新载体。探索"工程人才"战略，实施企业、高校双培养模式，高级人才双跨模式。政府制定补贴政策来留住更多从事海洋高端装备研发的科技人员，同时对研究项目进行补贴和鼓励。

（三）破解产能过剩，加快技术输出

学习先进装备产业服务理念和设计理念，与国际市场接轨。划分区域重点产业领域突破，与国内海洋装备发展迅速的区域互补、联动发展，以优势产品为主导，立足国内市场，打入国际市场；利用山东在海工、船舶配套产业主产业环节的独特优势，尽快出台多元化产品引导政策，加大企业间创新联动，促使企业错位竞争，提升动力装备、关键设备的装配能力，带动钢铁、智能装备等相关产业成长。

（四）积极与国外海洋装备对接，增强国际竞争力

山东省海洋装备产业的发展离不开在海洋贸易中扮演重要角色的海外国家的支持，山东应抓住同外国的合作机遇，增强自身的国际竞争力。山东省应进一步扩大开放，支持企业积极参与国际产能合作，充分利用各种渠道和平台，探索各种对外合作模式，加快融入全球产业链，加快发展海洋装备制造业，在推动新旧动能转换、融入国际海洋装备产业发展大背景下，进一步提高自身的竞争能力。

参考文献

[1]《〈海洋工程装备制造业中长期发展规划〉近日印发》，中国政府网，http://www.gov.cn/zhuanti/2012-03/22/content_2609767.htm。

[2] 贺俊、吕铁：《战略性新兴产业：从政策概念到理论问题》，载于《财贸经济》2012年第21期。

[3] 中国工程科技发展战略研究海洋领域课题组：《中国海洋工程科技2035发展战略研究》，载于《中国工程科学》2017年第19期。

[4] 张永波：《山东省海洋装备产业聚集区建设布局研究》，载于《海洋开发与管理》2017年第34期。

[5] 翁震平、谢俊元：《重视海洋开发战略研究 强化海洋装备创新发展》，载于《海洋开发与管理》2012年第29期。

[6] 吴宾、杨一民、娄成武：《基于文献计量与内容分析的政策文献综合量化研究——以中国海洋工程装备制造业政策为例》，载于《情报杂志》2017第36期。

[7] 唐书林、肖振红、苑婧婷：《网络模仿、集群结构和产学研区域协同创新研究：来自中国三大海洋装备制造业集群的经验证据》，载于《管理工程学报》2016年第30期。

[8] 张偲、权锡鉴：《我国海洋工程装备制造业发展的瓶颈与升级》，载于《经济纵横》2016年第8期。

[9] 娄成武、吴宾、杨一民：《我国海洋工程装备制造业面临的困境及其对策》，载于《中国海洋大学学报（社会科学版）》2016年第3期。

[10] 吴宾、杨一民、娄成武：《中国海洋工程装备制造业政策文献综合量化研究》，载于《科技管理研究》2017年第37期。

[11] 唐书林、肖振红、苑婧婷：《网络嵌入、集聚模仿与大学衍生企业知识溢出——基于中国三大海洋工程装备制造业集群的实证研究》，载于《科技进步与对策》2015年第32期。

［12］赵金楼、徐鑫亮：《中国海洋工程装备制造业发展问题研究》，载于《学习与探索》2014 年第 4 期。

［13］贲可荣、王斌：《海洋装备智能化与智能化装备思考》，载于《江苏科技大学学报（自然科学版）》2021 年第 35 期。

［14］黄满盈、邓晓虹：《高端装备制造业转型升级驱动因素分析》，载于《技术经济与管理研究》2021 年第 9 期。

［15］张晶晶、王以斌、王英、王田田、吕其明、高彦洁、吕振波：《海洋工程建设对连云港近海环境因子和浮游植物的影响》，载于《中国环境科学》2021 年第 41 期。

山东省海洋交通运输业发展现状、问题与对策

▶安 冬[*] 张瑞毅[**] 储 馨[***]

摘要： 中国（山东）自由贸易试验区建设方案提出大力发展航运物流，提高海运服务能力，打造东北亚国际航运枢纽。利用自贸区建设的契机，发挥港口功能优势，提升航运服务能力，成为支撑山东省区域经济增长的新动能和经济结构调整的新引擎。本文在自贸试验区建设背景下，探究山东省海洋交通运输业的发展现状、问题与对策。在海洋交通运输业方面，山东省逐步形成以青岛港为龙头，烟台港、日照港为两翼，其他港口为补充的总体发展格局，并朝着海运智慧化、港口贸易化、海运国际化和资源配置合理化趋势发展。但仍存在港口资源整合整体效率低下、港城融合发展进展缓慢和港口环境污染治理的压力较大等问题。鉴于此，全面提升港口整合效率、进一步提升港口—腹地经济一体化的乘数效应、陆海统筹协同治理港口污染成为山东省海洋交通运输业高质量发展的政策着力点。

关键词： 自贸试验区　海洋交通运输业　港城一体化　资源整合

一、引　　言

海洋交通运输业是指以船舶为主要工具从事海洋运输以及为海洋运输提供服务的战略性基础产业，包括远洋旅客运输、沿海旅客运输、远洋货物运输、沿海货物运输、水上运输辅助活动、管道运输业、装卸搬运及其他运输

---

[*] 安冬，山东大学自贸区研究院研究助理。
[**] 张瑞毅，山东大学自贸区研究院研究助理。
[***] 储馨，山东大学自贸区研究院研究助理。

服务活动。海洋交通运输业依赖于港口资源。王素君、曲毅（2008）发现港口构成了物流链中的交通网络，是在经济全球化背景下国家向外向型经济转变的重要组成部分。以港口为枢纽，直接或间接相关产业逐渐聚集，逐渐演进为港口经济。司增绰（2015）认为港口经济包括港口物流业、临港工业、航运服务业和信息产业等。李增军（2002）认为港口产业的集聚发展能够推动临港经济的增长，港口产业分工的合理性与区域经济发展密切相关。

海洋交通运输业对一个国家经济开放发展有着至关重要的作用，其意义绝不仅是运量对GDP的直接贡献，海洋运输是国际商品交换中最重要的运输方式之一，货物运输量占全部国际货物运输量的比例超过80%。我国通过海洋交通运输从发达国家进口技术设备，从一些国家进口粮食、铁矿石、木材、金属和非金属矿石等资源和资源型产品，并向国际市场提供了原油、矿产品、纺织品、农产品和机械等。可以说，海洋运输将世界各国紧密联系在一起，促进各国经济的全球化、一体化发展。与此同时，港口与腹地城市之间存在着互为依托、相辅相成、共同发展的关系。海洋交通运输业通过港口资源促进当地经济的快速发展，同时内地城市利用港口优势发展临港产业，促进对外贸易发展，带动港口的发展，实现港口与腹地城市联动式发展，推动港城一体化发展。在区域一体化格局下，海洋交通运输业有助于港口和腹地之间协同与融合发展，促进区域经济健康迅速发展，扩大经济开放深度和广度（伍业锋、吴晓欢，2020）。

山东省拥有3000多公里的海岸线，从北至南沿海港口依次为：滨州港、东营港、潍坊港、烟台港、威海港、青岛港和日照港7个市级港口。其中，有3个过4亿吨大港，全国前十大港口中山东省所占数量最多。2018年全省沿海港口完成货物吞吐量16.1亿吨，居全国第二位，金属矿石、液体散货等货物以及外贸吞吐量均居全国第一，集装箱吞吐量居全国第三。[①] 2019年8月30日，中国（山东）自由贸易试验区正式成立，建设方案提出大力发展航运物流，提高海运服务能力，打造东北亚国际航运枢纽。在此背景下，山东省海洋运输业如何充分利用自贸区建设的契机，发挥港口功能优势，提升

---

① 《中国海洋经济统计年鉴2019》，海洋出版社2021年版，第75页。

航运服务能力，成为支撑山东省区域经济增长的新动能和经济结构调整的新引擎。

山东省位处中国东部沿海，坐拥黄河入海口，北临渤海，南依江苏，西靠京津冀，东望日韩，地理条件独特。山东省地理条件可谓是得天独厚，这为山东省发展海洋交通运输业带动海洋经济开放发展提供了天然支撑。一是山东半岛海岸线绵长，天然禀赋优越。山东半岛山东省海岸线长达3000多公里，海岸线总长约占全国的1/6，沿海包括青岛、烟台、日照、威海、潍坊、东营、滨州7个城市，山东省是东北亚海上的交通要道，是环渤海经济圈的重要组成部分，是我国重要的海洋运输中转地。在山东省内陆地区，京杭大运河贯穿鲁西南，京杭大运河山东段常年畅通无阻，可保证千吨级船舶运行，山东省的海陆资源丰富多样，具有发展水运和海洋经济的自然优势。二是三面环海，与日韩隔海相望。就山东省而言，山东半岛三面环海，便于对外进行经济文化交流，特别是在地理位置上，与日韩两国隔海相望，联系更为便捷。山东省是中日韩自贸区的重要支点，基于独特的区位优势，加之良好的社会经济条件奠定了山东省海洋运输的坚实基础。

二、山东省海洋交通运输业的发展现状

（一）港口资源及其主营业务概况

1. 总体情况

港口资源指符合一定规格船舶航行与停泊条件，并具有可供某类标准港口修建和使用的筑港与陆域条件，以及具备一定的港口腹地条件的海岸、海湾、河岸和岛屿等，是港口赖以建设与发展的天然资源。山东省处于华东沿海、黄河下游、京杭大运河中北段，现有25个港口，其中既有海港，又有内河港，海港包括青岛港、烟台港、日照港、威海港、潍坊港、东营港、滨州

港 7 个主要港口，承担全省 90% 以上的外贸进出口量和约占全国 1/4 的铁矿石、1/3 的原油及全省全部煤炭的进口接卸任务，与 180 多个国家和地区的 700 多个港口实现通航。其中青岛港、烟台港和日照港是 3 个超 4 亿吨大港。2018 年，山东省瞄准沿海港口"多小散弱"导致的重复建设、恶性竞争等问题，对沿海港口企业进行整合，组建的山东省港口集团，形成了"以青岛港为枢纽港，日照港、烟台港、渤海湾港围绕各自区域腹地形成海上支线布局"的干支联动良好局面。2021 年，山东港口已开通 10 余条集装箱内支线，沿海港口集聚效应、联动效应迅速显现，货物吞吐量与集装箱吞吐量分别跃居全球第一和第三位，服务"国内国际双循环"的能力不断提升，奠定了北方枢纽港的地位。就港口地理条件状况而言，山东半岛港口群是我国重要的海洋运输中转地，其地处渤海之南，接壤中原能源经济圈、京津冀经济区以及长三角经济区，且位于东北亚海上的交通要道处；就自然条件而言，也具备了港口长期发展的优势，港口终年不冻不淤，海岸线总长 3345 千米，占全国海岸线长度的 1/6，利于建造深水港。①

2. 重点港口主营业务

青岛港位于中国沿海的环渤海湾港口群与长江三角洲港口群的中心地带，是山东省第一大港、全国第三大外贸口岸，世界港口排名第七，也是全国沿海主要港口和综合运输体系的重要枢纽。青岛港由大港港区、黄岛油港区、前湾港区和董家口港区四大港区组成，主要从事集装箱、煤炭、原油、铁矿、粮食等各类进出口货物的装卸服务和国际国内客运服务，集疏港运输方式包括铁路、公路、水运和管道四种。青岛港的矿石装卸作业主要集中在前港分公司和董家口分公司，提供矿石卸船、堆码、保管、疏运等物流服务，混矿和筛分业务，保税物流业务等。海向方面，青岛港已集聚集装箱航线 160 多条，居中国北方港口之首，其中直达东南亚、中东、地中海、欧洲、黑海、俄罗斯、非洲、澳洲的航线数量就超过 70 条。陆向方面，青岛港依托海铁联运优势，加强内陆港建设，完善网格化市场营销布局，不断提升海铁联运市

---

① 《山东统计年鉴 2020》。

场占有率。目前共开通班列40条，其中管内班列28条，管外班列7条，国际班列5条（含中韩快线），形成了"一市一港、覆盖山东"的网络化布局，同时辐射沿黄，直达中亚。①

烟台港位于中国山东半岛北侧芝罘湾内，是中国沿海25个重要枢纽港口之一，处于东北亚国际经济圈的核心地带，是中国沿海南北大通道的重要枢纽和贯通日韩至欧洲新欧亚大陆桥的重要节点。烟台港由芝罘湾港区、西港区、蓬莱港区、龙口港区、寿光港区五大港区组成。烟台港是中国沿海最大的化肥、铝矾土、石油焦、朝鲜煤炭接卸和对非出口贸易口岸，是渤海湾南岸最大的矿石、散粮中转港以及石油化工品储运中转基地和北方重要的煤炭装船港。烟台港已开通至丹东、大连、营口、锦州、秦皇岛、京唐、天津、上海、温州、泉州、深圳、广州黄埔等港口的内贸航线18条；开通至大连、青岛、上海的外贸内支线3条；开通至日本、韩国、新加坡和美国等国家和地区的外贸航线13条。

日照港东临黄海，北与青岛港、南与连云港港毗邻，是中国重点发展的沿海20个主枢纽港之一，是环太平洋经济圈和新亚欧大陆桥经济带的结合点，新亚欧大陆桥东方"桥头堡"，"一带一路"建设重要支点。截至2021年6月，日照港已建成69个生产泊位，年通过能力超过4亿吨。其中，石臼港区以金属矿石、煤炭、粮食、集装箱运输为主，岚山港区以原油、金属矿石、钢铁、木材运输和服务临港工业为主。②

威海港地处中国山东半岛东端，位于东北亚中日韩的中心地带，是华东地区的重要港口之一，东与日本、韩国、朝鲜隔海相望，北靠东北老工业基地，是山东半岛通往日韩等东亚国家便捷的出海口。港口分为两个区——老港区、新港区，主营客运及车辆托运等客滚业务，煤炭、矿石、粮食等装卸运输业务。1990年，威海港率先开通了至韩国的班轮航线，并发展成为全国对韩运输最便捷、航班最密集的港口之一。

---

① 《青岛港全国首家海铁联运破百万标准箱》，央广网，https：//baijiahao. baidu. com/s？id=1622259738828577728&wfr=spider&for=pc。
② 《日照港2021年半年度董事会经营评述》，同花顺财经网，http：//yuanchuang. 10jqka. com. cn/20210826/c632183032. shtml。

潍坊港于位于山东半岛中部、莱州湾南岸。潍坊港辖区内规划四处港区，即：潍坊港东、中、西港区和内河港区。潍坊港主营的集装箱业务发展定位为山东半岛北部集装箱内贸枢纽港；潍坊港可依托5万吨级泊位提供散杂货处理服务，包括矿石、煤炭、建材、工业盐、石油焦、钢材、机械设备等30余种，涵盖能源、粮食、建筑、化工等多个行业领域。

东营港位于山东半岛北部、渤海湾与莱州湾的交汇处，立足黄河三角洲，依托山东半岛城市群，面向环渤海经济圈，服务鲁北及晋冀，是国务院确定的黄河三角洲区域中心港，是黄河三角洲对外开放的桥头堡和鲁晋冀地区的最佳出海通道。其主要经营原油、石化产品等能源的运输及进出口业务。

滨州港位于渤海湾西南岸，是黄河三角洲高效生态经济区和山东半岛蓝色经济区两大国家战略共同规划建设的重要港口之一，以进口金属矿石、沙为主。

（二）山东省港口吞吐量现状

山东省共有三个吞吐量破亿吨的大型港口，且三个大港口业务侧重点不同。青岛港重点置于集装箱的运输；烟台港着重对国内外煤炭、矿石等货物进行中转运输；日照港主要是以国内区域性煤炭、原油、矿石等物流运输为重点。图1和图2为交通运输部对于2021年上半年全国港口集装箱吞吐量和货物吞吐量的数据统计，在集装箱吞吐量排行中，山东省以集装箱业务为主的青岛港位居首位，在货物吞吐量排行中，青岛、日照和烟台分别排在第一、第二、第三位。

就青岛港所依赖的直接经济腹地实力而言，青岛市及山东省其他地区的经济近几年来都在高速发展，且在国内处于较高水平。其间接经济腹地包括河南、河北等中原地区以及中亚的多个国家，可以说，强大的经济腹地，为青岛港发展成为我国良港奠定了基础。拥有如此得天独厚的环境优势，青岛港的硬件环境也没有落后。据统计，青岛港共计有171条集装箱航线，其中

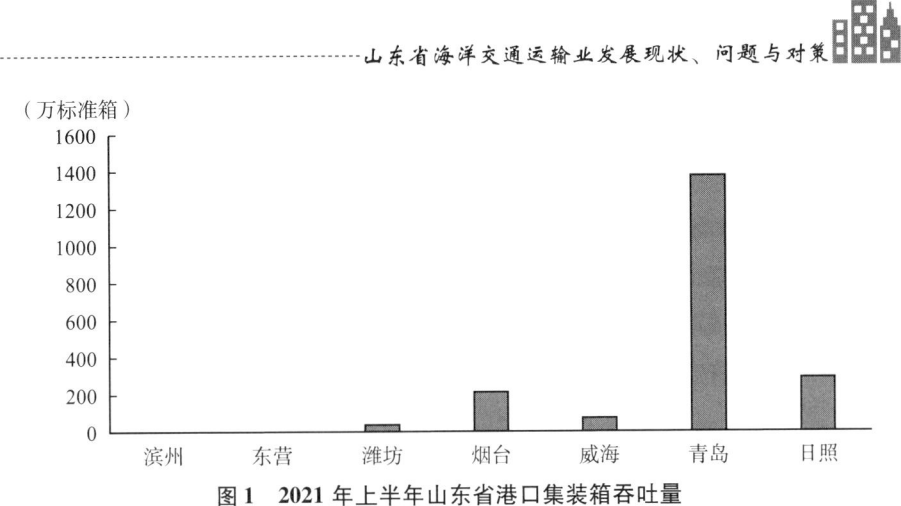

（万标准箱）

图1　2021年上半年山东省港口集装箱吞吐量

资料来源：《2021年6月全国港口货物、集装箱吞吐量》，交通运输部网，https：//xxgk.mot.gov.cn/2020/jigou/zhghs/202107/t20210720_3612415.html。

（万吨）

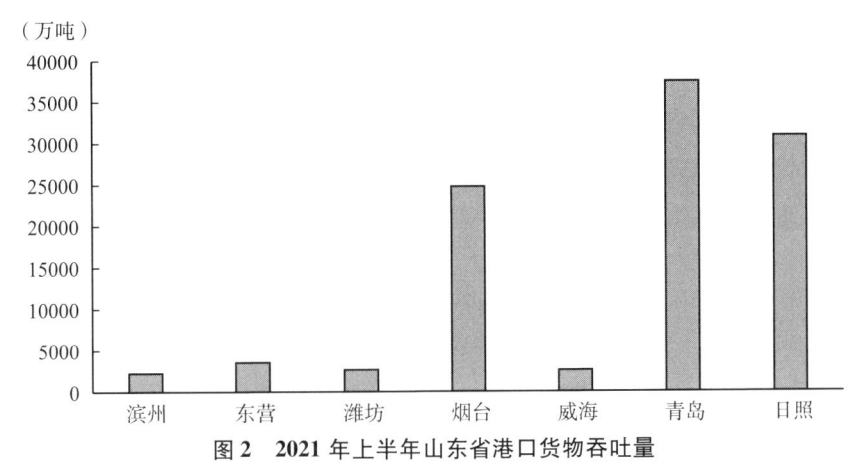

图2　2021年上半年山东省港口货物吞吐量

资料来源：《2021年6月全国港口货物、集装箱吞吐量》，交通运输部网，https：//xxgk.mot.gov.cn/2020/jigou/zhghs/202107/t20210720_3612415.html。

国际航线占绝大多数，占143条。① 青岛港包含多家企业，且涉及的业务内容不尽相同，泊位分散合理，如前湾集装箱码头公司拥有11个泊位，承包多数国际集装箱业务，是目前世界上最大的集装箱码头企业之一；西联公司拥

---

① 《山东港口青岛港东南亚集装箱航线首航》，中国经济时报网，https：//baijiahao.baidu.com/s?id=1662695963822593005&wfr=spider&for=pc。

有9个泊位，其主攻货物的装卸效率，致力于满足客户的各种需求等。如今，青岛港在发展创新中不断突破自身的业务能力，创造了一个又一个令人惊叹的成绩。自2008年起，青岛港每四年全年吞吐量就有一个亿吨的提升，至2016年，年吞吐量已超过5亿吨，2017年自动化和5G在青岛港海洋运输业中的推行和运用，大幅提升了港口的工作效率。2019年12月28日，青岛港成功实现了一年货物吞吐量超过6亿吨的目标，平均日吞吐量达到165万吨。青岛港完备的硬环境和极具前景的实力，为自身吸引了大批省内外的人才，使港口软环境也不断地得到提升。山东省各港口地理位置优越，且与海内外其他港口之间的交通运输方式多样，三大港口都是中国重点发展的沿海主枢纽港，港口吞吐量也都位居世界前列，面对新冠肺炎疫情的困难与挑战，各港口不受影响地突破原有记录，有力地证明了山东省海洋交通运输业的强劲实力。

（三）山东省腹地经济发展现状

1. 山东省经济总量及质量

改革开放以来，山东省经济发展取得显著成效。如表1所示，山东省的GDP总量从2010年至2018年一直呈现平稳增长状态，固定资产投资总额、社会消费品零售总额、进出口总额、城镇居民人均可支配收入等指标都在稳步上涨，2019年山东省GDP因财政制度整改调整至71067.5亿元，位居全国第三。[①] 城镇居民人均可支配收入等指标的增长则反映出山东省实际经济水平仍在逐年稳定增长，人民生活水平仍在上升的现状。腹地经济的水平高低也直接影响了港口经济的发展。山东省进出口成绩优异，其外贸进出口形势好于全国整体水平，且在全国外贸排名前六的省份中，进口增速居第一位，出口增速仅次于浙江省，涨幅主要归功于大宗商品进口的大幅增长，而这些都依赖于港口的发展，进一步体现了山东省港口经济的繁荣。

---

① 《山东统计年鉴2020》。

表 1   2010~2020 年山东省经济总量及质量指标

年份	山东省GDP（亿元）	固定资产投资总额（万元）	社会消费品零售总额（万元）	进出口总额（亿元）	城镇居民人均可支配收入（元）
2010	39169.9	18844.4	14620.3	1889.5	19945.8
2011	45361.8	25907.4	17155.5	2359.9	22791.8
2012	50013.2	30319.8	19651.9	2455.5	25755.0
2013	55230.0	35875.9	22294.8	2671.6	28264.0
2014	59426.6	41599.1	25111.5	2771.2	29222.0
2015	63002.3	47381.5	27761.4	2417.5	34545.0
2016	67008.2	52364.5	30645.9	15466.5	34012.0
2017	72678.2	54236.0	33649.9	17823.9	36789.0
2018	76469.7	56459.7	33605.0	19302.5	39549.0
2019	71067.5	51717.1	35770.6	20420.9	42329.0
2020	73129.0	53578.3	29248.0	22009.4	32886.0

资料来源：根据历年《山东统计年鉴》整理而得。

2. 山东省产业结构

如表2和图3所示，山东省的第一、第二、第三产业都在逐年加强，但是就其占GDP的比重来说，第一产业的比例一直在降低，且占总体产业结构的10%之内；第二产业稳定增长，占比由2016年的43.5%降至2020年的39.1%；第三产业的优势和重要性近年来显著上升，占比从2016年的48.3%升至2020年的53.6%。

表 2   2010~2020 年山东省产业结构   单位：亿元

年份	山东省GDP	第一产业增加值	第二产业增加值	第三产业增加值
2016	67008.2	4929.1	30401.0	31669.0
2017	72678.2	4876.8	32925.1	34876.3

续表

年份	山东省GDP	第一产业增加值	第二产业增加值	第三产业增加值
2018	76469.7	4950.5	33641.7	37877.4
2019	71067.5	5116.4	28310.9	37640.2
2020	73129.0	5363.8	28612.2	39153.1

资料来源：根据历年《山东统计年鉴》整理而得。

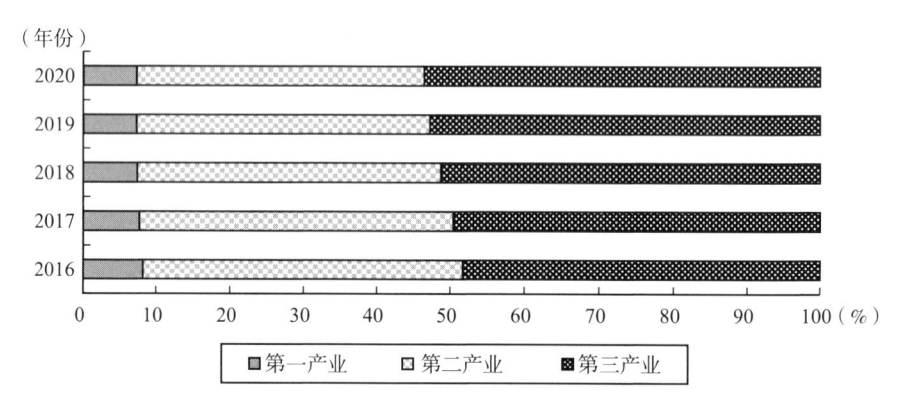

图3 2016~2020年山东省各类产业增加值占GDP比重

资料来源：根据历年《山东统计年鉴》整理而得。

（四）新时代山东港口建设现代化的表现

1. 海运智慧化

智慧港口是近年来提出的新概念，指在原有的商业业务模式基础上，结合港口自身资源条件，重组利用先进的技术化信息，其核心在于通过获取信息达到数据共享、减少甚至避免信息不对称的情况。从整个贸易生态圈角度来看，智慧港口是一种通过信息技术手段对商业模式的创新，使物流供给方和需求方融为一体，促进贸易圈中物流、信息流、资金流的高效运转（任建东、焦明倩，2019）。具体如何判定智慧港口，郑静、陆路（2012）提出，智慧港口基础设施包括五大信息系统体系，如图4所示。

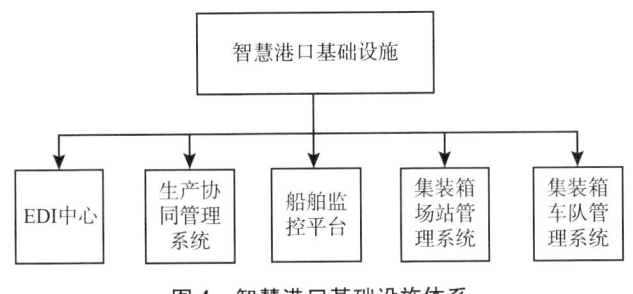

图4　智慧港口基础设施体系

EDI即电子数据交换，建立EDI中心即推行无纸贸易，信息存储及传递的介质从纸张转化为电磁设备，山东青岛港和日照港都早已创建了EDI中心网站，将港口相关贸易要闻公开化、透明化。生产协同管理系统的应用是指对港口资源整合、避免重复建设等，这点青岛港等山东港口也在努力实现中，如青岛港为搭建完整的散货物流服务供应链，建立了综合服务平台，从而实现散装货物运输车辆的统一调度，全面提高疏运效率。船舶监控平台也是青岛港智慧港口建设的重点，青岛港不仅对船舶进行了实时监控，还对出入港口的人员、车辆、货物等目标统筹监控，以及时消除安全隐患。此外，青岛港利用5G技术对航道进行了全面智能监控，提供并测量了详细的航道信息。集装箱管理系统下青岛港为用户提供了从进口提箱、出口提箱、网络支付、出口舱单传输及船代业务一站式的集装箱服务。随着信息科技的迅猛发展，世界各地建设智慧港口不在少数，整体围绕以上五个方面发展，而每个港口由于腹地环境和水文条件等因素的差异，在智慧化的选择上也不尽相同，青岛港就是一例，走出了属于自己的先进道路（刘元华、郭石运，2019）。

2013年10月，青岛港在国外封锁技术的情况下，决定建设全自动化集装箱码头，于2017年5月11日建成了亚洲第一个真正意义上的全自动化集装箱码头，即青岛港自动化码头（一期），该码头岸线长660米，建设2个泊位，设计年吞吐量为150万标准箱，配备7台双小车岸桥、38台高速轨道吊和38台自动导引车。相比传统人工码头，青岛港全自动化集装箱码头一期工程的作业效率提升了30%，人工减少了80%，自动化程度超许多世界级港口，且建设成本仅为国外同类码头的2/3，建设周期仅为其1/3。[①]

而青岛港全自动化进程并未止步于此，仅仅两年半后，青岛港全自动化集装箱码头（二期）的运营就正式拉开了帷幕。二期工程实现了陆侧装卸社会集卡的全自动化，从而完成了从装卸船到收发箱整个作业流程的全自动，即人工部分只有将车辆行驶进入码头部分，这不仅减少了人力成本，也大幅增强了码头作业的安全性。此外，二期工程还将5G+自动化技术运用于码头作业，港口机械制造商通过与中国联通、爱立信等知名通讯企业合作，使远程控制自动化岸桥电车抓取集装箱成为现实，并实现了对航道的全面智能监控。至此青岛港已成为目前世界上自动化程度最高、装卸效率最快的集装箱码头。青岛港追求的是可持续发展的投产运营，二期工程运用了创新科技氢动力自动化轨道吊，减轻设备重量的同时实现了零排放，其应用的氢燃料集装箱拖车，预计能减少二氧化碳年排放量6.67万吨，燃油使用量下降约1/4；[②] 为了做到真正的绿化环保，青岛港斥巨资以扩大绿化面积，目前港区绿化面积占港口可绿化面积的99%。此外，青岛港在各港区配备了油气回收装置和气体监测装置等，使港口环境绿色环保、工作安全高效。

青岛港前湾集装箱码头拥有24个深水集装箱船舶专用泊位，码头岸线长达8651米，泊位水深-20米，可以全天候装卸2.4万标准集装箱以上的超大型集装箱船舶，具体分为三个码头：QQCT、QQCTU和QQCTN。其中，QQCT—前湾码头，即原一期、二期、三期码头，拥有11个深水集装箱船舶专用泊位，码头岸线长达3439米，泊位水深-17.5米，可停靠2.4万标箱集装箱船舶；QQCTU—前湾联合码头，即原四期码头，码头岸线总长度3163米，拥有9个深水集装箱船舶专用泊位，最大水深达-20米，可以接卸目前2万+标准箱的集装箱船舶；QQCTN—新前湾码头，即五期自动化码头，规划建设6个泊位，岸线总长2088米，码头前沿水深-20米，可停靠世界最

---

① 《氢能驱动+5G互联　青岛港投产新一代智能码头》，新浪财经，https：//baijiahao.baidu.com/s?id=1651501840294344760&wfr=spider&for=pc。
② 《青岛港全自动化码头二期投产，全球首创氢动力自动化轨道吊》，界面新闻，https：//baijiahao.baidu.com/s?id=1651440982150347574&wfr=spider&for=pc。

大的2.4万标箱集装箱船舶。①

2. 港口贸易化

2021年，山东港口启动"原油全链条贸易服务集采平台""油气全链条贸易服务集采平台""多货种、多区域全链条贸易服务平台""畅通国内大循环，助力高质量发展新平台"四大贸易服务平台，携手各方探索石油等大宗商品贸易服务新业态，打造国际领先的金融贸易港。"原油全链条贸易服务集采平台"可提供原油从供应到采购的一站式、门到门全程综合贸易服务；"油气全链条贸易服务集采平台"将打通资源端和产品端、连接生产方与需求方；"多货种、多区域全链条贸易服务平台"打造覆盖生产资料和生活资料近20个货类的大宗商品全链条综合贸易服务体系；"畅通国内大循环，助力高质量发展新平台"将在港口间构建高效货物贸易流通体系。2019年7月，青岛港集团代表在中国财富论坛上的演讲中指出，青岛在打造航运贸易金融创新的路上，要打造航运、贸易和金融三个中心，由此也意味着青岛港正从原先的物流港向贸易港转型。青岛港已于2020年全面达成"码头无人化、管理无纸化、物流全程化、电商平台化"的目标。2020年，烟台港聚焦科技前沿领先技术，立足平台思维，积极推进了"烟台港智慧口岸"电商贸易平台建设，助力区域经济贸易更加便利化，加快山东港口建设世界一流海洋贸易港口进程。

3. 海运国际化

2015年3月28日，国家发展改革委外交部、商务部发布的《推动共建丝绸之路经济带和21世纪海上丝绸之路的愿景与行动》一文规划了青岛和烟台等15个城市港口为"一带一路"重点建设沿海港口的定位，而2017年发布的《青岛"一带一路"背景下海铁联运发展》蓝皮书更是详细地提出了青岛港的定位及任务：青岛港作为我国北方带路的主枢纽港、新欧亚大陆桥经济走廊的主要节点和海上合作战略支点城市，应重点发展自由贸易，包括日

---

① 《QShipping走近港口系列——青岛港篇》，搜狐网，https://www.sohu.com/a/454019129_120935190。

本、韩国、美国等环太平洋沿岸地区与中亚、欧洲之间的货物转运。青岛港的贸易往来涉及世界上 180 多个国家和地区，国际集装箱航线总数达 160 多条，排名中国北方港口第一。[①]

为响应国家"一带一路"倡议，青岛港积极与国际合作，且涉及贸易种类丰富，如西海岸已建设成为中日铁矿石中转地，为实现成为日韩大宗干散货的国际中转节点奠定基础；与巴西等国家和地区就原油贸易进行了合作等。目前青岛港构建了物流、商流、资金流、信息流深度融合的现代物流产业体系，金融服务拓展至金属冶炼、油品炼化、粮食加工等 12 大行业，覆盖了 15 种主流货物，面向客户 600 余家。[②]

面对国际激烈的竞争，山东省海洋交通运输业的先进技术为山东省经济及国家带路政策提供了强大支持。就海铁联运的转运效率而言，青岛港在 3 天左右的时间内便可完成从卸船到发车的全部流程，效率远超俄罗斯东方港等国内外其他港口。

4. 资源配置合理化

正如前面所述，胶东半岛沿海岸线港口密度较大，且山东省港口众多，导致腹地交叉，从而造成内部资源重复性高，无法得到合理的利用，形成了一定程度上的浪费，早在 2004 年就有学者通过实证研究得出港口效率对双边贸易有重大影响。因此，自 2017 年起，山东省就启动了山东沿海港口群整合的方案，2018 年《山东省政府工作报告》指出应强化陆海统筹，整合沿海港口资源，优化口岸布局为目标，谋划推进青岛港、渤海湾港、烟台港、日照港四大集团建设。2018 年 8 月 6 日，山东潍坊港、东营港和滨州港整合成立山东渤海湾港口集团，该集团以打造世界一流海洋港口为目标，大力推动全省港口向集约化、协同化转变。港口整合效果显著，2019 年营业收入增至 6.63 亿元，年货物吞吐量达到 1980 万吨，同比增长了 49%，集装箱吞吐量

[①] 2017 年《青岛"一带一路"背景下海铁联运发展》蓝皮书。
[②] 《"6 亿吨"！世界大港崛起黄海之滨》，大众网，https://baijiahao.baidu.com/s? id = 1654232477049213280&wfr = spider&for = pc。

12.6万标箱,同比增长了311%。①

2019年7月,山东青岛港和威海港也进行了整合,成立了山东港口集团。本次整合主要考虑到两港的主营业务类似,都是以集装箱业务为主,配套矿石、煤炭等货物装卸服务,从而避免同质化服务形成内部竞争。虽然威海港地理位置优越,是山东省北方重要港口,也是对日韩十分重要的贸易通商口岸,但就2019年上半年的港口货运吞吐量来看,青岛港货物吞吐量为威海港的约16倍,集装箱吞吐量为威海港的约21倍②,缺乏规模效益,故此次以青岛港为核心平台的整合,不仅能促进国际物流的合作,还能进一步产生规模经济,从而实现协同效应。2019年8月6日,山东省港口集团有限公司的成立更是将原有的青岛港、日照港、烟台港和渤海湾港四大港深度整合组建,原四大港口集团成为省港口集团的全资子公司,标志着山东省沿海港口一体化改革发展进入新阶段。港口一体化在最大限度上发挥以上所提的港口优势,为全力打造"一带一路"海上战略支点、世界的海洋港口和国际航运中心创造了条件,也为拓展港口产业链金融服务奠定了基础。青岛港2020年年度业绩报告显示,2020年青岛港完成货物总吞吐量5.4亿吨,完成集装箱吞吐量2201万标准箱;实现营业收入132.19亿元,较上年同期增长8.7%;归属于上市公司股东的净利润38.42亿元,较2019年同期增长1.4%。值得一提的是,2020年青岛港集装箱吞吐量首次超过了东北亚最大的韩国釜山港。③

(五) 山东省港口整合现状

1. 统一的经营管理集团

山东省港口集团有限公司成立于2019年8月6日,总部设在青岛。承担

---

① 《山东统计年鉴2020》。
② 《2019上半年港口货物吞吐量排名前十正式出炉》,海洋网,http://www.hellosea.net/transport/dynamic/2019-07-23/67082.html?oixkxk=839xk1。
③ 《青岛港2020年报发布 集装箱吞吐量首超韩国釜山港》,经济观察报网,https://baijiahao.baidu.com/s?id=1695809104055084116&wfr=spider&for=pc。

全省主要港口的规划、投资、建设、运营和安全管理等主体职责。具体地说，其职责包括：①确定全省港口功能定位、制定发展战略，统筹港口等重大交通基础设施建设。②推动港口一体化发展的投融资和市场运营主体。③实施港口综合开发。④科学引导港口功能拓展，推动港产城融合发展。山东省港口集团拥有青岛港集团和日照港集团等四大港口集团，共有19个主要港区、324个生产性泊位、310余条集装箱航线，负责十大业务板块，即物流、海外发展板块，金融，航运，装备制造，贸易，科技，港湾建设，产城融合和邮轮文旅板块。

2. 实现港口企业资产重组

山东省港口企业的资本重组采用了国有资本之间的股权划转，并呈现多样化方式。首先是山东省港口集团仅由省级国有资本投入，各地市国有资本只进入本市的港口。以青岛港为例，原来青岛市国资委持有青岛港集团100%股份，降持至51%，分出49%给山东省港口集团。但保持不变的是青岛市国资委仍为控股股东，同时青岛港的股份结构也没有变化。日照港集团原是由日照市国资委100%持股，后全部无偿划转给山东省港口集团。这样日照港集团成为山东省港口集团的全资子公司。山东省港口集团直接持有日照港集团100%的股权，通过日照港集团间接持有日照港13.4亿股股份，通过日照港集团的全资子公司岚山港务间接持有2719.85万股股份，占日照港总股本的44.46%。日照港集团和岚山港务对日照港的投资结构也不变。

3. 构建海陆运输网络

基于山东省本身的交通优势，在山东港口整合过程中，充分利用了山东铁路四通八达的优势大力发展海铁联运。又通过港口自动化码头建设、供应链整合、建设海向通道等策略，整体提高了港口的运营效益。将山东省港口的海向和陆向运输网络整合起来，形成海陆运输网络，扩大了腹地范围。例如，日照岚山疏港铁路是第一条日照市政府参与管理运营的货运铁路，项目由中铁十四局集团有限公司承担施工任务。山东省国有港口企业与中远海、马士基等国内外知名航运企业开始海向合作,开通海向运输通道。

三、山东省海洋交通运输业存在的问题

(一) 港口资源整合整体效率低下

1. 港口众多且业务重叠,同质化竞争的格局未有较大改变

山东作为我国的经济大省,地理区位优越,半岛蓝色经济区拥有丰富的资源,烟台、青岛等港口均得到了良好的发展。然而,我国岸线管理约束力不高、港口布点分散,青岛港和威海港、日照港和烟台港的业务类型重合率较高。山东省区域港口的发展两极分化严重,长期以来各港口单独发展、力量分散;各港口规划追求自我完善,均规划布局10万吨级及以上泊位,并未形成错位发展格局;部分港口距离较近,如青岛港董家口港区和日照港石臼港区直线距离不足30千米,规划货种均以大宗散货和集装箱为主,在铁矿石方面已形成直接竞争局面;日照港的集疏运体系建设优于青岛港,有瓦日铁路、新菏兖日铁路两条货运铁路线,青岛港依仗胶济线;在原油码头和长输管线建设方面,青岛港和日照港也处于竞争中,未形成合作共赢的态势,不仅导致了资源浪费,而且限制了山东港口的整体发展。一些地方政府为了提高短期效益,盲目开发建设港口群,形成众多中小港口。而且多数中小港口功能定位不合理,货种结构、经营业务与其他大港严重重叠,某些中小港口在面对大港的竞争压力时,通过降低港口装卸费来吸引货源,以此来提高短期效益。因此,即使整合也无法完全避免港口区域内同质及由此形成的恶性竞争对港口发展造成的约束。

2. 港口盈利水平差距较大,港口整合提升资源利用效率效果不明显

由于山东省港口资源整合工作的落实,原本的"一城一港"已向"一省

一港"迈进，打破了行政区划的限制，促使各方主体的利益再分配，势必难以调和各企业的盈利问题。近几年，山东省的市级港口中除了青岛港以外，其他港口盈利水平都相对较低且很不稳定。所以，在各港口海运能力存在较大差距的情况下，物流量的分流工作难以进行，即若管理不当，整合后对除青岛港之外的枢纽港的建设作用有限。相关数据显示，山东港口2020年克服新冠肺炎疫情影响，全年实现营业收入501.95亿元，同比增加30亿元，增长6.36%。[1]其中，青岛港2020年完成货物总吞吐量5.4亿吨，较上年同期增长4.5%，完成集装箱吞吐量2201万标准箱，较上年同期增长4.7%，实现营业收入132.19亿元，较上年同期增长8.7%；[2]日照港2020年实现吞吐量3.01亿吨，同比增长6.22%，全年实现营业收入57.67亿元，同比增长9.94%；[3]烟台港2020年实现吞吐量2.63亿吨，全年实现营业收入84.4亿元。[4]青岛港集团的盈利水平遥遥领先于其他港口企业集团，加之山东省各港口的海运能力差距较大，港口一体化将不可避免地产生港口管理权限设置不当、利益分配垄断等实质性问题，且港口布点分散，资源整合后使用效率难以提升，因此很难实现对于港口自然资源的有序使用。

（二）港城融合发展进展缓慢

城市为所存港口的直接经济腹地，为其提供实地空间、陆上货物运输网络、贸易服务等，港口每万吨吞吐量可以带来110万元的GDP贡献值和20万个就业岗位，极大程度地促进了城市经济发展，两者之间的关系可谓铁锁相连，互相依托与发展。港城一体化实质是指港口和城市内在的联系，通过协调机制将各自独立的经济实体整合为利益共同体的过程，其外延和层级包括四个方面：港口与相关城区项目、空间布局、其他交通方式和战略目标的

---

[1]《山东港口发布2020年"成绩单"：营收501.95亿元，净利润44.7亿元》，东方网，http://news.eastday.com/eastday/13news/auto/news/china/20210702/u7ai9878590.html。
[2]《青岛港2020年年报发布：业务、业绩双增长》，九派新闻，https://baijiahao.baidu.com/s?id=1695606241128953098&wfr=spider&for=pc。
[3]《日照港：2020年年度报告摘要》，山东上市公司协会网，http://www.sdlca.org/59.news.detail.dhtml?news_id=28579。
[4]《烟台港吞吐量位居全国沿海港口第八位》，北青网，http://t.ynet.cn/baijia/30049046.html。

一体化建设。对于港口的建设,一方面需要依附独特优越的地理位置,另一方面也受到所在地区经济水平、产业结构及基础设施等经济因素的影响。然而目前有许多问题制约各市区域和港口协调发展,就交通方式而言,青岛港拥有集海运、陆运和空运为一体的综合集输运网络,并且和全球150余个国家和地区的近500个港口存在贸易联系。如何科学合理布局、协调有序运转,如何形成海陆联运的良好格局,充分发挥整体效能,做到人流其畅、物流其畅,这些难题急需破解。就空间布局而言,相近的海港辐射的腹地范围存在交叉和重叠,彼此之间存在市场争夺,且临港产业所依附的城市群缺乏国际实力。怎样进行临港产业结构调整,怎样形成优势产业聚集以及怎样做到临港产业升级,是目前需要考虑和解决的问题。由此来看,山东省港城一体化的建设问题明显,在各个方面都有需要改进之处,且山东半岛作为"黄金三角生态区""半岛蓝色经济区",港城一体化的工作更应积极、及时开展。

(三) 港口环境污染治理压力较大

港口的建设、运行、发展等一切活动都不可避免地会对生态环境产生直接或间接的影响,港口船舶污染防治是港口发展面临的重大问题。《中华人民共和国海洋环境保护法》规定:港口、码头、装卸站和船舶修造厂必须按照有关规定备有足够的用于处理船舶污染物、废弃物的接收设施,并使该设施处于良好状态。目前,山东省港口企业多数未配套建设船舶污染物接收设施,船舶污染物主要由船舶污染物接收单位进行接收处置。随着山东省港口码头规模扩大和到港船舶艘次增加,污染物接收处置需求随之加大,现有污染物接收单位接收规模将无法满足港区作业需求。有数据显示,2018年渤黄海区废弃物倾倒量为5145万立方米,海洋石油勘探开发污染物排放入海情况为:生活污水789.6万立方米、钻屑28226.9立方米。①

---

① 《中国海洋经济统计年鉴2019》,海洋出版社2021年版,第165~166页。

四、山东省海洋交通运输业高质量发展的对策

（一）全面提升港口整合效率

1. 调整港口分工，实现错位发展

亚当·斯密的国际贸易理论明确分工是提高生产效率的基础。腹地资源交叉重叠会影响港口的发展，使规模等级和业务性质相似的港口相互制约。为缓解这一矛盾，需要从宏观层面对港口资源进行调控，协调好各海港间的内部关系，减少重复建设，做到利益均衡、优势互补，形成合作关系。因此，相关管理部门应强调规划引领，建成以青岛港为龙头，以日照港、烟台港为两翼，以山东半岛港口群为基础的东北亚国际航运中心；明确每个港口的定位层次，有的放矢，发挥不同地理位置下的港口功能优势，以青岛港为枢纽布局集装箱干线港，烟台、日照和威海等港口为支线港。对大宗散货进行专业化码头布局规划，如青岛港和日照港为主要的煤炭装船港；青岛港、日照港和烟台港为主要的石油（特别是原油及其储备）、天然气、铁矿石和粮食等大宗散货的中转储运设施。同时明确青岛港、烟台港和威海港为主要的陆岛滚装和旅客运输设施（邢相锋等，2020）。各港口细化分工实现错位发展可以实现港口资源的高效利用，全面提升港口的核心竞争力。通过明确各港口功能和分工，优化产业结构，根据各港口实际的自然条件，紧密结合各地区港口发展特色和地域优势，根据目标客户的需求和类型等制定未来的发展规划，从而明确各自定位，实现优势互补、共同发展。

2. 打造联合系统，实现精简管理

美国纽约港口群与新泽西港口群所在的地方政府在1921年共同组建了对两港实施统一管理的联合组织，该组织具有政府机构和公共机构的双重性质，

使纽约—新泽西港口群成为北美最重要的港口群之一；上海组合港管理委员会在1997年成立，成功将上海港打造成国际航运中心。

山东省海岸线漫长，仅青岛港港区海岸线就有900多公里长，共计码头数22个，泊位数84座，其中包含54个专用泊位和30个通用泊位，与中国其他大型港口相比，泊位数较少，泊位资源作为一种不可再生的物流资源，其数量的多少以及泊位的利用情况很大程度上会影响港口的货物吞吐量和港口物流资源利用率。港口进行整合后，可以将港口群泊位共享的理念付诸现实，即基于现有电子数据交换（EDI）平台和货运票据电子化的实施，研究一体化生产指挥信息流和互联互通标准，搭建海铁联运数据交换管理平台，实现信息的共享及交换构建，将技术不仅用于自动化控制设备，还运用于泊位管理、信息共享，对泊位作业时间和等待时间进行记录和计算等，进而减少泊位闲置的现象，降低时间和空间成本。并考虑不同港口疏运距离、费用、时耗因素，打造出适合自身港口发展的港口泊位共享和资源共享的模式。同时，积极采用物联网、射频识别技术（RFID）、全球定位系统（GPS）、电子数据交换（EDI）等现代信息技术，使海铁联运业务形成完整的信息链，为客户提供"一站式"全程物流信息追踪服务。并且由于港口之间实力差距悬殊，为使各港口能协调配合，可将货类结构明确细分、避免雷同，从而在明晰物流分流工作的同时，打造属于各海港的海运特色，从而减小大港垄断的可能性。通过此种方式，有利于加强构建各港口的协调合作的关系，提升山东区域综合竞争力，形成港口之间的良性互动发展格局，最大可能将资源在组织之间配置达到最优状态。另外，统一标准的管理方法，有利于发挥规模效应，减少管理成本，降低不必要的竞争，促进山东省港口产业集群发展。

此外，各类港航管理部门应该精简整合，提高行政效率，减少恶性竞争，以打造建设东北亚重要国际航运中心为共同目标，实现对港口无形资源要素的真正共享。山东港口集团的成立是精简统一管理的开端，为了解决山东省各港口隔离分治的问题，可以由山东省政府与交通运输部牵头，各地方政府及其港口代表参加，组建山东港口管理委员会。该委员会可由交通运输部领导，对港口资源整合和建设进行管理规划，各地方政府不得干预，防止产生利益冲突，同时地方政府应积极配合委员会的工作。通过委员会的构建，山东省各港口可以突破行政壁垒，降低不必要的竞争，更好地进行整合、建设和发展（王任祥，2008）。

（二）进一步提升港口—腹地经济一体化的乘数效应

港口的重要特征是为城市和腹地服务，港口和城市以及腹地之间相互高度依存，利益高度吻合。立足于宏观层面，山东港口集团要主动与发展改革等综合部门对接，及时启动港产城融合发展规划，将港口现实生产力、发展潜力与城市及腹地经济高度结合，形成可持续的稳定生产力，为港口未来发展提供源源不断的资金、资源等产业支撑。同时，地方政府要把握好全省港口改革的有利时机，积极主动做好港口航道、防波堤、疏港公（铁）路等基础设施建设和维护，为港口提供一流的基础设施保障。此外，还建议尽快出台财税等相关扶持政策，确保港口企业在当地能立足、发展。

立足于微观层面，山东省港口之所以能对港口城市产业发展起带动作用，主要桥梁就是港口的临港产业（徐质斌、朱毓政，2004）。山东自贸试验区涵盖济南片区、青岛片区、烟台片区，三个片区各具特色。根据2019年国务院批复的《中国（山东）、（江苏）、（广西）、（河北）、（云南）、（黑龙江）自由贸易试验区总体方案》中，青岛片区和烟台片区功能定位和产业布局如表3所示。

表3　　　　　　　　　青岛片区和烟台片区产业定位

城市	经济功能区定位	产业布局
青岛	深化改革和扩大开放的试验区、打造"一带一路"国际合作新平台的引领区、推进高质量发展的先行区、建设现代化国际大都市的示范区	国际贸易、现代海洋产业、航运物流业、现代金融业、先进制造业
烟台	中韩贸易和投资合作先行区、海洋智能制造基地、国家科技成果和国际技术转移转化示范区	高端装备制造、新材料、新一代信息技术、节能环保、生物医药和生产性服务业

要形成港口—腹地经济一体化发展模式，港口应该结合腹地优势大力发

展其特色产业，完善港口基础设施、金融保险等配套服务。在港口与相关城区的布局方面，要加强城市的规划与建设，发展开放型经济，加强城市国际化进程；在交通运输工具方面，应响应国家政策，加强自贸试验区与海港、空港的联动，建设更强大的集输运网络，加强港口辐射腹地范围。为使港口与所在城市战略目标一体化，港口群应该主动加强与国际的联系，增强竞争力，不局限于在固定腹地发展，如开展国际范围船舶交易、开展外籍邮轮船舶维修业务、设立国际中转集拼货物多功能集拼仓库等，带动山东省其他海港、支线港以及陆域经济的发展。利用此种模式，更深层次推动区域港口一体化整合建设工作，力求达到资源在空间上的有机协同及在组织上的最优配置，通过统一协调领导加强港口之间协助合作关系，形成区域港口良性互动发展格局，有效提升区域经济水平等综合竞争能力，为山东省港口的发展创造优质的大环境（张春玲，2014）。

同时，山东省应继续推进省港口集团与上下游产业形成长期合作，建立港口综合物流联盟。首先，港口集团能提供货源支持，与合作企业共同建立稳定持续的物流体系，期望降低供应链整体成本。其次，通过供应链协作机制，在规模效应基础上，结合产生范围经济。最终目标是强化港口的核心竞争力，提升效率，实现港口的多功能集成。

（三）陆海统筹，协同治理港口污染

国家相关部委和地方政府相继提出打好污染防治攻坚战，要求全面提升港口污染防治水平，改善港口生态环境。为使港口与城市可持续协调发展，港口建设应当重视污染治理与资源利用，整治污染源，规范入海污染指标，使用清洁能源，船舶加装污水处理装置，加速临港产业向环保型产业的转型，根据2020年山东省生态环境厅、省交通运输厅等4部门联合印发的《山东省长江经济带内河船舶和港口污染突出问题整治工作方案》，山东省按照部署和摸排、集中整治、总结提升3个阶段开展集中整治，提高船舶防治污染水平。具体而言，一是借助专项整治行动，全面提升岸基污染物收集、接收、转运和处置能力，实现链条式管理和动态监管；二是所有港口、码头、装卸点必须按要求建设固定设施、流动接收车船等污染物接收处理设施设备，具备靠港作业船舶交送垃圾、生活污水和含油污水"应收尽收"的能力；三是建立船舶污染物转移处置管理系统，积极推进船舶生活垃圾和水污染物收集、接收、转运、处置全过程联单管理电子化；四是改造完善港口自身环保设施，建立船舶污染防治应急储备物资库，周密部署配备船舶防污染装备，强化应急处置力量；五是交通运输、生态环境、海事等部门应当加强巡查检查，建立健全联动机制，强化执法监督，依法严厉打击违法行为。

与此同时，为了加强干散货扬尘污染治理，山东港口调应当积极调整优化港口生产布局，干散货作业时注重从源头抓起，将关口前移，采取集中泊位装卸、集中库场堆存、集中道路运输等措施，全面推广不作业货垛全部苫盖、进出港车辆全部冲洗、搬倒车辆全部封盖、堆场全部设置抑尘围挡、场内道路全部喷淋抑尘、流程作业全部封闭的散货作业"六个全部"，重点控制好卸船、堆存、搬倒、道路、车辆等粉尘源。

参 考 文 献

[1] 王素君、曲毅：《京津冀港口协调发展的港口与腹地关系分析》，载于《经济与管理》2008年第22卷第5期。

[2] 司增绰：《港口基础设施与港口城市经济互动发展》，载于《管理评论》2015年第27卷第11期。

[3] 李增军：《港口对所在城市及腹地经济发展促进作用分析》，载于《港口经济》2002年第2期。

[4] 伍业锋、吴晓欢：《中国海运业发展动力机制及其异质性——基于生产要素、需求条件和发展环境的三维度研究》，载于《产经评论》2020年第11期。

[5] 任建东、焦明倩：《浅谈新型智慧港口的建设——以青岛港为例》，载于《科技与创新》2019年第23期。

[6] 郑静、陆路：《宁波智慧港口发展现状及对策研究》，载于《物流工

程与管理》2012 年第 11 期。

[7] 刘元华、郭万运:《青岛港打造智慧港口物流电商生态圈的实践》,载于《中国港口》2019 年第 6 期。

[8] 山东省港口集团:《山东省港口集团简介》,山东港口集团网,http://www.sd-port.com/groupDescription/index.html。

[9] 邢相锋,孙楠,刘佳良:《山东港口整合战略影响因素分析》,载于《交通企业管理》2020 年第 2 期。

[10] 王任祥:《我国港口一体化中的资源整合策略——以宁波—舟山港为例》,载于《经济地理》2008 年第 5 期。

[11] 徐质斌、朱毓政:《关于港口经济和港城一体化的理论分析》,载于《湛江海洋大学学报》2004 年第 5 期。

[12] 张春玲:《产业链视角下的山东省海陆产业联动发展研究》,中国海洋大学硕士学位论文,2014 年。

[13] 董梦如、韩增林、郭建科:《中国海洋交通运输业碳排放效率测度及影响因素分析》,载于《海洋通报》2020 第 39 期。

[14] 纪建悦、孔胶胶:《基于 STIRFDT 模型的海洋交通运输业碳排放预测研究》,载于《科技管理研究》2012 年第 6 期。

[15] 张芷凡:《南海港口区域合作机制的构建与完善——以"海洋命运共同体"为视角》,载于《海南大学学报(人文社会科学版)》2020 年第 38 期。

[16] 师建华、刘刚桥:《基于蚁群算法的海洋港口物流运输系统研究》,载于《舰船科学技术》2020 年第 42 期。

[17] 揣亚光:《海洋环境下港口工程混凝土界面过渡区氯离子扩散系数模型》,载于《水运工程》2018 年第 10 期。

[18] 潘惠苹、段静波:《海洋港口物流运输系统中的遗传算法研究》,载于《舰船科学技术》2016 年第 38 期。

[19] 谢冠艺、谢童伟:《港口发展对海洋经济增长与区域收敛性的影响——基于动态面板与 β-收敛模型的实证分析》,载于《调研世界》2015 年第 11 期。

山东省滨海旅游业发展现状、问题与对策

▶于 红[*] 付吉星[**]

摘要： 滨海旅游业作为山东的传统优势产业和战略性支柱产业，自贸试验区建设有助于山东省旅游业的高质量发展和转型升级。本文基于自贸试验区建设背景，探究山东省滨海旅游业的发展现状、问题与对策。山东省滨海旅游资源禀赋独特且优越，滨海旅游业产值总体呈上升发展态势，精品旅游产业有效推动新旧动能转换，并推动9个精品旅游产业"雁阵形"集群、7家集群领军企业稳步发展[①]。但仍存在品牌效应和影响力不足、产品创新力度不高、城市旅游服务环境有待改善、缺少区域旅游一体化的合作机制等问题。鉴于此，山东省滨海旅游业创新发展的对策为：告别"千篇一律"，走向"文化之旅"，构建文旅融合新业态；告别"景点管理"，走向"城市服务"，构建旅游服务新体系；告别"门票经济"，走向"产业经济"，激发旅游发展新活力；告别"单打独斗"，走向"统一布局"，规划区域旅游新格局。

关键词： 自贸试验区 滨海旅游业 新旧动能转换 文旅融合

一、山东省滨海旅游业的资源禀赋与发展机遇

滨海旅游活动通过开发滨海旅游资源，招徕游客，带动游客进行消费，进而产生相关的社会利益和经济利益，并因此给当地环境带来一定的有益作用。综合学者们的研究，滨海旅游是指在一定的社会经济发展条件下，基于海洋资源禀赋而开展的为满足人们游览需求的多样海洋活动，如度假、观光、

---

[*] 于红，山东大学自贸区研究院研究助理。
[**] 付吉星，山东大学自贸区研究院研究助理。
[①] 《新旧动能转换助力旅游成全省支柱产业》，大众网，https：//baijiahao. baidu. com/s？id = 1686845113198834476&wfr = spider&for = pc。

娱乐等。随着旅游业的发展，人类活动的活跃导致的环境问题也日益突出。在解决环境与经济社会发展矛盾的过程中，可持续发展观念应运而生，并在社会发展的各个领域得到了广泛的认可与深化。目前并没有对可持续旅游形成一个系统的认识。世界旅游组织将可持续旅游界定为：可持续旅游是满足人们对于审美、经济和社会需求的旅游形态。这一概念强调了资源的持续利用和良好生态环境的保持，是基于自然资源和环境视角提出的满足人类永续发展的新发展模式（钱易、唐孝炎，2000）。

（一）山东省滨海旅游业的资源禀赋

1. 土地资源

在山东17个地级市中，共有7个沿海城市，包括滨州、东营、潍坊、烟台、威海、青岛、日照，土地面积约69087平方千米，其中青岛和烟台参与了本次自贸试验区的建设，是山东滨海旅游业和对外开放的新阵地。另外，山东省海岸线长度也是位于全国前列，总长为3345千米，占到了全国总海岸线长度的1/6[①]，甚至超过了国际传统海滩度假胜地——法国的海岸线长度（吴莉等，2013）。依托漫长的海岸线和胶东半岛的宜人气候，共有123个海水浴场和滨海沙滩，根据欧洲"蓝旗"沙滩评价标准和"自然蓝旗法"评价结果（李亨健等，2016），在省内8个较为知名的沙滩景区中，沙滩质量整体为优秀，全部都达到了金级沙滩标准，其中威海和青岛总共拥有两个钻石级沙滩。

2. 劳动力资源

截至2020年山东共有10153万人，沿海城市人口数量占总人口的40%以上，仅次于广东，位居全国第二。[②]旅游业作为第三产业中的服务产业，是一种典型的劳动密集型产业，庞大的人口基数不仅给旅游业带来了丰富的劳

[①] 《山东统计年鉴2020》。
[②] 国家统计局官网，https：//data. stats. gov. cn/easyquery. htm？cn = E0103。

动力，还蕴含着巨大的消费潜力。

3. 资本

近年来山东持续发力，进一步深化改革开放，提高对外开放水平，对资本的吸引力不断增强，且在新冠肺炎疫情的严峻条件下，截至2020年7月底，321个省重大项目完成投资1323亿元。其中，250个省重大建设项目开工236个，开工率达94.4%，完成投资1298.4亿元，完成年度计划的60.9%，超时间进度2.6个百分点，继续保持较高增速；71个省重大准备项目，开工8个，完成投资24.6亿元。①

（二）自贸试验区建设对山东省滨海旅游业创新发展带来的机遇

以青岛西海岸新区政策为例，借助自贸区的建立，青岛西海岸新区出台了一系列的产业扶持政策，针对先进制造业、现代农业、科技产业、教育产业、金融产业、旅游产业、文创产业等未来的朝阳产业重点支持。青岛作为发达的旅游城市，以西海岸新区为试点，在现有的资源禀赋条件下，大力扶持滨海旅游产业，推动旅游业高质量发展和转型升级。

1. 有利于旅游基础设施系统更新改造

在滨海旅游产业中，旅游产品的质量很大程度上取决于基础设施投资的建设程度，高质量的旅游产品一定会关注游客的体验感受，让游客能在愉悦的心情中放松身心，享受旅游的全过程。旅游基础设施不仅包括酒店、道路、公共设施，还包括了旅客游玩所需要的休闲娱乐设备。高水平的基础设施有助于产品整体形象、旅游品牌的推广。

在住宿酒店业方面，政府支持特色民宿发展，对于利用合理资源建设民宿按照营业额的20%进行奖励，希望建设一批与环境融为一体的特色精品民宿点，产生有民宿发展集聚效应的民宿特色村。在公共设施方面，鼓励A级

---

① 《省重大建设项目完成投资1298.4亿元》，澎湃新闻，https://www.thepaper.cn/newsDetail_forward_8852818。

景区、乡村旅游点、主题公园和重要旅游集散地建设旅游厕所、流动厕所和管理处，每年评定级别给予补助，鼓励社会资本在重点景区周边新建生态停车场或开设临时停车场，对于建设停车场给予一次性补助。在休闲娱乐设施方面，鼓励企业购置游艇、游船、帆船等营运设施，按照企业的年度营业额度给予补贴。

2. 有利于滨海旅游业的业态创新

当前的旅游产品在质量上仍有待提高，在数量上的优势并不能弥补质量上的不足，旅游业态的模式仍然较为固化和单一，主要产业仍然集中在海岸线附近，没有进入海洋深处进行产业探索。因此我国在滨海旅游上的有效供给仍然不足，不能满足旅游的供给需求。

新的自贸区旅游产业政策鼓励海洋旅游业态创新，要求制定海洋旅游业态创新评定标准，采取专家评审方式，结合市场推广情况，每年评选1个创新业态，给予100万元的一次性奖励。支持新引进国内知名运营团队，或本土景区运营团队成功运营区内其他旅游企业，实现业绩增长，整体打造特色鲜明、业态丰富、文化主题突出的旅游区域。鼓励景区因地制宜开展夜间旅游，推出各具特色的常态化旅游演艺产品。

借助互联网优势，发展绿色新动能旅游，对于在包括线下实体服务中心和线上服务平台两大板块的西海岸度假目的地公共服务平台内销售"酒店+"组合产品和平台内提供旅游公共交通服务和定制服务的区间交通新能源车辆的经营单位，按照年度营运收入予以奖励。

3. 有利于滨海旅游业的规模化运营

旅游业的发展中存在积极的正循环模式，旅游产品和旅游城市的规模体量决定了游客的数量和消费水平，而游客的数量和消费水平又会提升城市的规模，游客数量的增加更有助于提高城市知名度和品牌效应。鼓励发展大体量旅游产品与小而精的经营模式不存在矛盾，小而精的旅游产品应当进行联合营销，各自发挥优势和特色，发展集群性的旅游产品。

西海岸新区鼓励发展大体量（500间客房以上）、大众化的团队接待设施，制定评选办法，给予一次性奖励。建立全区联合营销机制和旅游企业旅游联合体，进行产品组合并进行线上、线下销售，合体参与新区统一组织的赴境内外宣传促销和展览活动，由区财政对营销经费进行补贴。

二、山东省滨海旅游业的发展现状

(一) 区位优势

山东省内全域地势相对平坦有起伏，山地高度海拔较小，千米以上的山地比例不高，但是相对高度的突出形成了陡峻的山坡和深长狭窄的山谷，因而山东的山地风光是极具观赏性的。胶东半岛地貌多丘陵地，地形较为平缓，气候为温带湿润季风气候，适宜植被、树木等绿植生长。山东滨海旅游业主要依托于山东半岛的漫长海岸线，以南北流向的胶莱河流域为分界线，胶莱河以东被称为胶东半岛。北部地区是黄河三角洲，形成了东营黄河入海口的特有地貌风光，有国家级黄河三角洲自然生态保护区和黄河口国家森林公园，是珍稀鸟类的重要栖息地和迁徙地；胶东半岛具有岩基海岸的特色地貌，还有星罗棋布的海岛布局在周边；鲁东南地区的海滩度假沙滩，砂质细腻，远离工业区和各类城市污染，是久负盛名的度假胜地。

山东省大力发展各类旅游业所需要的交通基础设施建设，山东交通实现了陆海空三位一体的立体化格局，省内共有通用机场9个，港口资源整合后势头强劲，2019年沿海港口吞吐量达到16.16亿吨，同口径较上年增长9%，其中省港口集团完成货物吞吐量13.2亿吨，同比增长10.7%。内河港口吞吐量完成5807万吨，青岛港集装箱海铁联运完成量连续4年居全国沿海港口第一位，高速铁路里程达到1987公里，省内高铁成环运行。济青高铁、济烟高铁、青烟城际铁路有效地连通了山东三大自由贸易试验区的阵地，起到了山东省内全域各城市间相互带动的作用，促进了好客山东的深度游、文化游。同时公路总里程达到28万公里，公路密度达到178.8公里/百平方公里，为自驾游、公路旅游等深受大众喜爱的自由的出行方式提供了便利。①

同时，山东在环渤海经济圈中地理位置优越，在黄海、渤海中都占据了重要地理位置，要以滨海旅游业、海洋运输业等优势产业为重点，服务渤海经济区，实现渤海区域经济协同发展（于冲，2011）。另外，山东是我国距离韩国和日本最近一个区域，这是山东滨海旅游业的一大重要优势，日韩游客构成了山东滨海游客的主要组成部分。2018年，韩国游客数量达到了164.31万人次，占国际游客总人次的44.88%，日本游客数量达到40.91万人次，占国际游客总人次的11.17%。② 并且从游客人均花费情况上可以明显看出，入境游客单次人均消费约为国内游客的4～6倍，因而不断提升国际游客数量是我国滨海旅游业未来的重要发力点。

（二）山东省滨海旅游业的产值和产业地位

1. 滨海旅游业产值

山东滨海旅游资源禀赋独特且优越，滨海旅游业是山东旅游业中的传统优势产业，占山东省旅游业生产总值的半数以上，已成为山东国民经济的战略性支柱产业。"十三五"时期，山东A级景区达到1227家，居全国第一位。2020年，山东积极克服新冠肺炎疫情的严重影响，全省接待游客5.77亿人次，实现旅游收入6019.7亿元，分别恢复到去年的61.5%和54.3%，走在全国前列。2020年，山东省2440个规模以上文化企业，实现营业收入4833.9亿元，增长7.8%，比全国高5.6个百分点。山东省连续成功举办了国际孔子文化节、尼山世界文明论坛、中国非遗博览会、山东省旅游发展大会、中国国际文化旅游博览会等重大活动，文化和旅游在助力全省新旧动能转换等方面的作用日益彰显，齐鲁文化影响力进一步提升。文化艺术的繁荣也带动文化企业实现增收。旅游总收入和接待人次从"十二五"末的6685.8亿元、6.6亿人次，增长到2019年的1.1万亿元、9.4亿人次，同比分别增

---

① 《山东统计年鉴2020》。
② 《2019山东省旅游统计便览》。

长64.5%、42.4%。根据2014~2020年相关数据，可知山东省旅游收入总体呈上升发展态势，2020年大幅降低源于新冠肺炎疫情影响（见图1）。

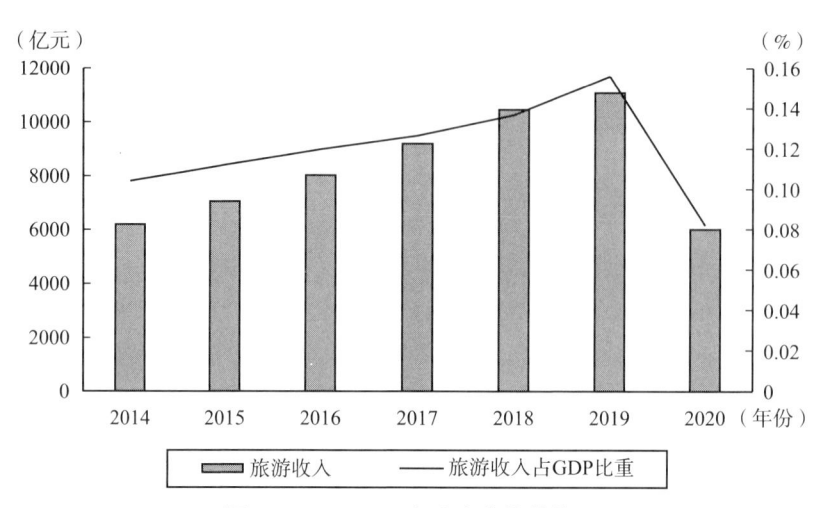

图1　2014~2020年山东省旅游收入

资料来源：2015~2020年《山东统计年鉴》；《走在全国前列！2020年山东接待游客5.77亿人次实现旅游收入6019.7亿元》，闪电新闻，https://baijiahao.baidu.com/s?id=1693085988568208810&wfr=spider&for=pc。

根据《2019山东省旅游统计便览》，在山东滨州、东营、潍坊、青岛、烟台、日照和威海七个滨海城市中，除东营和滨州，所有城市的旅游收入都占到了当地GDP总额的10%以上，第三产业的20%~40%左右，滨海旅游业已然成为山东滨海城市经济结构中不可或缺的一部分（见表1）。

表1　山东省滨海旅游业产值情况

滨海城市	GDP总量（亿元）	第三产业（亿元）	旅游消费总量（亿元）	相当于GDP（%）	相当于第三产业（%）
青岛	12001.5	6764.0	1867.1	15.6	27.6
东营	4152.5	1422.7	195.6	4.7	13.7
烟台	7832.6	3478.5	1081.7	13.8	31.1
潍坊	6156.8	2902.8	883.5	14.3	30.4

续表

滨海城市	GDP总量（亿元）	第三产业（亿元）	旅游消费总量（亿元）	相当于GDP（%）	相当于第三产业（%）
威海	3641.5	1759.1	650.2	17.9	37.0
日照	2202.2	971.1	406.7	18.5	41.9
滨州	2540.5	1221.5	173.8	6.6	14.2

资料来源：《2019山东省旅游统计便览》。

2. 滨海旅游业新旧动能转换情况

精品旅游产业是山东省新旧动能转换"十强"产业之一，是服务业的龙头和先导产业，也是新旧动能转换基金的重点支持领域。山东省抓实重点文旅项目建设，精品旅游重点项目建设加快。全省24个新旧动能转换优选项目、17个省"双招双引"重点签约旅游项目年度计划总投资109.6亿元，截至2021年7月，精品旅游产业投资完成率位居全省"十强产业"第二位。2021年上半年，精品旅游产业发展势头良好：全省接待游客3.87亿人次、实现旅游总收入4207亿元，在经济社会发展大格局中的贡献度、影响力进一步彰显；全省累计发放文旅产业贷款534亿元，贷款余额1719亿元、同比增长5.3%。①

山东省共注册设立新旧动能转换精品旅游产业基金8只，认缴规模191.5亿元，实缴规模34.65亿元，投资项目9个，基金投资额34.32亿元。例如，基金投资潍坊文昌湖休闲中心项目6亿元，预计2022年全部完工，投入运营后年营业收入可达4亿元；基金投资潍坊滨海旅游度假区欢乐海游艇码头项目1亿元，建成后可出租和管理上千个游艇艇位，投入运营后预计年营业收入可达2亿元；基金投资泰安新天街旅游文化广场项目5000万元，预计项目建成后可实现年营业收入1亿元；基金投资中国驿·泉城中华饮食文化小镇项目2.5亿元，建设以原乡文化为体验的文化特色小镇，预计项目投

---

① 《山东：培优培强产业集群和领军企业　精品旅游产业运行平稳有序》，海报新闻，https://baijiahao.baidu.com/s?id=1709328261924960769&wfr=spider&for=pc。

产运营后可实现年营业收入2亿元;基金投资烟台海上世界文化旅游一期项目10亿元,建设集渔市综合体、特色餐饮、游客中心、商业风情街、渔人码头、风情休闲广场为一体的烟台新天地,将成为烟台文化、旅游、购物的新地标;基金投资齐河博物馆群项目10亿元,建设大型根雕艺术博物馆、古生物化石博物馆、地矿博物馆及展示区等,预计项目落成后,年可接待游客600万~800万人次,成为省会城市群最具吸引力的旅游目的地之一。①

3. 培优培强产业集群和领军企业情况

山东省积极研究突破产业集群和集群领军企业的办法措施,努力推动9个精品旅游产业"雁阵形"集群、7家集群领军企业稳步发展。济南市围绕精品旅游企业集群建设,不断拓展发展新空间,做大做强工业旅游、康养旅游、畜牧旅游等旅游新业态,建优配强济南旅游产业链条各环节,为旅游产业发展提供新动能。青岛市成立工作专班,完善体制机制,加快建设海洋旅游产业集群;培育海上夜游、空中观光、海上演艺等海上旅游产品,加快开发海岛旅游,积极创建5A级海洋旅游景区。济宁市围绕研学旅游产业集群建设,研究制定《济宁市促进文化旅游产业发展的意见》,含金量高、操作性强。泰安市加大智库建设,揭牌"泰山文旅(产业)研究院""泰山文旅智库",为产业集群发展提供前瞻研究和科学决策。烟台市通过打造中心城区都市休闲核、蓬长生态文化旅游核、滨海一线文化旅游带,进一步优化滨海旅游产业集群发展空间,推进"两核一带"建设。日照市着力培育阳光海岸带精品旅游集群,形成了万平口—东夷小镇—日照海洋公园等23个精品旅游板块。青州市围绕古城精品旅游产业集群发展,以建设国内知名文化旅游休闲度假目的地为目标,聚力打造形成"城区、东部、西南部、北部"四大板块为依托的文化旅游发展新格局。沂水县充分发挥1000万元旅游专项资金作用,重点支持地质文化旅游产业集群发展,已撬动社会资本50余亿元,实

---

① 《设立新旧动能转换精品旅游产业基金8只,山东助力旅游业走出"疫情"阴霾》,海报新闻,https://baijiahao.baidu.com/s?id=1660293410309869026&wfr=spider&for=pc。

施地质文化旅游景区项目和配套项目 20 余个。① 单县围绕浮龙湖文化旅游产业集群发展，完善帮包机制，加快中华商圣文化园三期文化旅游项目、曹州牡丹园提升改造项目、水浒文创智慧旅游建设项目等重点项目建设推进。

此外，山东省加大对龙头企业的扶持力度，对经济社会效益突出、税收实现正增长的青岛西海岸旅游投资集团有限公司、济南文旅集团发展有限公司、山东省坤河旅游开发有限公司、潍坊滨海旅游集团有限公司 4 家精品旅游产业龙头企业分别给予增量税收奖励。

三、山东省滨海旅游业发展存在的问题

（一）品牌效应和影响力不足

人们的旅游动机已经从市场驱动和资源驱动转向了城市驱动，不能再简单通过景区的罗列和美景的展示吸引客群，要站在市场营销的新高度，树立深入人心的品牌形象，激发人们对品牌价值观和特色文化的共鸣和认同感。

山东近年来在打造国际国内知名度方面做出了重要努力，积极在各个渠道进行宣传，形成了好客山东的品牌形象，但是山东半岛海洋旅游独立的品牌——仙境海岸知名度不高。并且随着广告的投放和热度增加，对山东旅游业发展并没有形成显著的品牌带动效应，不能明显提升对游客的影响力。缺乏系统的营销导致各地形成了割裂模糊的品牌形象，虽然山东省政府已经将构建海岸旅游品牌上升到省级战略高度，但是长期的竞争关系使各地不能在实质性合作上取得进展，因而也就无法构建起统一的山东品牌形象。

---

① 《新旧动能转换助力旅游成全省支柱产业》，大众网，https://baijiahao.baidu.com/s?id=1686845113198834476&wfr=spider&for=pc。

(二) 产品创新力度不高

创新是引领发展的第一动力,旅游产品的创新往往代表了新发展的曙光,山东传统的滨海旅游业拘泥于挖掘海岸线上的产品,不能用长期和全局眼光看待旅游产业的发展,由此导致了产品老化、内容单一、主题重复、缺乏变化等方面的问题。虽然山东旅游禀赋具有较大优势,甚至是世界级旅游资源省份,但是在旅游资源开发上的技术管理水平仍然停留在初级阶段。如何打好手上的牌成了山东要面临的一个重要问题,也是海洋经济依托自贸区政策转型过程中迫在眉睫的任务,不断进行海洋旅游产品创新和提高质量是解决这一问题的唯一途径。

因此,传统旅游目的地如果仍停留在旅游资源的比较优势上将是危险和短视的,容易形成"旅游资源比较优势陷阱"。必须看到,当今的世界是开放的,我们是站在当今全球经济的潮头浪尖,我国旅游产业发展是处于激烈的国际旅游市场竞争之中的,应当时刻关注全球经济大环境的动向,关注人文偏好的变化,以改革为动力,在不断竞争和动态博弈中求发展。所以,要想重塑传统旅游目的地的昔日辉煌,关键是要在创新中提高旅游产品的吸引力和竞争力。

(三) 城市旅游服务环境有待改善

旅游业是与城市发展高度关联的一个行业,餐饮、住宿、娱乐、购物、交通等城市的任何一个方面都不能存在明显的短板,否则就会产生"木桶效应",一般来说"木桶效应"的短板都集中在交通方面,必须补齐短板才能发挥整体效应。要素保障类城市服务的主要目的就是辅助旅游的顺利进行,山东省内的公路道路质量还有待改善,城市内公共交通网络的主要任务仍然是服务居民的日常和工作出行,交通网络密度和路径规划的中心仍是商务金融。旅游线路上的公共交通仍需加强,山东省应继续加强城际旅游班次和城市旅游公交建设。

服务环境的优劣取决于要素保障类服务和信息类服务的质量。信息类服务包括旅游产品、餐饮、住宿和交通信息，其有效提供均依赖于第三方的互联网平台或者旅行社等机构。这些机构能够提供相对于官方机构更加人性化和多样化的产品信息，并依靠大众对产品的口碑和评价获得评分。但第三方机构毕竟是以营利为目的，为了加强对旅游业的良性引导、强化政府的宣传效应，政府仍需对其提供的信息进行审核再发布。

（四）缺少区域旅游一体化的合作机制

在山东半岛的滨海旅游业中，长期存在的问题是各地市间的品牌形象和品牌文化均带有山东特色，进而导致了高度趋同现象，城市间的竞争大于合作，各地竞相发展高收益的同质项目。在自然资源和人文资源存在一定相似性时，为了消除恶性竞争、整合旅游资源，就要进行协调发展，避免树立雷同的品牌形象，减少重复建设，借助比较优势因地制宜开展承担合理的区域分工，在全省范围内规划旅游产业投入产出比的合理区间。

以青岛和烟台为例，两地自然风光和人文环境的相似程度具有代表性。在酒文化方面，山东是最具代表性的一个省份，烟台是张裕葡萄酒的酿造地，自1892年就开始酿酒制造，作为荣获过万国博览会奖章的产品，为国内提供了价廉质优的葡萄酒并且行销世界。烟台依托张裕酒厂，建立了张裕葡萄酒庄，开辟了葡萄酒庄园旅游这样一条新的旅游产业路径；青岛是青岛啤酒的起源地，是最早进入国际市场的中国品牌之一，在国内也是优质啤酒的代名词，青岛依托啤酒制造厂，开设了青岛啤酒博物馆，讲述青岛啤酒的历史和制作工艺，让游客在博物馆内品酒尝美食的同时宣传了啤酒文化。在自然风光方面，青岛的崂山、信号山、仰光和烟台的长岛、蓬莱阁均是依托山海巨石风光，在园区景观上也有很强的相似性。由此看来，两地景区的同质性很强，客群偏好基本一致，游客面临择一问题时，会产生较为明显的分流效应。

四、山东省滨海旅游业创新发展的对策建议

（一）告别"千篇一律"，走向"文化之旅"，构建文旅融合新业态

山东省应积极构建消费热点、特色文化，让旅游活起来、新起来、兴起来，让文旅融合释放出创新活力。旅游业是标准的供给导向性产业，在缺少优质的旅游产品或者市场营销力度不足时，供给会制约需求的提升（常晓芳，2020）。

山东省应围绕海洋强省建设，从业态上进行区分，分别研究、分别布局、分别管理。首先，制定海洋旅游产业发展规划，定战略、定目标、定政策、定项目。其次，完善标准体系建设，充实滨海旅游产品的内容。山东省应聚焦打造高端旅游产品，重点开发海岸度假、海岛观光、海上运动、海下探险、海洋研学、文化休闲等精品产品；建立特色拳头产品，如休闲海钓、人工鱼礁、海洋牧场等项目。支持树立一批具有国际先进水平的度假品牌运营企业。企业是旅游产品供给的主体，要把那些游客满意、市场认可的企业筛选出来，有意识地引导其增加高水平的度假产品供给力度。尤其是对那些布局超前，承担了精准扶贫、产业缔造、市场环境建设等社会责任的企业，要在项目、融资、市场准入等方面给予支持和帮助。最后，聚焦高质量发展，山东省应大力实施新旧动能转换重大工程，深化文化旅游供给侧结构性改革，优化发展布局，强化科技支撑，供需两端发力，促进文化旅游消费升级，着力推动产业融合、品质提升、要素集约、开放合作，打造"好客山东"升级版，开创文化旅游强省建设新局面。

(二)告别"景点管理",走向"城市服务",构建旅游服务新体系

以前在关注旅游产业发展时,仅仅是以景点的建设水平为衡量标准,如园区是否有文化底蕴,项目是否能够吸引游客,园林景观是否美观,景点内的公厕、停车场是否充足合理等,没有将市内或者景区周边的交通状况、街道景观、便利设施建设纳入衡量体系中来,带来了交通时间冗长、消费需求降低等问题。这会使游客对景区内的优质服务和风景与城市内的老旧设施产生心理落差,对城市留下不好印象的同时,也不利于山东旅游品牌形象的建立。游客服务质量低、游客积极性调动效果差等问题的存在,使旅客无法实现长时间、高质量的游览观光,最终制约了景点旅游消费水平的提高。

各级政府重视程度和投入强度是影响旅游产业水平的重要因素。政府的主要职能定位是管理与服务,在服务过程中不仅是服务当地常住居民,更要服务好全国各地的旅游与商务人士。山东省政府应转变服务理念,从"面向居民"到"面向人民",做好游客在城市中的行动轨迹和路径规划等交通服务工作。现在政府要做的就是将眼光放远,由点到线,拓展路网,为未来城市预留发展空间;由线及面,综合考虑城市全域内的建设水平。城市交通是城市服务的重中之重,基于发改委的规划管理要求,有条件的城市可以采取修建地铁的方式建设市内交通运输体系,公共交通和出租汽车同步推进;借助开通景区直通公交、城市风光游览专线等方式,继续推动联程运输稳步向前发展,从交通方面拉近与周边城市群的关系,用便捷的精品旅游路线带动区域内其他城市,实现旅游区域一体化。同时,应善用、多用现代的通信技术与大数据技术,不断优化调整,最终建立起城市智慧化的安全便捷立体交通网络。

（三）告别"门票经济"，走向"产业经济"，激发旅游发展新活力

发展旅游业就是要将旅游效益最大化。把旅游业作为经济社会发展的重要支撑，发挥旅游"一业兴百业"的带动作用，促进传统产业提档升级，孵化一批新产业、新业态，不断提高旅游对经济和就业的综合贡献水平。全力推进"旅游+其他产业（农业、工业、交通、体育、卫生、健康、科技、航空）"，促进产业融合、产城融合，全面增强旅游发展新功能，使发展成果惠及各方，构建全域旅游共建共享新格局。

据统计，在旅游带动的消费经济收入中，景区门票收入只占一小部分，比例约为10%。山东省政府要转变思想，从依靠旅游拉动门票收入，转向旅游拉动各产业发展。不仅要以发展纪念品制作、民航和铁路客运、酒店、餐饮和商品零售业等传统旅游相关产业为目标，还要瞄准娱乐、观光、展览、演出发展的文化新风口。

应着力破解滨海旅游存在的夜间旅游、淡季旅游难题。海洋旅游这两个主要问题与海边独特的夜间和冬季气候风光有关，人们对于黑夜有一种与生俱来的未知和恐惧感，如何克服恐惧、引起兴趣还是要靠产品的创新。主要通过完善繁荣夜间经济政策措施，丰富夜间旅游产品，改善旅游消费环境，打造一批城市夜游集聚区，通过丰富淡季旅游产品供给等方式，激活淡季旅游市场。例如，青岛和烟台自贸区建设中，张裕葡萄酒庄、青岛啤酒博物馆就是产业结合的优质案例，以酒为契机，形成独特的葡萄酒和啤酒文化，创新了"酿造之旅"的旅游产品，提高了国内外知名度，形成了吃住娱购的四维度产业。酒文化的普及同时带动了夜间的消费热点，为冬季的旅游规划提供了新思路。

(四）告别"单打独斗"，走向"统一布局"，规划区域旅游新格局

山东省应注重旅游业的统筹协调、融合发展，把促进全域旅游发展作为推动经济社会发展的重要抓手，从区域发展全局出发，统一规划、整合资源，凝聚全域旅游发展新合力（粟路军、柴晓敏，2006）。旅游发展全域化就是要推进全域统筹规划、全域合理布局、全域服务提升、全域系统营销，构建良好自然生态环境、人文社会环境和放心旅游消费环境，实现全域宜居宜业宜游（刘晗笑等，2018）。

鉴于区域旅游业发展会受到利益分配、体制、文化思想等多方面的影响，制定区域旅游规划时应综合考虑各方面因素。首先，在区域利益分配方面，在兼顾地方利益的基础上统一制定山东省旅游业发展规划，不能厚此薄彼，在因地制宜的原则下合理分配各市区域的利润项目；其次，在体制方面，我国基层管理机构普遍存在短视和全局观缺乏的问题，因此应当建立衡量地方旅游发展水平与考核地方政府政绩的科学方法与标准，如在绩效考核方面设立评价全域内旅游协同发展指标，用于监督调控部分基层机构只顾当下和局域利益的短视行为。具体做法方面，为了更好地推进区域旅游一体化的进程，山东成立了国欣文化旅游发展集团。该集团可以通过设立子公司或者异地经营等方式摆脱行政地域的限制，弥补政府机关的局限性，并借助国资的优势地位加大旅游基础设施的长期投资建设，最终实现优化旅游市场的目标。

参 考 文 献

[1] 钱易、唐孝炎：《环境保护与可持续发展》，北京高等教育出版社2000年版。

[2] 吴莉、侯西勇、徐新良等：《山东沿海地区土地利用和景观格局变化》，载于《农业工程学报》2013年第29卷第5期。

［3］李亨健、李广雪、丁咚等：《山东半岛重要旅游滨海沙滩的质量评估》，载于《旅游纵览（下半月）》2016年第1期。

［4］王萍：《山东滨海旅游资源及产业发展研究》，载于《中国海洋经济》2018年第2期。

［5］于冲：《落实〈山东半岛蓝色经济区发展规划〉将滨海旅游培育成为优势产业》，载于《2011东方行政论坛》。

［6］常晓芳：《海南自贸区海洋旅游发展问题及创新路径》，载于《中国集体经济》2020年第24期。

［7］粟路军、柴晓敏：《区域旅游协同发展及其模式与实现路径研究》，载于《北京第二外国语学院学报》2006年第7期。

［8］刘晗笑、王菊娥、胡静：《"一带一路"背景下山东半岛海岛旅游区域一体化协同模式构建》，载于《价值工程》2018年第37卷第19期。

［9］陈超：《〈山东省滨海旅游及旅游业〉指导下的青岛海洋旅游资源开发研究》，载于《人民黄河》2021年第43期。

山东省海洋生物医药产业发展现状、问题与对策

▶沈春蕾[*]

摘要：推动海洋生物医药产业发展，着力提升海洋生物医药自主研发能力，是助推山东自贸试验区海洋产业高质量发展的重要保证。本文基于自贸试验区建设背景，探究山东省海洋生物医药产业的发展现状、问题与对策。山东省海洋生物医药产业产值以年平均20%以上的增速迅猛发展，已形成以海洋创新药物、海洋生物医用新材料、现代海洋中药、海洋功能食品等为主的产业体系，集聚效应逐渐显现，但仍存在海洋资源开发不合理、生态问题突出，产业结构不尽合理，研发投入力度不足、创新能力相对较低，产业化能力有限、科技成果转化率低，缺乏配套的政策支持体系与管理体系等问题。鉴于此，助推山东省海洋生物医药产业高质量发展的对策为：培育壮大现代海洋特色产业体系，补足产业链短板；提高研发成果转化率，带动产业创新升级；培育高质量海洋人才，改革管理理念；加强对外宣传与合作，提高国际竞争力。

关键词：自贸试验区　海洋生物医药产业　产业链　产业集聚效应

一、山东省发展海洋生物医药产业的优势

海洋生物物种繁多，开发利用潜力巨大，是人类新兴战略产业设计的重要依据与资源支撑。海洋生物医药产业被公认为是21世纪最有发展前景的新兴产业。海洋生物医药产业是以海洋生物活性物质为原料，通过生物提取、合成或基因工程等技术生产加工各类海洋药物和海洋保健品的战略性新兴产

---

* 沈春蕾，山东大学自贸区研究院研究助理。

业。为此,《中国(山东)自由贸易试验区总体方案》(以下简称《方案》)指出,应"优化海洋生物种质及其生物制品进口许可程序,加强海洋生物种质和基因资源研究及产业应用","推进国家海洋药物中试基地、蓝色药库研发生产基地建设,将海洋药物按规定纳入国家医保目录"。[①] 加快落实山东省建设中国(山东)自由贸易试验区的重要部署,推动海洋生物医药产业发展,着力提升海洋生物医药自主研发能力,使之尽快成为引领海洋经济发展的支柱产业,是助推山东自贸试验区海洋事业高质量发展的重要保证。

积极发展海洋生物医药产业已成为提高海洋经济质量和效益的关键,涉及海洋生物医药产业发展的相关研究引起广泛关注。海洋生物医药产业等新兴海洋产业技术创新水平高、产业带动能力强、产业成长性高、发展潜力巨大,应成为海洋主导产业(于会娟,2015)。然而,有实证研究结论表明,尽管海洋生物医药产业等新兴海洋产业增速快、潜力大,但依然处在发展的初期,存在创新效率低下、地区发展不平衡、政府支持不足、高质量人才匮乏等问题。付秀梅等(2020)运用随机前沿分析方法测算中国沿海省市海洋生物医药产业的创新效率,发现其总体呈上升趋势,但地区差距较大,科研体制和人才评价体系未能发挥激励作用,政府经费投入利用率低下。针对我国海洋生物医药产业当前发展面临的研发缓慢、科研成果转化率低等问题,黄盛和周俊禹(2015)提出可采取集聚发展的产业发展模式。

山东是我国的海洋经济大省,分析山东海洋生物医药产业的发展状况,对山东乃至全国的海洋经济发展有重要意义。黄盛和姜文明(2013)指出要从政策层面和宏观管理层面支持山东海洋生物医药发展,同时增加海洋生物医药产业方面的投入,着力提高产品质量和效益,大幅度提高产品附加值。付秀梅等(2016)从社会、资金、科研、环境4个层面选取6个影响因素,运用Pearson关联模型,提出实现山东省海洋生物医药业可持续发展的相关政策建议。戴桂林等(2017)通过构建海洋药用生物资源可持续利用潜力评价模型,指出山东应凭借其独特优势,弥补不足,积极发展海洋生物医药产业。

---

① 《中国(山东)自由贸易试验区总体方案》,青岛政务网,http://www.qingdao.gov.cn/n172/n1530/n32936/190827085217723757.html。

就山东海洋生物医药产业发展的具体实现机制方面，于志伟（2014）分析了山东省海洋生物医药产业链和技术链双链融合机制与实现路径，包括基于产业链相对完备的市场驱动型双链融合实现路径、基于技术链相对完备的技术推动型双链融合实现路径，以及基于技术链与产业链互动效应的混合型双链融合路径。

（一）产业区位优势

山东省有着雄厚的生物医药产业基础，是中国生物制药产业大省，是重要的海洋药物、海洋生物医用材料和海洋功能食品的研发中心和生产基地，相较于我国其他省份，在新药研发和产业化方面，有独特的资源优势。2016年，山东省生物医药产业销售收入为1021.61亿元，占全行业销售收入的比重为30.96%。[①]

山东省地处太平洋西岸，区位优越，医疗、科研资源叠加优势明显，拥有大型港口和一批产业基地，发展海洋生物医药产业的条件良好。近年来，山东省在海洋药物、生物技术药物、中药现代化、新型医疗器械等产业领域都取得了长足进步，初步形成以青岛、烟台和威海三个片区为核心的产业聚集地，逐渐形成特色鲜明、布局合理、结构优化、竞争力强的生物医药产业体系。

（二）海洋资源优势

山东所辖海域面积约16万平方千米，海岸线总长3345千米[②]，分布有渤海湾、莱州湾、胶州湾等众多优良渔港，滩涂资源、海洋生物资源、海水资源丰富，生物种类繁多，海洋资源丰度指数全国第一。以海带、对虾、贝类、海参、名优鱼类养殖和海洋药物为特色的我国历次海洋蓝色浪潮均发端于山东省（王先磊等，2020），为山东海洋生物医药产业发展提供了良好的物质

[①] 《山东统计年鉴2017》。
[②] 《山东统计年鉴2020》。

基础。如表1所示,山东省濒临的黄海和渤海海域生物种类繁多,因此山东自贸试验区发展海洋生物医药业具有十分丰富的药源种类。

表1 山东省重点海洋生态监控区多样性指数

地区	浮游植物	大型浮游动物	大型底栖生物
黄河口	2.22	2.06	2.18
莱州湾	1.95	1.44	3.2
胶州湾	1.92	1.89	2.66
庙岛群岛	3.14	1.96	3.54

资料来源:《中国海洋经济统计年鉴2019》。

(三) 研发优势

山东省是国内较早开展海洋药物和生物制品研究的地区之一,目前已经建立以青岛为中心的海洋药物研产基地,在省内各高校和科研院所聚集了一批海洋生物医药研究人员,其中科研研发力量主要包括中国海洋大学、海洋局一所、中科院海洋所以及山东大学等。药物骨干企业包括海尔药业、兰太药业、华仁药业、绿叶药业、国风药业、明月海藻、达因药业、三九药业、九龙生物等,海洋功能食品生产企业包括奥海、贝尔特等(寇冠华,2015)。

目前,山东省拥有省级以上海洋科研教学机构55所,国家级海洋科技创新平台110个,山东大学、中国海洋大学、山东科技大学等10余所高校开设有涉海专业,已初步建成国家海洋基因库、海洋糖库、海洋酶库、海洋天然产物三维结构数据库和大洋样本库等资源和数据平台,科技人才队伍和研发能力在全国居于前列,为海洋药物和生物制品研究提供了平台和资源保障。

(四) 政策优势

海洋生物药物研发投入大、风险大、周期长,政府的扶持对于我国海洋生物医药行业发展具有重要意义。自2011年山东半岛蓝色经济区建设正式上升为国家战略，海洋生物产业被列为重点发展对象，近年来，山东省持续加大对海洋生物医药类科研项目的支持力度，制定了一系列产业发展政策体系，陆续出台了《山东省"十三五"海洋经济发展规划》《山东海洋强省建设行动方案》等政策，鼓励和支持海洋生物产业的快速稳健发展，推动产业向全球价值链高端跃升，为加快海洋生物产业发展创建有利的政策环境。在财税政策方面，山东省及各市区财政部门安排专项资金助力海洋生物产业发展，结合山东省及各地方实际发展情况制定相关税收优惠政策；在投资融资政策方面，大力优化投资结构，支持海洋生物产业基础设施建设、科学合理规划产业园区布局和加快项目审批；在对外开放政策方面，加大对海洋生物企业的对外业务的扶持力度，通过建设口岸大通关、推行全程电子化通关等措施建立便捷高效的境内和境外服务支撑体系。2020年2月，青岛市政府发布《关于支持生物医药产业高质量发展若干政策措施的通知》，围绕鼓励新药创新、支持医疗器械研发、发展中药及特医食品、加快创新成果转化、大力引进行业龙头企业等方面制定相关鼓励措施。

（五）品牌优势

山东在海洋生物药物领域已涌现一批龙头企业和产品，在全国占据重要地位。达因海洋生物制药的产品伊可新位列我国非处方药产品综合排名儿科类第一名；东诚药业是全球最大的海洋鱼来源硫酸软骨素原料药的生产商和出口商；管华诗院士团队自主研发的国产治疗阿尔茨海默病新药GV971获批上市，成为全球第14个（中国第2个）海洋药物。

二、山东省海洋生物医药产业的发展现状

山东省是全国重要的沿海开放省，大陆海岸线占中国海岸线的1/6，海

洋资源条件位于沿海省份前列，拥有广阔的海洋发展空间和开发潜力。[1] 在国家战略规划指引下，山东省对海洋的认识不断深化。作为传统工业省份，山东省面临着过度依赖低端制造业、过度依赖资源能源消耗等问题，因此如何加快新旧动能转换、发展高端制造业、建设现代海洋产业体系是山东自贸试验区面临的重要课题。

根据《方案》确定的山东省海洋产业发展重点，强调坚持陆海统筹，依托特色海洋资源，发挥海洋资源优势，创新海洋经济发展方式，构建现代海洋产业体系和发展机制，突出产业优势和特色，以市场为导向，以龙头企业为依托，实施高端高质高效产业发展战略。在发展好海洋传统产业的同时大力推动海洋生物医药产业，加快打造特色鲜明的现代海洋特色产业体系，着力培育结构优化、具有完整的产业体系、具有较强市场竞争力的海洋特色产业集群。

（一）我国海洋生物医药产业发展情况

自20世纪80年代全世界范围内掀起海洋生物提取物热潮后，海洋药用资源的开发利用已取得很大的进展。在国家"蓝色经济"战略的指导下，我国海洋生物医药产业在近十年的海洋经济领域中增速最快，发展规模不断壮大，逐步形成以基地化和园区化为特征的产业集聚发展态势。如图1所示，海洋生物医药产业增加值由2011年的99亿元增长至2019年的451亿元，产业的复合增速超过23.35%，但近年来增速持续放缓。其他沿海地区海洋生物医药产业的快速发展，对山东海洋生物医药产业形成有力的竞争和挑战。

虽然我国海洋生物医药产业不断发展，但是我国海洋生物医药行业技术水平较低。如图2所示，我国海洋生物医药专利申请数量不高，2019年仅为17件，2020年上半年累计为25件。因此，我国海洋生物医药技术发展仍处于起步阶段，技术活跃度还相对较低，海洋生物医药技术方面亟待突破。

---

[1] 《山东统计年鉴2020》。

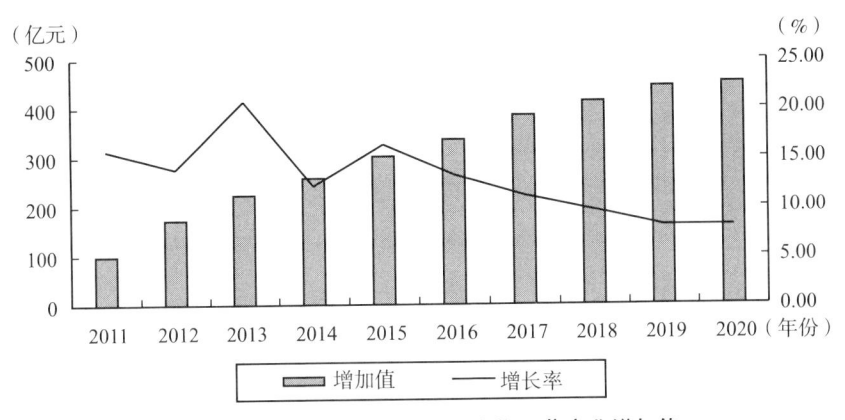

图1 2011~2020年中国海洋生物医药产业增加值

资料来源：2011~2020年《中国海洋经济统计公报》。

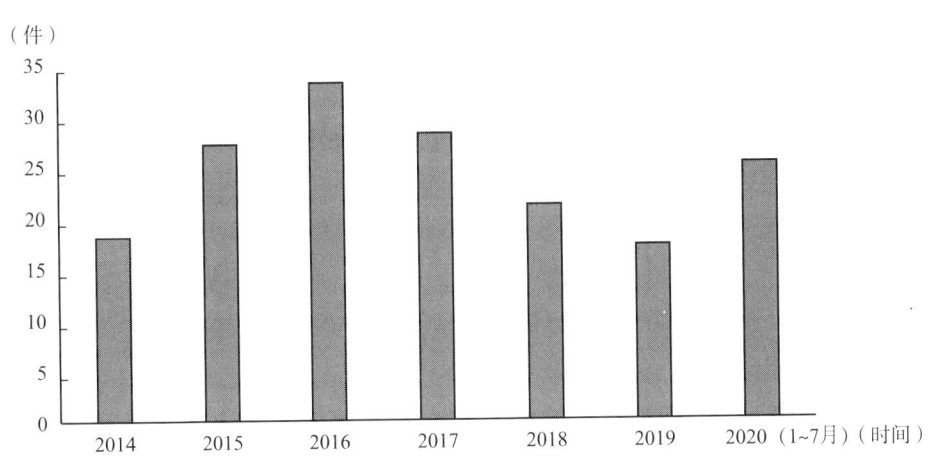

图2 2014~2020年中国海洋生物医药专利申请数量

资料来源：2014~2020年《国家知识产权统计年报》。

（二）山东省海洋生物医药产业发展现状

山东是海洋生物医药产业大省，产值超过200亿元，约占全国比重的一半。山东海洋生物医药产业起步较早，以平均每年大于20%的增速迅猛发展，形成了以海洋创新药物、海洋生物医用新材料、现代海洋中药、海洋功能食品等为主的产业体系,集聚效应逐渐显现。2019年山东省海洋生物医药产业规模居全国第一位,设立"中国蓝色药库"开发基金50亿元,落成现代海洋药物、现代海洋中药等六个产品研发平台。[①] 总体上,山东自贸区的三大片区均具有优越的海洋积极发展条件,但自贸区内各片区海洋经济发展存在不均衡的情况,产业布局、海洋生物医药产业发展也存在较为明显的差异。

1. 青岛

青岛片区具有海洋生物医药特色产业基地、载体、平台和政策等独特优势,是全国范围内较早开展海洋药物研究开发工作的地区之一。近年来,青岛片区在新药研发、生物制品、招商引资、园区建设等方面发展成效明显,已形成具有海洋特色的生物医药产业链,正致力于打造崂山国家海洋生物产业基地核心区、高新区蓝色生物医药产业园、黄岛区海洋生物产业园三个产业园区,海洋生物医药企业在数量和规模上领先全国,其中正大海尔是我国唯一的国际级海洋药物中试基地(王先磊等,2020)。2017年,青岛市海洋生物医药产业实现增加值达51亿元,占海洋总产值约1.8%,较2016年增长7.6%。[②] 2018年,通过政府引导、科研投入、社会融资相结合,由青岛海洋生物医药研究院与青岛高创科技资本运营有限公司共同发起成立了"中国蓝色药库开发基金"。

为进一步发展海洋生物医药产业,青岛聚焦医药龙头企业和人才的引进培育,促进政产学研一体化,吸引了"千人计划"等高端人才。同时,为更好地服务企业、实现产业集聚,青岛对海洋药物研究机构在平台建设、研产合作、基金设立、项目建设等方面给予政策支持,相继搭建了青岛市生物医学工程与技术公共研发服务平台、青岛海洋生物医药产业技术创新战略联盟等互动沟通载体,汇集海洋生物医药领域的创新要素资源,构建"智能+海

---

① 《海洋强省"十三五",山东5个海洋产业规模居全国第一位》,齐鲁晚报网,https://baijiahao.baidu.com/s?id=1684781052208072020&wfr=spider&for=pc。
② 《推动新旧动能转换 青岛深耕海洋产业》,青岛新闻网,https://news.qingdaonews.com/qingdao/2018-03/06/content_20102192.htm。

洋药物开发"关键技术体，实现自贸区青岛片区海洋生物医药产业多样化、多层次的自主研发与开放合作并存。

2. 烟台

经过多年的发展，烟台片区逐渐形成颇具规模的海洋生物医药创新型产业集群。2017年，烟台将海洋生物医药产业列入五大新兴产业之一。烟台片区的海洋生物医药产值年均增速连年超过50%，成为增速最快的海洋产业之一。2019年上半年，烟台海洋生物医药制品产业完成产值69.62亿元。① 打造新型海洋生物产业链条是烟台建设海洋经济强市战略中的重要一环。烟台片区已形成了以海洋生物良种繁育为源头，涵盖海洋生物健康生态养殖与疾病监测、海洋资源深加工与废弃物再利用、海洋功能性产品研发与生产、海洋生物医药中间体和生物材料开发、海洋生物与医药高值化产品研发等各个关键环节的绿色生态产业链。2021年，烟台片区生物医药产业园里已聚集生物医药企业126家，拥有上市公司4家，高新技术企业31家，国家备案科技型中小企业51家。②

3. 威海

威海海洋生物医药产业虽然起步较早，但初期发展却较为缓慢。近年来，依托海洋高新技术产业园，海洋生物医药产业迅猛发展，涌现出鸿洋神、好当家、健人、泰祥等一批生产能力强、拥有科技创新能力、独立自主知识产权和先进加工设备的开发生产型企业，建成了全国最大的保健食品软胶囊生产基地，拥有全国"示范基地"荣誉称号，能生产包括深海鱼油、海带多糖、多烯康、甘露醇等十几种海洋医药、保健品产品。2020年9月22日，威海成立山东省新旧动能转换海洋生物医药产业投资基金，重点投资布局海洋医药创新产业项目，引导更多的资金流向威海地区的海洋生物医药产业，

---

① 《进军千亿级！烟台生物医药健康产业强势崛起》，大众网，http://www.jiaodong.net/ytocean/system/2019/10/28/013961895.shtml。
② 《自贸+产业点燃强劲发展"新引擎" 烟台自贸区成立两周年综述》，搜狐网，https://www.sohu.com/a/486357570_755878。

构建起"创新研发—成果孵化—产业化落地"完整创业链条，培育出一批以市场为导向、以自主研发为动力并专注于海洋生物医药产业的优秀企业，推动海洋生物医药产业高质量发展。

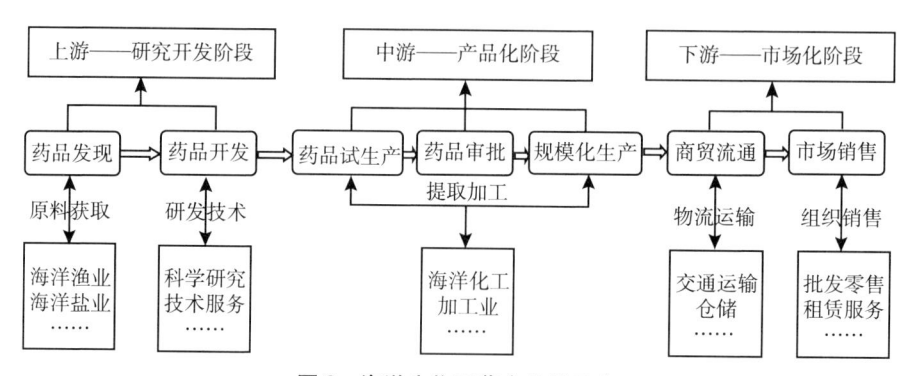

(三) 山东省海洋生物医药产业链

海洋生物医药产业链可分为上、中、下游三个环节，包括以下七个开发过程：药品发现、药品开发、药品试生产、药品审批、规模化生产、商贸流通与市场销售（见图3）。上游环节包括药品发现和药品开发，为海洋生物医药产业的核心环节，主要分布于研究机构与大型制药企业；中游环节包括药品试生产、药品审批与规模化生产，对人力资源的需求较大；下游环节主要是商贸流通与市场销售，该环节为实现利润的最重要的环节。海洋生物医药发展作为高新技术产业，需要良好的产业环境，包括依靠海洋渔业、海洋盐业等产业创造丰富的原料供给，以及科研技术创新；与传统产业相融合，汇集优质资源，缩小寻租成本，及时将研发成果转化为产品，提高海洋生物医药产业的整体生产效率。

图3 海洋生物医药产业链示意

当前山东海洋生物医药产业布局分散、低水平上的重复建设等问题十分突出，海洋生物医药产业链较短，多集中在基础性海洋生物医药制品阶段，产业园区间缺乏协调与专业化分工，生物医药配套设施不完善，药物研发同生产销售相脱节，难以保障山东省现有的海洋医药企业长远发展。除此之外，新药研发、临床试验等药物阶段都需要较长的开发时间，使海洋生物医药的研发周期较长，其市场风险性程度更高。很多医药企业，尤其是中小型、创业期医药企业，很难承担自主研发的风险和成本，只能通过技术转让或技术引进等方式变相实现新药开发。另外，山东在海洋生物医药方面的资金支持力度依然不高，远远落后于西方国家，因此技术转化程度较低，产业链延伸较困难。

三、山东省海洋生物医药产业发展存在的问题

（一）海洋资源开发不合理，生态问题突出

山东海洋资源过度开发和开发不足的情况并存：大规模的企业利用海洋资源进行药业等相关产业的开发，势必会影响海洋资源的完整性。沿海地区积聚大量工业园区，工业废水排放使海域水质严重下降，破坏了海洋生态环境。山东省滩涂资源丰富，但滩涂及海水、海洋能等资源利用率较低，对其开发深度不够。在海洋资源保护方面，山东省和其他主要沿海省份相比依然有明显差距。2017年，山东省海洋类型自然保护区面积约为4777平方千米，仅占全国海洋类型自然保护区面积的9.4%，远低于海南省、辽宁省。海洋资源保护力度不足成为山东海洋特色产业健康发展的严重阻碍。[①]

（二）产业结构不尽合理，产业链尚需完善

目前山东自贸试验区海洋特色产业链条已具雏形，但产业聚集规模小、融合程度低，抗风险能力差，缺乏整体协作和多元融合发展。山东省海洋生

---

① 《中国海洋经济统计年鉴2019》。

物医药产业尚处于粗放型、资源消耗型阶段，企业规模以中小企业为主，缺少领头企业对海洋医药经济的带动效果。同时由于自主创新能力不足，高端产品薄弱，上下游配套产业滞后，产业发展层次偏低，成果产业化率不高，存在开发力度不足、缺少地域特色、发展规划不合理等问题，产业综合竞争力有待提高。

（三）研发投入力度不足，创新能力相对较低

当前山东省在海洋生物医药领域形成了较为完备的研发、设计、制造技术体系，但科技水平和创新能力总体上落后于国外先进国家，在关键共性技术环节上仍有较大差距。2011~2018年山东省海洋科研机构R&D人数、经费和机构数量并未有明显的增长，历年科研经费仅占全国的11.1%左右[①]，与海洋强省的战略目标不符，研发体系建设不完善、研发投入不足、核心研发人才严重缺乏（见表2）。这些问题使得山东自贸试验区海洋海洋生物医药产业的科技推广、市场化运转与产业化发展受到制约。

表2　　　　2011~2018年山东省海洋科研机构R&D情况

项目	2011年	2012年	2013年	2014年	2015年	2016年	2017年	2018年
R&D人员（人）	2769	2879	2954	3211	2471	3126	3468	5240
R&D经费内部支出（千元）	1518322	1728892	1917428	1950815	1801784	1382895	1551766	2678690
海洋科研机构数（个）	21	21	21	21	22	20	19	27

资料来源：2012~2017年《中国海洋统计年鉴》，2018~2019年《中国海洋经济统计年鉴》。

（四）产业化能力有限，科技成果转化率低

山东海洋生物资源丰度居全国第一，但海洋生物医药产业发展的绝对优势并未凸显，关键原因在于海洋科技成果转化率过低。《青岛市海洋生物医

[①] 《中国海洋经济统计年鉴2019》。

药产业发展规划（2013－2020）》中指出，青岛科研院所海洋药物和生物制品研发的科技成果转化率仅为 8.6%，其中本地产业化率仅为 4.3%。山东省海洋药物产业科研目标与生产体系存在脱节，产学研脱节，研发机构以科研兴趣及研究的长远价值为主要目的，企业研发产品则是为迎合市场需求以获得利润，二者之间的认知不统一、对研究成果的价值评估存在差异导致科研成果的转化艰难。

（五）缺乏配套的政策支持体系与管理体系

山东省海洋生物医药业尚且处于市场化发展的初期，与产业发展重点、产业分配格局、能源结构相匹配政策管理措施尚未明确，存在重建设、轻管理的现象，山东片区内的海洋医药产业缺乏配套的地方性法规和产业政策的指导，难以形成战略性、系统性、国际化的产业发展规划。另外，海洋的生态系统特殊，具有高压、高盐、低温、缺氧的特性，海洋生物资源的药用性缺乏科学系统的评估，迫切需要建立海洋资源评估和保护系统。同时，山东省海洋生物医药产业方面的立法制度不完善，导致管理体制的不到位，专利制度政策体系不健全，海洋生物医药产业的创新政策环境也无法满足日益增长的创新需求。因此，作为一种新兴产业，海洋生物医药产业需要管理体制的约束以确保产业的良性运作。

四、山东省海洋生物医药产业发展的政策建议

（一）健全海洋生物医药产业链

积极培育壮大山东自贸试验区海洋生物医药产业全产业链。第一，要提高政府参与力度，优化产业外部环境。政府应积极参与统筹规划自贸区内的产业发展格局，明确各区的发展特色，系统性构建产业链布局，打造真正的

海洋生物医药产业高地。第二，要提高财政支持力度，拓宽融资渠道。海洋生物医药技术转化、成果产业化需要大量的资金，在产业发展前期，产业链尚未健全、产业风险较高、产业融资约束较大的情况下，政府的财政支持尤为重要。因此，要在财政上积极扶持培育大中型企业，发挥领头企业的带头作用，并为小型企业、创业企业提供更好的资金支持。第三，要加快产业融合，打造产业集群。海洋生物医药产业的发展一定程度上需要以传统医药产业作为支撑。促进海洋生物医药产业的辅助产业尽快与海洋生物医药开发的主项目相对接，加快全产业链整合，逐步形成具有完整产业体系的产业集群。

（二）提高研发成果转化率

山东省应发挥海洋生物医药现有研发优势，着力提高自主创新能力和科研成果转化能力。一是加快引进、培育和改良海水养殖动植物的种质，重点开发优质高产的新品种，加强规模化、集约化养殖设施开发和相关技术研究，加快养殖业产业化进程。二是利用现代生物技术原理与手段建立水产生物产物资源研究和技术开发体系，积极打造国家级海洋药物研发公共资源平台，建设以海洋药用生物资源为核心的信息系统，组织开展课题研究，突破制约产业发展的技术瓶颈，提高海洋资源的综合利用水平。三是鼓励科研院所、高等院校、医药企业、投资公司、金融机构等联合成立战略联盟，建立产学研结合的技术创新机制，形成产业核心技术标准，培育技术及产品创新的产业集群，推动研发成果产业化。同时借鉴美国医药产业创新体系，围绕用户个性化需求，构建政—产—金—学—研一体化的海洋生物医药产业创新系统，不断为海洋生物医药产业提供创新活力，进而带动我国海洋生物医药产业的创新升级（见图4）。

（三）培育高质量海洋生物医药专业人才

科技和人才是山东自贸试验区海洋生物医药产业发展的不竭动力。要提高创新能力、产业化能力，应尽快突破人力资源的限制。第一，要充分利用

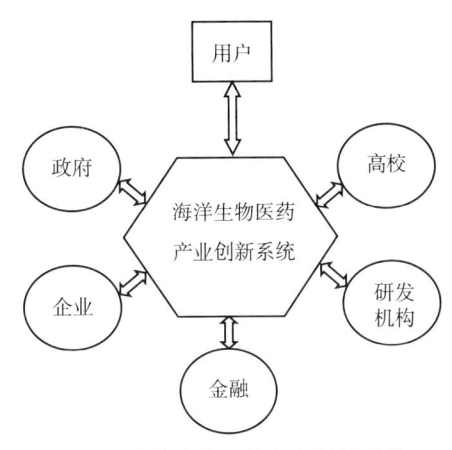

图 4　海洋生物医药产业创新系统

高校资源和海洋科研机构、管理机构，发挥其教育培训功能，实现产学研合作联盟，构建国际性海洋生物医药专业综合性人才基地和工程技术研究中心。第二，探索通过政策、基金、市场引导等方式，培养一批高新技术海洋人才，促进新技术的广泛应用和成果共享。第三，借助国家建设自由贸易区的相关优惠和政策红利，建立双向选择的用人机制，形成山东海洋生物医药产业发展的人才优势，从而助推山东海洋生物医药产业的发展。

（四）加强对外宣传与合作，提高海洋生物医药产业的国际竞争力

山东省应借助自贸试验区建设的政策资源优势，扩大开放，加强与国外海洋生物医药产业企业和科研机构交流与合作，提高海洋产业附加值。第一，应大力推进产业合作。积极引进国际上较为成熟的海洋生物医药产业企业在山东设厂投资，学习其公司运作和治理模式，构建符合国际标准的产业体系，实现标准互认、体系兼容，建立跨国产业联盟。第二，应加强科技金融合作。举办跨国涉海高新技术发展合作论坛、海洋科技展览会，引进培育高性能设备项目，建设国际海洋生物资源库和海洋特色科技成果转移转化平台，深化跨国海洋合作平台合作机制；构建海洋运输物流离岸金融体系和人民币海外

基金业务,加快对金融外汇服务产品的研发和创新,建成安全高效的大宗商品交易平台,为海洋生物医药产业的物流链和供应链提供完整规范金融服务。第三,应扩大对外经贸合作。加快建设国际海洋生物医药产业园区和国际海洋生物医药产业名城,打造全球化、法治化、便利化的营商环境,推进自贸区跨国技术链、产业链和服务链优势互补。第四,优化自贸试验区海洋生物优良种质及其海洋产品进出口许可程序,完善海关特殊监管区,支持建设国际性水产品加工及贸易中心。

参考文献

[1] 于会娟:《现代海洋产业体系发展路径研究——基于产业结构演化的视角》,载于《山东大学学报(哲学社会科学版)》2015年第3期。

[2] 付秀梅、王诗琪、林香红等:《基于SFA方法的中国海洋生物医药产业创新效率及影响因素研究》,载于《科技管理研究》2020年第40卷第13期。

[3] 黄盛、周俊禹:《我国海洋生物医药产业集聚发展的对策研究》,载于《经济纵横》2015年第7期。

[4] 黄盛、姜文明:《山东省海洋新兴产业发展状况与对策分析》,载于《中国海洋大学学报(社会科学版)》2013年第2期。

[5] 付秀梅、李于森、林春宇等:《基于Pearson关联模型的山东省海洋生物医药业发展路径分析》,载于《海洋开发与管理》2016年第33卷第9期。

[6] 戴桂林、林春宇、付秀梅等:《中国海洋药用生物资源可持续利用潜力评价——基于熵权-层次分析法》2017年第39卷第11期。

[7] 于志伟:《海洋生物医药业技术链与产业链融合机制及实现路径研究——以山东半岛蓝色经济区为例》,载于《产业与科技论坛》2014年第13卷第12期。

[8] 王先磊、何乃波、李友训等:《山东海洋生物医药产业发展战略研究》,载于《海洋开发与管理》2020年第10期。

[9] 寇冠华:《山东省海洋生物医药业国际合作模式选择探究》,中国海洋大学硕士学位论文,2015年。

[10] 付秀梅、王诗琪、林香红、刘莹、汤慧颖:《基于SFA方法的中国海洋生物医药产业创新效率及影响因素研究》,载于《科技管理研究》2020年第40期。

[11] 付秀梅、李晓燕、王晓瑜、王长云:《中国海洋生物医药产业资源要素配置效率研究——基于区域差异视角》,载于《科技管理研究》2019年第39期。

[12] 张艺、孟飞荣:《海洋战略性新兴产业基础研究竞争力发展态势研究——以海洋生物医药产业为例》,载于《科技进步与对策》2019年第36期。

[13] 付秀梅、陈倩雯、王东亚、王娜:《我国海洋生物医药研究成果产业化国际合作机制研究》,载于《太平洋学报》2015年第23期。

[14] 付秀梅、姜姗姗、张梦启:《要素配置对海洋生物医药产业发展的作用机理研究》,载于《产经评论》2018年第9期。

[15] 郑莉、蔡大浩:《海洋生物医药业发展趋势研究》,载于《中国科技论坛》2016年第1期。

山东省海水淡化产业发展现状、问题与对策

► 周瑞恒*　胡银辉**

摘要：发展海水淡化产业是山东省实施海洋强省战略、实现新旧动能转换和海洋经济跨越发展的必然要求，而自贸试验区的建设能够通过促进投资自由化、便利化，进出口贸易便利化以及创新平台建设与人才培养为山东省海水淡化产业的发展带来新机遇。近年来，山东省海水淡化产业发展迅速，中小海水淡化企业快速增加，海水淡化工程规模在全国处于领先地位。但山东省海水淡化产业仍面临"重制定，轻宣贯"、企业融资渠道单一、科研成果转化率较低、人才引育不足和缺乏领军企业的问题。鉴于此，在山东自贸试验区建设背景下，开展海水淡化标准化战略研究，完善中小企业境内境外双向投资公共服务平台，加大政府支持力度，建设科技研发平台，培育具有国际竞争力的领军企业，建设海水淡化产业"高精尖"人才团队，是助推山东省海水淡化产业高质量发展的政策着力点。

关键词：自贸试验区　海水淡化产业　供水　用水

一、山东省海水淡化产业概述

海水淡化产业指人类利用海水资源进行海水淡化和海水综合利用所开展的相关工业生产和技术活动形成的产业。作为节水开源的一条重要途径，其具有水质优、水量稳、不受气候影响等特点，可有效缓解沿海水资源短缺问

---

* 周瑞恒，山东大学自贸区研究院研究助理。
** 胡银辉，山东大学自贸区研究院研究助理。

题。近十年来，我国海水淡化产业保持良好发展。截至 2020 年底，我国共有海水淡化工程 135 个，工程规模达 165.1083 万吨/日，新建成海水淡化工程规模达 6.485 万吨/日；年海水冷却用水量达 1698.14 亿吨，比 2019 年增加 212.01 亿吨。[①] 海水淡化工程主要分布在辽宁、天津、河北、山东、江苏、浙江、福建、广东、海南 9 个省市，呈现"北多、南少"的分布格局。海水淡化水以工业应用为主，主要作为火电、石化、钢铁、化工、核电等企业的生产用水；少量用于生活用水，如青岛、舟山、天津等地开展了海水淡化水进入市政供水管网的尝试，通过实行优惠电价、补贴造水成本、提高上网电价等扶持政策，促进了海水淡化水的应用（刘淑静等，2021）。海水淡化在保障我国沿海地区水资源安全、优化区域供水结构、发展海洋经济等方面发挥着越来越重要的作用，具有十分重要的意义（李琳梅，2021）。

（一）山东省发展海水淡化产业的本土需求

山东省位于中国东部沿海地区，由于气候及地形、地貌的原因，多年平均降水量为 679.5 毫米，2019 年全省水资源总量 195.21 亿立方米，仅为全国水资源总量的 0.67%。[②] 但同时 2019 年山东省的人口总量约占全国总人口的 7%，生产总值约占全国生产总值的 7%，粮食产量占全国的 8%。[③] 近年来，随着经济的快速发展，山东省水资源保障形势严峻。资源性缺水、工程性缺水、水质性缺水和管理性缺水同时存在，区域性缺水、季节性缺水、行业性缺水多发频发，水资源紧缺已经成为制约山东省经济和社会发展的重要因素。王旭（2019）对山东省 1949~2015 年的降水及干旱情况进行统计发现，近 60 年内山东省几乎每年都因降水量不足而发生不同程度、不同面积的旱灾，甚至导致农业减产、工厂停工以及城镇供水短缺，干旱灾害对山东省的农业生产、经济发展、居民生活等都产生了极大的影响。

---

① 《2020 年全国海水利用报告》，中国政府网，http://www.gov.cn/xinwen/2021-12/08/content_5659217.htm。
② 《2019 年山东省水资源公报》。
③ 《2019 年山东省国民经济和社会发展统计公报》《国家统计局关于 2019 年粮食产量数据的公告》。

虽然目前南水北调工程缓解了山东省整体的供水压力,但仍然存在不可忽视的不足。首先是调水水质难以保障。南水北调东线工程由江苏省输往山东的淡水在调入山东省后硫酸盐污染浓度迅速增加,严重影响调水的使用质量。谢汶龙等(2020)在研究中表明输水期间以南四湖为输水储蓄枢纽的汇入湖泊、河道受到碳酸盐和硅酸盐风化、蒸发盐溶解等自然因素以及沿途污水汇入导致输往山东省的淡水中硫酸盐污染迅速上升,使得调水的质量显著下降。就各市情况来看,工程的贡献差异显著。南水北调工程对于山东省内各市贡献程度并非均匀,刘辉、狄乾斌(2020)运用合成控制法研究显示南水北调工程对枣庄市的经济发展有明显抑制效应,对泰安市和济宁市无明显效应,但是对南方的城市如徐州市、扬州市反而具有较好的积极效应。由于南水北调工程存在难以在短期解决的问题,依靠外来水源难以成为改善山东省淡水供给问题的根本、长远之策。因此为更好地满足省内农业生产、工业发展、居民生活以及生态保护,根本办法在于因地制宜。作为海岸线占全国1/6的沿海大省,应当发挥沿海优势,发展海水淡化产业,提高自我供水保障能力。

在面临水资源紧缺问题的同时,山东省在海水资源方面却极具优势。山东省三面环海,北部毗邻渤海,南部被黄海环绕,海岸线总长3345千米[①],居全国第二。水质方面,以胶州湾为代表的山东半岛水资源在有机物污染、温度、浊度和盐度等方面总体良好,尤其适合作为淡化取水水源。因此山东省既有发展海水淡化产业的必要性,也具备发展该产业的资源优势。山东省是沿海缺水大省,海水淡化产业作为重点发展的新兴产业,能够因地制宜地有效缓解山东省淡水资源短缺问题,同时能够促进山东省新旧动能转换、提高海洋科技贡献率,是推动山东省发展海洋经济、建设海洋强省的必经之路。在山东省实施海洋强省"十大行动"中,海水淡化及综合利用产业已被列为重点发展的海洋新兴产业。

[①] 《山东统计年鉴2020》。

（二）山东省对海水淡化产业的扶持措施

山东省政府积极利用自然资源优势，一直将海水淡化产业作为缓解水资源短缺、保障经济社会可持续发展的战略选择，出台了多项政策推动海水淡化产业发展。伴随2018年山东省建设海洋强省的目标设立，《山东省"十三五"科技创新规划》《山东海洋强省建设行动方案》等政策都将海水淡化列入重点发展战略性新兴产业、重点发展技术领域和海洋新兴产业壮大行动，并在当年相继出台了11项政策，内容涵盖电费减免等多个方面。2020年，山东省对海水淡化产业的政策扶持力度继续加大，出台了9项相关政策，山东省海洋局、济南高新技术产业开发区管委会与自然资源部天津海水淡化与综合利用研究所签署了《三方共建山东海水淡化与综合利用产业研究院协议》，积极促进海水淡化与综合利用产业链落地。虽然当前政策的产业引导及扶持力度在不断加强，但在金融、税收等具体扶持方面仍需进一步加强，同时省内海水淡化产业标准体系和相关标准及规范也需尽快形成统一有效的组织协调机制（见表1）。

表1　2017～2020年山东省支持海水淡化产业发展相关政策

年份	文件名称	相关内容
2017	《山东省水安全保障总体规划》	计划在20个海岛新增海水淡化工程，在13个沿海工业园区建设海水淡化工程，以及建设沿海缺水城市海水淡化工程10个
	《山东省水资源条例》	沿海地区设区的市、县（市、区）人民政府应当制定扶持政策，鼓励海水淡化和综合利用
	《青岛市海水淡化产业发展规划（2017—2030年）》	提出到2020年青岛市海水淡化能达到50万吨/日，2025年预计建成规模70万吨/日，2030年预计建成规模90万吨/日

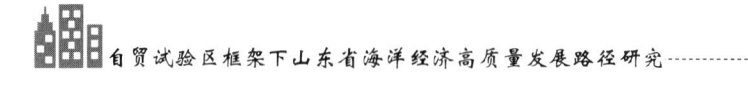

续表

年份	文件名称	相关内容
2018	《山东省人民政府关于印发山东省新旧动能转换重大工程实施规划的通知》	积极开发海水淡化、海水直接利用和海水综合利用的关键新材料、新工艺、新技术和新装备
	《山东省2018年国民经济和社会发展计划》	大力发展海洋生物医药、海洋工程装备、海水淡化等新兴海洋产业，推动山东半岛海洋科技创新中心建设
	《山东省加强污染源头防治推进"四减四增"三年行动方案（2018-2020年）》	提出要大力发展海水淡化及综合利用等新兴产业
	《山东省人民政府关于印发山东省新材料产业发展专项规划（2018—2022年）的通知》	重点发展海工装备用聚脲系列防腐涂料、海水淡化用特种膜等化工新材料，推进产业化进程，形成特色园区
	《山东海洋强省建设行动方案》	将海水淡化及综合利用列为重点推动发展的海洋新兴产业，并明确提出支持青岛建设国家海水淡化与综合利用示范城市
2019	《海水淡化生活饮用水集中式供水单位卫生管理规范》（DB37/T 3683-2019）	规定了海水淡化生活饮用水集中式供水单位卫生管理的术语和定义、供水单位卫生管理要求、水源卫生要求、生产过程卫生要求、输配水卫生要求、水质检验、信息报告和事件处理等
	《山东省长岛海洋生态保护条例》	实施最严格的水资源管理制度，鼓励采用海水淡化技术，合理开发和节约利用水资源
2020	《山东省人民政府关于加快胶东经济圈一体化发展的指导意见》	统筹重大水利工程建设，将淡化海水等非常规水源纳入区域水资源统一配置
	《山东省人民政府办公厅关于统筹推进自然资源资产产权制度改革的实施意见》	健全水资源资产产权制度，明确水资源所有权和权利主体，将海水淡化纳入水资源范畴统一管理

（三）自贸区建设为山东省海水淡化产业发展带来的机遇

自贸区建设主要会给山东省带来贸易与投资便利化、技术创新、国内竞争加剧等方面的影响。《中国（山东）自由贸易试验区条例》也从投资开放、贸易便利、金融服务、创新驱动、海洋经济、区域经济合作以及营商环境七个方面为山东自贸试验区的建设指明方向。因此，山东省海水淡化产业应当积极利用自贸试验区建设带来的外部机遇,提升山东省海水淡化产业的市场竞争力。

1. 外商投资自由化便利化,拓宽融资渠道

自贸试验区的建设将进一步促进外商投资自由化、便利化,在自贸试验区内将健全外商投资服务体系,外国投资者和外商投资企业将体验更多投资机会、更少投资约束以及更简化的投资手续。对于重点发展领域,山东自贸试验区片区管理机构将结合片区发展鼓励和引导外国投资者和外商投资企业在此类重点发展领域进行投资。对于中小企业,山东自贸试验区将发挥境内境外双向投资公共平台的功能优势,帮助中小企业招商引资,将外国资金与自贸试验区内项目精准对接。作为重点发展的战略性新兴产业,山东省海水淡化产业的中小企业面临资金不足、融资渠道单一的问题将有望伴随自贸试验区的建设得到解决。外商投资自由化便利化以及片区管理机构的鼓励和引导,将有利于外资进入山东省海水淡化产业,进而丰富海水淡化中小企业的资金来源、提升融资效率,减轻海水淡化企业创新、扩张的经济压力,从而提升山东省海水淡化产业发展动力。

2. 进出口贸易便利化,提升国际分工地位

进出口贸易将伴随自贸试验区的建设愈加便利,山东自贸试验区建设将建立并完善与国际贸易发展需求相适应的监管模式、国际贸易制度、过境贸易发展的相关制度等,如要求片区所在地设区的市人民政府配合海关部门加快自贸试验区内通关一体化改革,促进进出库货物通关便利化;要求在自贸试验区实行国际贸易"单一窗口"制度便利国际贸易;要求对特定产品的进出口给予通关便利。目前山东省海水淡化产业内有较多中小海水淡化企业专门向东南亚地区海岛出口海水淡化装备,出口贸易的便利化将有利于此类出口型海水淡化企业在出口贸易中降低出口成本、增加销售利润。此外,山东省海水淡化企业对于国外先进的核心部件依赖程度较高,并且在国际分工中主要从事组装,处于价值链底端。进口贸易的便利化将降低企业的核心部件进口成本,增加企业盈利利润,促进企业扩张规模;同时核心部件的进口便利还将加剧国内该部件所在市场的竞争并带来技术外溢效应，进而促使国内同类部件技术水平的提升，推动山东海水淡化产业从低端组装向高端技术输出转型升级，调整产业结构。因此，自贸试验区带来的进出口贸易的便利化将从进出口两方面促进山东省海水淡化产业规模扩大、结构升级，提升山东省海水淡化产业在国际分工中的地位。

3. 创新驱动与人才培养，促进技术创新

山东自贸试验区建设在提升创新能力、培养产业人才以及维护知识产权方面也提出多项要求：通过建立创新创业基地、海外创业孵化中心等创新平台，鼓励与支持区内的企业、高等院校、科研机构等进行项目合作，谋求技术创新、技术进步；通过完善技术与知识产权保护制度、建立健全的知识产权保护运用体系，联合高等院校、科研机构合作共建知识产权公共服务平台和创新支撑平台，提升企业、高等院校、研究机构的创新动力，推动自贸试验区创新水平提升；通过健全人才培养、引进、激励等制度建设自贸试验区国际人才集聚高地。可见，山东自贸试验区的建设将为海水淡化产业带来技术提升、人才引进的机遇，吸引更多海水淡化产业人才、海水淡化技术进入山东，进而提升产业的创新竞争力。

综上所述，山东自贸试验区的建设将带来投资与贸易自由化、便利化和创新驱动的影响，并为海水淡化产业带来融资渠道扩张、国际分工地位提升以及技术进步的外部机遇。

二、山东省海水淡化产业的发展现状

（一）山东省海水淡化产业市场划分及运作方式

1. 大型市政供水市场——以青岛百发海水淡化有限公司为例

青岛百发海水淡化有限公司现为市政供水，旨在通过海水淡化解决青岛市居民基本用水问题,并建立全国性的示范标杆。如图1所示,政府水务部门在与海水淡化企业达成合作时,可以根据地区居民需求量、成本控制、覆盖范围的需要调整装置方案、海水淡化基础设施的规模大小等。由海水淡化公司负责建设、经营,政府水务部门承诺提供相应的政策优惠和帮扶;通过政府部门之间的部门联动,推动税务、物价部门向海水淡化公司提供税收补贴、电价补贴等,使得海水淡化公司能够正常运营。上游供应商向海水淡化企业完成零部件供应后,由企业提供相关零部件,以及企业针对装置的设计组装方案,委托建设部门负责海水淡化设施的建设。由建设部门完成建设后,将固定资产交付海水淡化公司。按照与政府水务部门的约定,淡化后的海水将通过原有的市政供水管道,对居民实现供水。居民需向海水淡化公司支付水费,同时获得政府物价部门给予的水费补贴,减轻用水负担。

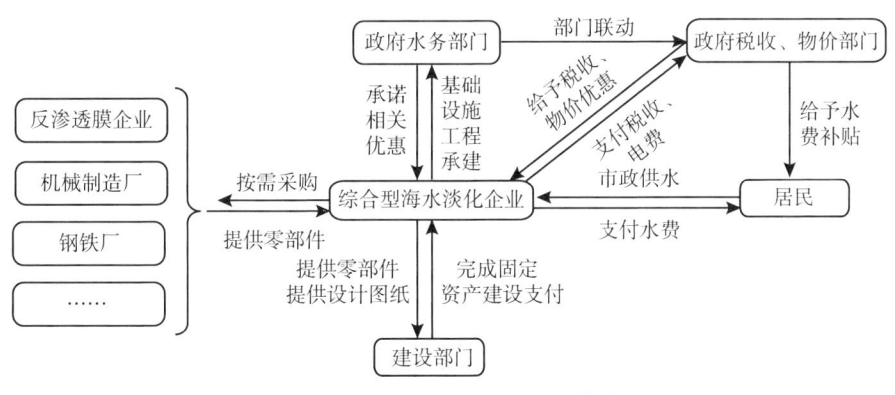

图1 大型市政供水市场运作模式

2. 中小型岛屿及海上平台用水市场——以青岛中亚环保工程有限公司为例

青岛中亚环保工程有限公司目前主要向东南亚岛屿提供中小型海水淡化设备和技术支持。如图2所示,上游供应商提供标准化、定制化服务,根据海水淡化企业需求,提供标准化零部件或者是定制化零部件。下游企业是海上石油钻井平台、度假海岛、中小型船舶厂等。企业向海水淡化厂购买海水淡化设备，根据自身需求，如设备使用周期、水质、出水速度、成本控制等提出设备要求，双方进行协商之后确定最终方案。由海水淡化企业根据确定的方案在其上游供应商进行零部件的采购，可分为两种形式的采购：一为常规基础零部件的采购，如钢材、阀门、压力计等；二为核心零部件的采购，需要企业根据与下游工业部门确定的方案进行分别采购。上游供应商向海水淡化企业完成零部件供应后，海水淡化企业将委托代工厂进行代组装。由企业提供相关零部件以及企业针对装置的设计组装方案，代工厂组装完成之后，整机交付给海水淡化企业，再由企业向下游部门进行交付。

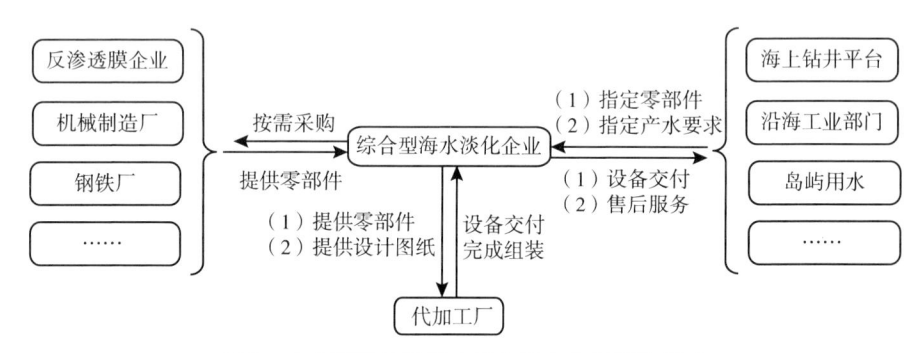

图 2　中小型岛屿及海上平台用水市场运作模式

3. 工业专业型用水市场——以青岛沃赛科技海水淡化有限公司为例

青岛沃赛海水淡化科技有限公司专注于为工业用水提供海水淡化服务。如图 3 所示，工业专业型海水淡化企业为下游工业部门提供定制化和普适化相结合的服务，实行订单式和存货式相结合的销售模式。下游工业部门在向海水淡化企业购买海水淡化装置时，可以根据自身淡水需求量、成本控制、收益预期等的需要调整装置方案，双方进行协商之后确定最终方案。由海水淡化企业根据确定的方案在其上游供应商进行零部件的采购。上游供应商向海水淡化企业完成零部件供应后，海水淡化企业将委托代工厂进行代组装。由企业提供相关零部件以及企业针对装置的设计组装方案，代工厂组装完成之后，整机交付给海水淡化企业，再由企业向下游部门进行交付。

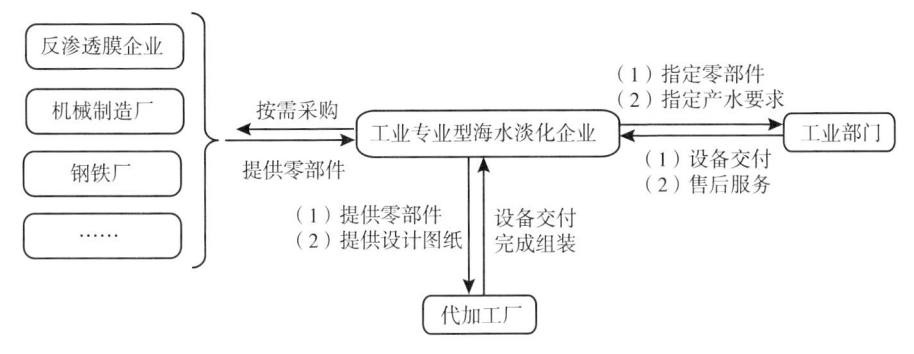

图 3　工业专业型用水市场运作模式

4. 船舶专业型用水市场——以荣成市鑫康船舶海水淡化设备厂为例

如图 4 所示，下游造船厂和船东在向海水淡化企业购买海水淡化装置时，可以根据自身主体特色进行购买。由海水淡化企业根据确定的方案在其上游供应商进行零部件的采购。上游供应商向海水淡化企业完成零部件供应后，船舶海水淡化设备厂委托第三方代加工厂，提供零部件以及设计图纸，由代加工厂进行组装。完成组装后，代加工厂将设备交付给船舶海水淡化设备厂，再整机交付给下游造船厂组装远洋船舶或交付船东。

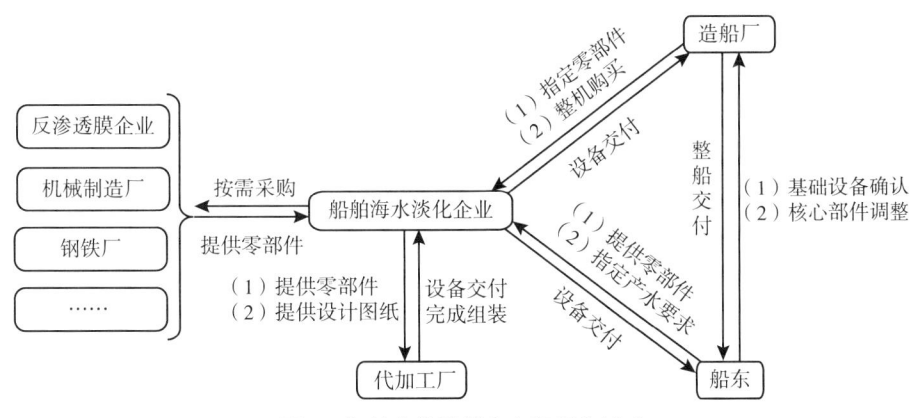

图 4　船舶专业型用水市场运作模式

针对下游是造船厂时,船东可与造船厂进行协商,一方面确认基础设备,另一方面对核心部件进行调整;确定配件之后,由造船厂与船舶海水淡化设备厂进行商定。造船厂完成组装之后,整船交付给船东,此过程不需要船东与海水淡化企业进行直接交涉。针对下游是船东时,可以根据自身淡水需求量、成本控制、收益预期等的需要调整装置方案,双方进行协商之后确定最终方案。船舶海水淡化企业将设备交付给船东,船东自行安装上船,此过程是船东与海水淡化企业进行直接交涉。

(二) 山东省海水淡化产业发展的技术环境

作为战略性新兴产业,海水淡化产业的发展离不开强大的技术支撑。山东省拥有多家海洋技术创新科研院所,如山东大学、中国海洋大学、中科院海洋所、国家海洋局第一海洋研究所等,科研实力雄厚。近年来,在科研院所带领下,山东省全年海水淡化发明专利项数在2018年、2019年实现连续增长,其中2019年全省海水淡化发明专利总数为61项[1],领先于浙江省、广东省,居全国第二位。

山东省内海水淡化产业的上游产业同样对海水淡化产业的发展有重要影响,如表2所示,山东省的在业反渗透膜企业、在业冷凝器企业、在业蒸发器企业、在业高压泵企业数量均占压倒式优势,领先于广东省等主要地区,成为全国海水淡化关联产业聚集密度最高的省份。

表2　　2021年全国在业反渗透膜、冷凝器、蒸发器、高压泵企业地区分布

单位:个

地区	在业反渗透膜企业数量	在业冷凝器企业数量	在业蒸发器企业数量	在业高压泵企业数量
山东省	139	679	1375	1185
广东省	159	154	133	75

[1] 2014~2020年《国家知识产权统计年报》。

续表

地区	在业反渗透膜企业数量	在业冷凝器企业数量	在业蒸发器企业数量	在业高压泵企业数量
北京市	18	14	12	19
江苏省	145	455	329	210

资料来源：企查查网站截至 2021 年 5 月 4 日数据。

(三) 山东省海水淡化产业的现有规模

1. 山东省海水淡化工程规模

依靠充足的自然资源、配套的政策扶持以及强大的技术支撑，山东省自 2000 年开启海水淡化初步尝试，已经实施了一批海水淡化示范项目。据《2020 年全国海水利用报告》统计，2020 年山东省海水淡化工程规模达到 37.14 万吨/日，占全国总规模的 22.49%，位列全国第二（见图 5）。2020 年全国新建成海水淡化工程 14 个，工程规模 64850 吨/日，分布在河北、山东、江苏和浙江四个省份，主要用于沿海城市钢铁、电力、冶金等工业用水以及海岛地区生活用水（见图 6）。可见，近年来山东省海水淡化产业发展迅速，在全国处于领先地位。

从项目地区分布上看，目前山东半岛沿海各市以及海岛已布置海水淡化项目 29 个，其中 22 个在山东半岛以北的环渤海地区如潍坊、烟台、威海等沿海城市，7 个分散在胶州湾等山东半岛以南的沿海地区。从产能空间结构上看，山东省海水淡化产业主要分布在海岛以及青岛、烟台、潍坊、威海、日照 5 市，其中青岛市海水淡化产能 22.37 万吨/日，占全省的 60%。从用途类别上看，11 处海水淡化工程用于工业园区用水，产能 27.1 万吨/日，占全省的 72%；1 处海水淡化工程用于市政供水，产能 10 万吨/日，占全省的 27%；16 处海水淡化工程建设与海岛用于生活用海水淡化产业作为战略新兴产业，产能 5165 吨/日[①]。

---

① 《山东省〈关于加快发展海水淡化与综合利用产业的意见〉》，全国能源信息平台，https://baijiahao.baidu.com/s?id=1675271560759618711&wfr=spider&for=pc。

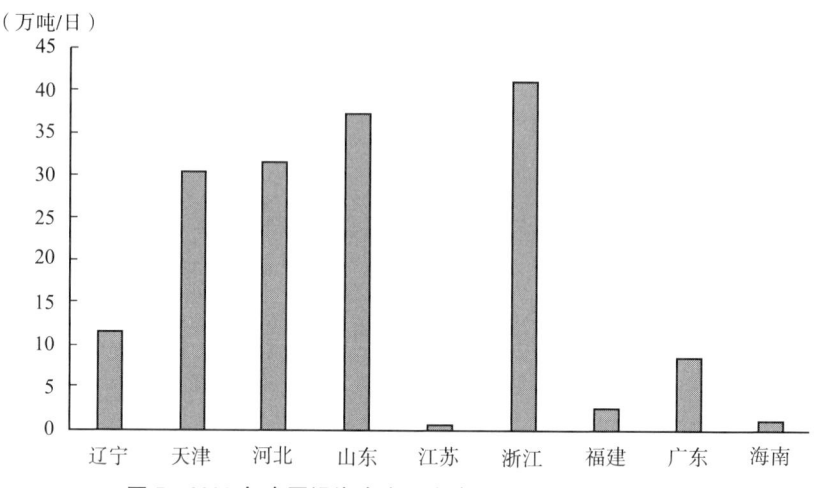

图 5　2020 年中国沿海省市现有海水淡化工程规模分布

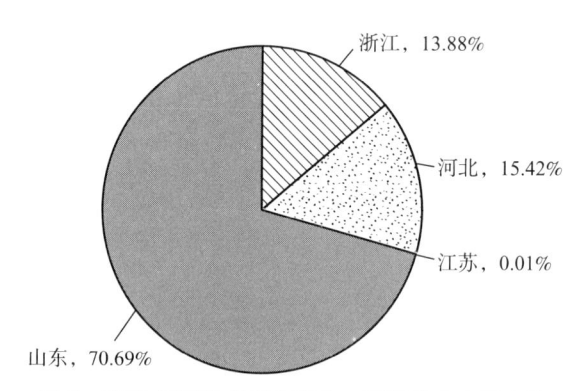

图 6　2020 年新建成海水淡化工程规模分布及占比

2. 山东省海水淡化行业企业规模

2010～2020 年，山东省内海水淡化企业数量持续十年正增长，增速持续上升，总新增注册资本同步上升。从新增海水淡化企业注册资本结构来看，2019～2020 年注册资本在 500 万以下的海水淡化企业新增数量远超其他注册资本量，中小海水淡化企业数量上涨速度较快（见图 7、图 8）。

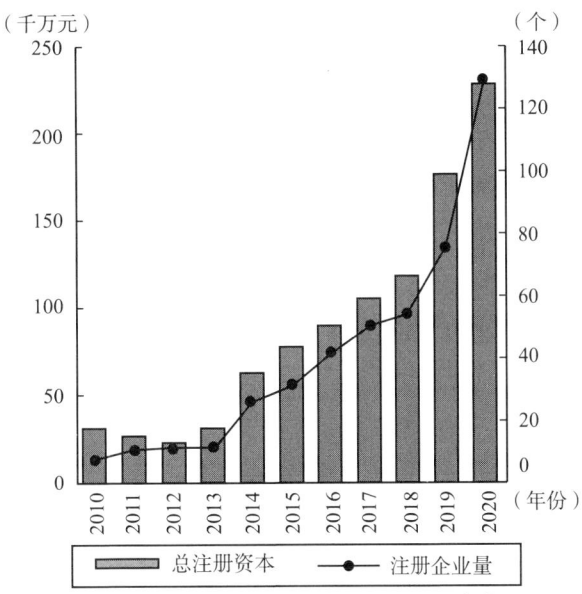

图 7　2010～2020 年山东省新增企业变化

资料来源：企查查网站截至 2020 年 12 月 31 日数据。

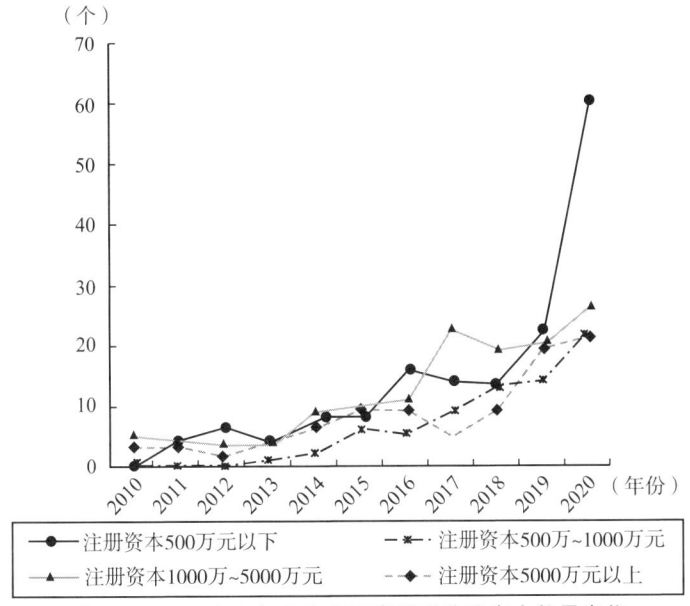

图 8　2010～2020 年山东省四类新增注册资本数量变化

资料来源：企查查网站截至 2020 年 12 月 31 日数据。

三、山东省海水淡化产业发展存在的问题

(一) 海水淡化标准化系统存在"重制定、轻宣贯"问题

山东省现行的海水淡化标准在数量和质量上均能达到一定水平,但在海水淡化标准的落实过程中,相关机构对已制定标准的宣传和贯彻执行力度不强,导致标准实施的效果不好。一些海水淡化工艺设计指导类标准,部分技术人员习惯于根据个人经验进行设计,没有参照相关标准执行,导致此类标准的执行效率较低。而且,标准管理系统的工作人员对于标准化工作的管理过于行政化,缺少相关技术人员参与管理工作,导致标准执行率低。

(二) 融资渠道单一,财政补贴和激励力度不足

近年来,山东省海水淡化产业在各个应用市场的发展显著提高了海水淡化产业的盈利能力,在细分的市政供水、工业用水、岛屿供水、船舶用水等市场上,各类海水淡化企业的营业收入基本能够维持企业日常生产经营。大型海水淡化企业为进行技术升级改造、企业规模扩大所需的资金,能够从政府补助、设立的各类基金等非市场化的渠道中获益。但是大部分的中小海水淡化企业依旧只能通过向商业银行借贷的途径获取资金,这种单一的融资渠道迫使企业仅能维持现有经营,降低了大部分中小型海水淡化企业在技术开拓、规模扩张、投资决策上的自由性和主动性。

(三) 缺乏专业人才,核心技术和关键零部件主要依赖进口

山东省海水淡化先进设备制造产业处于起步阶段,装备和材料制造分散在不同企业,未掌握海水淡化装备的核心技术。相比世界先进水平,山东省

海水淡化先进设备制造产业发展滞后,缺乏高效能自主海水淡化设备,因此制约了其在市场中的大规模应用。20 世纪 90 年代,一种新的能量回收技术被使用于工业领域,由于其高的能量回收率,目前在反渗透海水淡化能量回收的市场上占主导地位,由于正位移原理的高效率,世界上很多公司也都开发了相应的能量回收装置产品,主要产品开发国家有美国、德国和西班牙等。此外,山东省缺乏核心高精尖海水淡化技术及设备,制约着整个海水淡化市场的高质量发展。与此同时,人才资本能够提升海水淡化产业的研发能力、创新能力,同时更是产业未来持续发展的关键。海水淡化技术具有相当高的专业性,但目前山东省内高校海洋专业培育的海水淡化专业人才数量较少,并且在海水淡化专项人才引进方面缺乏明确的政策文件,未能满足各海水淡化应用市场中企业的人才需求。

(四) 科研成果转化率较低,海水淡化技术面临瓶颈

海水淡化技术的开发与应用在各海水淡化应用市场较为相似,但目前海水淡化技术相关专利的保护措施并不完善、海水淡化公共数据库仍未建立、海水淡化行业组织作用发挥不明显等问题,导致山东省内各应用市场企业间的沟通与联系较少。同时,山东省内科研机构与高校在海水淡化方面的技术研发也较为封闭,与应用市场的需求间也存在较大差距,大量学术研究成果无法投入市场化应用。企业与企业、企业与科研院校在技术研发上的封闭,使得技术研发无法发挥累积效应,进而降低了产业技术提升速度与效率。

(五) 缺乏能真正参与国内外竞争的领军企业

山东省海水淡化产业中的企业存在规模小、缺乏品牌效应、市场认可度低等问题,缺乏具备技术研发、装备制造、工程建设、运营维护等"一揽子"服务能力的海水淡化龙头企业,真正能参与国内外竞争的企业不多,总体实力和竞争力相对较为薄弱。

四、山东省进一步提升海水淡化产业发展质量的对策

(一) 开展海水淡化标准化战略研究

山东省应开展海水淡化标准化战略研究,加强标准的需求分析和整体规划。根据实际需求及时补充工程制图专业标准,环境影响评测、运行和维护标准,职业管理和监测方法标准等,保证标准体系完整性。同时,在制定标准时,编制者要及时修订稿件,管理部门要尽量简化送审程序,缩短标准编制周期,提高标准制订的时效性。此外,要重视服务于海水淡化标准化领域工作者的培养,提高标准编制人员和标准化管理人员的业务水平,加大对标准的宣传和贯彻执行力度,做好海水淡化标准化工作的贯彻落实。

(二) 完善中小企业境内境外双向投资公共服务平台,建立多元化融资渠道

境内境外双向投资公共服务平台能够实现招商引资信息的实时共享,帮助境内外投资项目实现精准对接,拓宽山东省内海水淡化企业的融资渠道。山东应当在完善境内境外双向投资公共平台时注重落实外商投资准入负面清单管理制度、设立外商投资相关流程及法定文件,按照国家规定落实外商投资信息报告制度,配合做好外商投资安全审查工作,保障外资引入的质量。通过公布《鼓励外商投资产业目录》等文件,鼓励和引导投资者向海水淡化产业投资,多渠道、多层次、多元化引进高质量投资,让中小型海水淡化企业同样能够从不同的融资渠道获取资金,赋予企业技术创新和规模扩张的动力。

(三) 加大政府支持力度，大力推进海水淡化规模化应用

山东省应当举全省之力推进海水淡化工程的规模化应用，措施包括：一是坚持发挥市场机制作用与政府宏观相结合的原则，实施沿海工业园区"增水"行动：在沿海工业园区周边建设海水淡化基地，推进淡化海水进园区，为园区企业工业用水提供保障，减轻当地淡水供应压力。二是坚持突出重点、全面推进的原则，以保障民生及生态用水为重点，实施有居民海岛"供水"行动：在有居民海岛建设海水淡化站，实现有居民海岛"岛岛供淡水"全覆盖，淡水供给稳定，解决有居民海岛供水问题。三是坚持海水有效替代与优化水资源结构相协调的原则，实施沿海缺水城市"补水"行动：借助政府购买服务或补贴等方式，在青岛、烟台、威海等缺水城市科学规划建设海水淡化基地，推进淡化海水进入城市供水管网，提供安全可靠优质淡水，缓解城市居民生产、生活用水紧缺问题。同时鼓励水电联产"以电补水"，落实免收需量（容量）电费、企业所得税抵免等优惠政策。

(四) 培育具有国际竞争力的领军企业，推动海水淡化与相关产业融合发展

山东省海水淡化产业应走产业融合发展道路，大力培育海水淡化产业领军企业，按照"领军企业+产业集聚+特色园区+专班推进"的模式，围绕龙头企业谋划布局和推动建设海水淡化与综合利用产业集聚区，推动海水淡化与相关产业融合发展；同时，发挥青岛市涉海科研院所及企业创新主体地位，提升海水淡化创新能力。实现大型海水淡化成套装置的本地化制造，形成海水淡化成套装备设计、研发、生产、技术服务等能力，推动海水淡化装备产业链的形成和延伸。

(五) 建设科技研发平台，提升关键技术研究的前沿性与应用性

山东省应当实施创新驱动产业发展战略，建设科技研发平台，借此提升

关键技术研究的前沿性与应用性。具体措施包括：一是抓住"政产学研金服用"深度融合的大好机遇，充分发挥山东海水淡化与综合利用产业研究院、国家海水利用工程技术（威海）中心的作用，建设"需求引导、机制灵活、充满活力、研发转化体系健全、高效一流"的新型研发机构，突破一批关键共性技术难题，引导并支持自主技术进军国际市场，加强国际合作，提升山东省产业发展能力和水平。二是加强科研攻关和成果转化。着力解决"卡脖子"技术问题，加快高压泵、能量回收、反渗透膜等海水淡化装备、材料的自主研发和产业化示范；推动产业提升和技术创新，开展高浓缩、零药剂等海水淡化新工艺、新技术研发，为形成有竞争力的集成技术和自主装备创造条件，推进关键装备国产化；加快海水淡化综合信息大数据平台建设。

（六）建设海水淡化与综合利用产业"高精尖"人才团队

山东省应多渠道建设海水淡化产业"高精尖"人才团队，具体措施包括：一是人才引入，借助自贸区建设的政策红利，为符合条件的人才提供住房、配偶安置、子女入学、医疗、社会保险等方面的便利，打造适合发展的外部环境，实现人才流动的"虹吸效应"；二是人才培育，山东应着力打造集高等教育、产教融合、高端科研和国际交流功能为一体的人才培养和科学研究基地，鼓励境内外知名高等学校、科研机构联合开办教学、研究等项目，支持推动双元制职业教育发展，培育应用型人才；三是人才激励，根据海水淡化产业特色设置专业职称、探索人才评估机制、完善人力资本价值与财富资本的对接，创新人才激励方式。

参 考 文 献

[1] 刘淑静、张拂坤、王静等：《自主创新推进中国海水淡化产业高质量发展研究》，载于《环境科学与管理》2021年第46卷第3期。

[2] 李琳梅：《提高产业链供应链水平、推动海水淡化产业高质量发

展——〈海水淡化利用发展行动计划（2021—2025年）〉政策解读之二》，载于《中国经贸导刊》2021年第12期。

［3］王旭：《山东省水文干旱演变规律研究》，山东农业大学硕士学位论文，2019年。

［4］谢汶龙、田伟君、周建仁等：《南水北调东线工程山东段输水期南四湖硫酸盐源解析》，载于《南水北调与水利科技（中英文）》2020年第10期。

［5］刘辉、狄乾斌：《南水北调东线一期工程对京杭大运河沿线城市经济发展的影响分析——基于合成控制法的实证》，载于《资源开发与市场》2020年第10期。

［6］张雨山：《海水淡化技术产业现状与发展趋势》，载于《工业水处理》2021年第41期。

［7］《海水淡化利用发展行动计划（2021—2025年）》，国家发展和改革委网，http：//www.ndrc.gov.cn/xwdt/tzgg/202106/t20210602_1282454.html?code=&state=123。

［8］江南：《天津保税区海水淡化产业再增新载体》，载于《水处理技术》2021年第47期。

［9］李琛、胡恒、姚瑞华、岳奇：《我国海水资源利用制度存在的问题及完善路径》，载于《环境保护》2021年第49期。

［10］黄立业、李莎、史筱飞、刘洁：《山东省海水淡化产业发展对策研究》，载于《工业水处理》2019年第39期。

［11］杨尚宝：《我国海水淡化产业发展述评2016》，载于《水处理技术》2017年第43期。

［12］王晓丽、初喜章、黄鹏飞、刘玮：《基于PEST模型的海岛海水淡化产业环境分析》，载于《长江科学院院报》2016年第33期。

［13］杨尚宝：《我国海水淡化产业发展现状与建议》，载于《水处理技术》2015年第41期。

山东省海洋牧场发展现状、问题与对策

▶ 张信信*

摘要： 海洋牧场已成为我国沿海地区海洋经济新的增长点，是养护海洋生物资源、修复海域生态环境、实现渔业转型升级的重要抓手。伴随着自贸试验区的建立，面对东北亚地区的经济新形势，进行科学养殖、大力建设现代化海洋牧场、转变渔业发展方式，成为山东省海洋牧场发展和未来渔业高质量发展转型的现实选择。山东省海洋牧场包括投礁型、底播型、装备型、田园型和游钓型五种类型，规划了"一体、两带、三区、四园、多点"海洋牧场建设空间布局，截至2020年底，山东省海洋牧场规模和数量全国第一，拥有44个国家级海洋牧场示范区，占全国的40%。[①]山东省海洋牧场发展呈现出产业融合，智慧化、信息化、智能化，国内国外协同发展，管理现代化等趋势，但仍存在海洋牧场建设的政策支持力度不够、海洋牧场平台发展面临一系列挑战和自贸试验区背景下海产品竞争力较弱等问题。鉴于此，山东省海洋牧场高质量发展的对策为：借助自贸区建立的倒逼机制，助推海洋牧场转型升级；构建水产品安全监管体系，助力提升海洋牧场渔业产品质量；借鉴国外先进法律制度经验，奠定海洋牧场发展的法律基础；制定渔业领域的"碳汇标准"，助力提高海洋牧场"碳汇效率"。

关键词： 自贸试验区　海洋牧场　海洋碳汇　产业融合发展

一、山东省海洋牧场概况

在新时代，随着海洋环境的不断恶化，传统的海洋渔业生产方式难以为

---

* 张信信，山东大学自贸区研究院研究员。
① 《"十三五"时期山东海洋经济发展成就发布会》，中国山东网，http://sdio.sdchina.com/online/938.html。

继。第一，由于人类对于海洋鱼类持续捕捞，海洋鱼类总量不断下降，并且下降的速度逐渐加快。第二，由于技术水平的限制，以及环境持续恶化、海洋渔业生产方式落后等问题，要素投入边际报酬递减的趋势愈加明显，投入量大，回报率却很小。第三，伴随着城市化的推进与工业用地对农林牧渔用地的挤占，海水养殖的空间被进一步挤压，传统的海洋渔业生产方式更加难以为继，无法保障海洋渔业的可持续发展。面对海洋渔业发展的新问题，面对日本、韩国等在海洋渔业领域的创新，为了在未来持续供给高品质的水产品，国内相关专家积极提倡建设新型的海洋牧场。

狭义的"海洋牧场"是指在一个特定海域内，为了有计划地培育和管理渔业资源而建立的可由人工控制的海洋生态系统。广义的"海洋牧场"是指在狭义"海洋牧场"的基础上，合理利用各种海洋资源，开发出一个集海珍养殖、深度加工、休闲垂钓、海上旅游、度假疗养、行业会展、商务洽谈、高端论坛等为一体的全方位、立体式、多功能、综合性的海洋空间区域，能够为人们提供放松精神、缓解压力以及休闲娱乐的活动场所（郝有暖等，2019）。目前我国海洋牧场主要由保护生态环境、增加海产品产量为目标的狭义的"海洋牧场"组成，未来随着海洋牧场的不断发展，随着海洋牧场技术的成熟以及人们生活质量的不断提高，广义的"海洋牧场"将会逐步发展并成为我国海洋牧场的主体。

20 世纪 70 年代，曾呈奎院士最早提出在我国近岸海域建设海洋牧场的构想，即按照草原畜牧业的发展方式来发展海洋渔业（丁金强等，2020）。我国第一个混凝土制的人工鱼礁在 1979 年被投放在北部湾地区，标志着我国正式开始了海上牧场的建设。80 年代，总共约 20 万立方米的各类人工鱼礁相继被投放在沿海地区的各个省市，不仅解决了渔业领域的突出问题，同时也克服了渔业发展与生态保护之间的矛盾。自 21 世纪以来，在农业农村部、发改委、国家海洋局等部门的大力支持下，沿海各省市加快了海洋牧场的发展步伐，积极建设人工鱼礁和藻场。截至 2020 年末，我国沿海各省市已经建成 110 个国家级海洋牧场示范区。根据《国家级海洋牧场示范区建设规划（2017—2025 年）》数据，目前，我国共有国家级海洋牧场示范区 64 个，到 2025 年，将创建国家级海洋牧场示范区 178 个，推动海洋牧场建设和管理的科学化、规范化；全国累计投放人工鱼礁将超5000万空方。

多数沿海地区的海洋牧场已成为海洋经济新的增长点，成为养护海洋生物资源、修复海域生态环境、实现渔业转型升级的重要抓手。传统渔业包括捕捞和养殖，但随着渔具逐步升级、渔船逐年增多，渔业资源被过度开采，尤其近海渔业资源已严重衰退。传统的海水养殖由于养殖方式粗放，养殖物种单一，易引发种质退化、病害严重等问题。大规模的沿海投饵养殖和围堰养殖又会造成海水污染、富营养化、药物残留等状况。通过建设海洋牧场，可有效解决捕捞和传统养殖对海域资源的破坏和污染等问题。海洋牧场建设以现代科学技术为支撑，以海洋生态系统为基础，通过工程技术手段，修复和优化生态环境、养护和增殖渔业资源，将实现渔业可持续健康发展。

截至2020年底，山东省海洋牧场规模和数量全国第一，拥有44个国家级海洋牧场示范区，占全国的40%。[①] 山东省与韩国、日本两国隔海相望，渔业贸易往来频繁。伴随着自贸区的建立，面对东北亚地区的经济新形势，进行科学养殖、大力建设现代化海洋牧场、转变渔业发展方式，不仅能解决由于长期过度捕捞而带来的鱼类数量严重下降、海洋生态恶化等问题，还能降低渔业生产成本并提高海产品质量，使其具有更大的竞争力。因此，山东省海洋牧场发展在我国未来渔业高质量发展转型中占据举足轻重的作用。研究并完善山东海洋牧场的建设与运营，事关我国海洋渔业的现代化转型，事关自贸区背景下我国的海产品贸易。通过分析我国山东省海洋牧场的发展现状、面临的问题及风险挑战，以及预测自贸区背景下未来海洋牧场的发展趋势，助力未来山东省海洋牧场高质量发展。

二、山东省海洋牧场的发展现状

立足东北亚地区经济、生态新形势，为使我国海洋产品转型升级，在新形势下能够更好地服务各国人民，自2014年以来，山东省开展了大规模的海

[①]《"十三五"时期山东海洋经济发展成就发布会》，中国山东网，http://sdio.sdchina.com/online/938.html。

洋牧场建设，不仅山东省海产品质量大为提高，山东省沿海地区的生态环境也得到了大幅度改善，产生了良好的经济、生态效益，取得了举世瞩目的成就。从最初的生态礁、观测网，再到后来的海上多功能平台、各种先进的渔业装备等，海洋牧场也成为名副其实的"海上粮仓"，极大地促进了渔业的可持续发展。

（一）山东自贸试验区海洋牧场的分类和建设布局

根据山东省海域特点以及海洋牧场建设情况，山东省海洋牧场可划分为以下五种类型。

1. 投礁型海洋牧场

为给海洋生物提供一个优越的水动力环境，满足海洋生物的生长、繁殖需要，改善由于历史上的过渡捕捞而被破坏的海洋生态环境，此类海洋牧场的建设通过向海洋内投放人工构筑物，聚焦于人工鱼礁的建设，进而改善海洋生态环境并提高海洋渔业资源的质量。

2. 底播型海洋牧场

底播型海洋牧场是指在充分了解海洋中贝类生物生活习性的基础之上，在由于生态原因而无法建设人工鱼礁的浅海滩涂地带，建设以贝类底播增殖为主，按牧场园区模式发展的海洋牧场。

3. 装备型海洋牧场

装备型海洋牧场是指通过将养殖技术、现代工业技术、物联网技术等与深水网箱、大型养殖工船等现代渔业装备有机结合，建成生态良好、渔业资源丰富的海洋牧场。

4. 田园型海洋牧场

田园型海洋牧场是指以立体、生态、循环增养殖作为主要特色，实现鱼虾贝藻多营养层级生态化平衡发展的大型综合类海洋牧场。

5. 游钓型海洋牧场

此类海洋牧场不仅会实现海洋生态保护与高质量海产品的目标，更能满足人们的旅游、垂钓、体验海上生活等要求。游钓型海洋牧场是能为人们提供钓鱼、游泳、娱乐、风景欣赏等一系列娱乐服务的综合型海洋牧场。

2017年，为了促进山东省海洋牧场的协同发展，综合考虑海洋水文特点、生物状况、生态环境等因素，山东省提出了"一体、两带、三区、四园、多点"建设空间布局，对上述五种类型的海洋牧场进行了整体布局规划（赵振营等，2020）。"一体"指的是将人工鱼礁建设在烟台莱州芙蓉岛到日照绣针河的海域。"两带"指规划建设滨岸观光渔业带和离岸休闲海钓带。"三区"是指规划建设黄河三角洲海域大宗贝类底播区、半岛东北部海域海珍品底播区和半岛南部海域高值贝类底播区。"四园"是指规划建设莱州湾滨海湿地生态园、烟威近海贝藻生态园、半岛东部"海洋蔬菜"生态园以及海州湾种质养护生态园。"多点"是指逐步开展深海牧场建设试点，逐步增加海洋牧场的数量与质量，通过我国海洋牧场的技术水平的提升，促使我国海洋牧场走出国门并走向世界。

（二）山东海洋牧场平台和观测网的建设情况

1. 山东海洋牧场平台的建设情况

2017年，山东省海洋与渔业厅出台了《海洋牧场平台试点管理暂行办法》，既保障了高水平、符合经济与生态发展目标的海洋牧场平台建设，也保障了海洋牧场平台的顺利建造与运营。该办法指出海洋牧场平台是在海洋牧场区域内设置的，用于开展海洋牧场生态环境监测、海上管护、牧渔体验、生态观光、安全救助等工作的设施，并明确海洋牧场平台按其停泊方式可分为固定式和浮动式两种（翟方国等，2020）。海洋牧场平台除了包括进行渔业生产的设施、维持工作人员生活的设施和为平台提供动力、保证平台正常运转的设备等，还包括垃圾处理设施。此外，由于外部生态条件和平台工作目标的不同，不同海洋牧场平台的建设方式也有所不同。

截至 2020 年，山东省已建造 48 座海洋牧场平台，包括自升式、半潜式、漂浮式、可移动式四种。其中，自升式平台的数量超过了平台总数的一半，达到了 29 座。[①] 海洋牧场平台的投用，有效解决了在海洋牧场的建设、运营与维护中"无法及时观测到海区生态状况、无法保障牧场运行环境安全、无法及时为牧场工作人员输送补给物资"等问题。此外，预计山东省未来将改变财政资金的使用方式，在海洋牧场的建设方面，将由过去的政府财政直接补助转变为入股相应的海洋牧场，实现海洋牧场建设、运营的市场化，以提升海洋牧场的经营效率。未来海洋牧场的发展重点向"维持海洋生态平衡、提高信息技术水平、机械装备逐步替代人工操作、海洋牧场逐步走出国门"等方向倾斜，逐步实现海洋牧场平台的升级转型。

2. 山东省海洋牧场观测网的建设情况

在海洋牧场快速发展的同时，为了实时观测海洋牧场对生态环境保护的作用以及海洋渔业的发展情况，从而解决长期以来社会对海洋牧场认识不够的问题，2015 年，山东省建设了海洋牧场观测网，拟在各个海洋牧场基于海底有缆在线观测系统建设生态环境海底观测站，并组网集成构建智能化监测网络。2015 年 10 月 8 日，在山东省西霞口海洋牧场建设完成海洋牧场生态环境海底观测站。通过海底观测站，能够随时随地实时了解海洋牧场的生态环境以及海洋生物的生活状态。在第一个国家级海洋牧场生态环境海底观测站的建设取得成功后，山东省便开始大力建设海洋牧场观测网，2017 年，生态环境海底观测站在威海市好当家海洋牧场落户。2018 年，在山东半岛东北部近海和莱州湾海域，先后有 3 家海洋牧场完成了生态环境海底观测站的建设。截至 2019 年底，山东省已有 23 处海洋牧场实现了观测网全覆盖。自此，

---

① 《山东已建成海洋牧场平台 48 座》，央广网，https://baijiahao.baidu.com/s?id=1682500856999541996&wfr=spider&for=pc。

山东省不仅建设了国内完整的海洋牧场观测网，在国际上也处于世界领先水平。[1]

此外，山东省还建立了观测网数据分析处理中心，以便分析处理海洋牧场观测网的数据，并根据海洋牧场所处的海洋生态环境对自然灾害等进行预报分析。2018年10月，山东省水生生物资源养护管理中心和浙江大学海洋学院签订了全面战略合作协议，成立山东省海洋牧场观测预警中心。此外，更多信息化和智能化相关的互联网网站和手机App相继被开发出来，针对不同的用户，提供不同的服务。用户不同，查看权限有所不同。海洋牧场的所有情况以及历史水文生态环境参数、动力环境参数、水下高清视频、海底观测设备工作状态等都可以通过预警中心查看到（张樨樨、刘鹏等，2019），能及时分析处理海洋牧场观测网的数据，并根据海洋牧场所处的海洋生态环境对自然灾害等进行预报分析。自观测网预警中心正式运行以来，每年均会公布海洋牧场观测网年度运行报告，报告中会介绍海洋牧场观测网的方方面面，包括相应时间段内海洋牧场观测网的平台状态、工作环境等情况，并对各种鱼类生活的海洋环境进行系统性评估，实时了解海洋环境的变化情况，全程跟踪海洋牧场内的不同物种鱼类的生活状况。

（三）自贸试验区背景下海洋牧场发展的新趋势

1. 海洋牧场将与海上交通运输业、旅游业等紧密结合，走产业融合发展道路

2020年，山东省积极克服新冠肺炎疫情的严重影响，全省接待游客5.77亿人次，实现旅游收入6019.7亿元[2]，海洋交通运输业产值规模超1200亿

---

[1] 《山东创建国家级海洋牧场示范区32处　全国居首》，搜狐网，https：//www.sohu.com/a/290739077_114731。
[2] 《走在全国前列！2020年山东接待游客5.77亿人次　实现旅游收入6019.7亿元》，闪电新闻，https：//baijiahao.baidu.com/s?id=16930859885682088108&wfr=spider&for=pc。

元,港口吞吐量全国第二。① 其他各种海洋新兴产业也快速崛起,新兴产业对海洋经济发展的贡献逐步增大,约占海洋产业增加值的1/5。沿海城市以及海洋由于其独特的地理位置与自然环境,不仅可以作为海产品的养殖基地,同时也可以作为人们休闲放松、度假享受的极佳旅游胜地。在自贸区零关税的背景下,各国海产品竞争日益激烈,海上各行业协调发展会带来更多的经济收入,而经济收入的增加会极大提高海洋牧场的运作效率,增强我国海产品的竞争力。站在区域经济的角度来说,将海上交通运输业、海洋生物医药行业等应用于海洋牧场的建设中,并将以海产品养殖生产为主要导向的海洋牧场与以旅游观光为主要导向的海洋旅游业有机结合起来,将极大地促进我国海洋经济的发展,提高我国海产品的竞争力。郝有暖、田涛等学者在海洋牧场产业延伸方面提出"参与式观光业",在开展养殖业的同时兼并实施新产业"DIY养殖业",产品收获后进行"精深加工业"的同时开展"观光旅游业",销售行业采取线上线下与企业之间结合的"O2O + B2B"模式,面向客户方面鼓励新机构即"反馈机构"的建立与推广,拓展休闲渔业产业,发展新型休闲渔业(王爱香、王金环,2013)。此外,通过海洋牧场的发展与海上交通运输业、旅游业等其他海洋产业的紧密结合,通过实现省内各海洋牧场的融合发展,将山东各海洋牧场打造成产品生产、海上旅游、观光垂钓、餐饮住宿的多功能组合体,游客在进行海上旅游的同时,通过牧场内的文化展览、休闲时期的海上垂钓与旅途中的一日三餐了解牧场的优质产品。当海洋牧场被打造成为高质量旅游胜地后,将极大地扩展山东省海产品的市场,提高牧场经济收入。

2. 海洋牧场向更加智慧化、信息化、智能化的方向发展

近年来,西方发达国家在不断加大海洋牧场领域的技术投入。以挪威为例,第一,挪威通过资金投入与科技研发,使海洋牧场的信息化程度有了较大提高,通过现代化的海洋牧场综合管理平台和大数据共享服务系统,海洋牧场的专家们实现了对海洋生物养殖情况的24小时监控跟踪,时刻了解海洋

---

① 《山东海洋交通运输业产值规模超1200亿元 港口吞吐量全国第二》,海报新闻,https://baijiahao.baidu.com/s? id = 1684777800165826263&wfr = spider&for = pc。

牧场的生物承载能力与生物密度的对应关系，确保牧场专家小组面对相应情况能及时做出反应。第二，针对某些海洋生物天生缺乏抗病基因，对海洋环境适应能力差等生理特点，通过应用基因工程技术，改善物种的性状及其生存环境来增加水产品品质，进而提高海产品产量。近十年来，随着新兴技术不断应用于挪威海洋牧场中，与牧场升级前相比，挪威每生产1千克海产品，生产成本下降了约40克朗。挪威海产品投入产出比的提高，离不开科技发展和投入。高技术广泛应用是我国海洋牧场必然的发展方向，因此，在自贸区背景下，享受广义的"海洋牧场"建设所带来的经济收入增加的同时，利用后发优势，借鉴学习国际海洋牧场建设的先进经验，加快海洋牧场新技术的研发，建设应用创新技术的高质量且具有国际声誉的海洋牧场是我国海洋牧场未来的发展方向。

3. 海洋牧场走出国门，开拓国内国外海洋牧场齐头并进、共同发展新局面

伴随各海洋大国沿海海域的逐步开发利用，各国沿海地区渔业资源的开发也逐步趋于饱和。为此，日韩等渔业强国培养了大批精通远洋渔业的人才，普遍建设了一支具备在远洋中进行持续作业能力的渔业船队，形成了比较完整的海外渔业发展建设体系，通过资本输出的方式，大力发展远洋渔业，积极与拥有大量未开发海域的沿海国家展开合作，寻求更多的海洋牧场建设空间，租赁相应的海域，建设自身的海洋牧场，国家海产品也因此有了更广阔的市场，极大地促进了渔业的发展。因此，在自贸区背景下，我国由渔业大国向渔业强国转变过程中，应借鉴学习日韩等国的经验，发展远洋渔业，让我国的海洋牧场走出国门，加大渔业领域的海外投资力度，推动我国海洋牧场在海外落地生根，实现国内国外海洋牧场齐头并进、共同发展的局面是我国海洋渔业未来的发展方向。

4. 海洋牧场建管机制逐步完善，现代化的海洋牧场建设管理体系基本建成

研究制定并完善海洋牧场现代化装备设施、休闲海钓俱乐部等地方技术标准，推动山东省休闲海钓船试点管理办法等规章制度及政策性文件的制定工作，理顺各方建设管理职责，保障海洋牧场规范化运营（李靖宇，2014）。

政府要充分发挥对海洋牧场工作的领导作用,做好各种应急防护措施,在海洋牧场正式建设前,评估相应企业是否具备安全建设海洋牧场的要求,并评估相应海域是否符合建设海洋牧场的水文生态条件,将保护海洋生态贯穿于海洋牧场的建设与运行中。在自贸区背景下,我国海洋牧场必将学习借鉴国外的管理经验,积极与外资开展合作,扩展产品市场。

针对目前海洋牧场市场化程度低、资源配置效率低、无法有效地把科学成果应用于海洋牧场建设实践中等一系列问题,我国未来也会建立相应机制,将高校及科研单位、参与海洋牧场建设的企业、个体渔民等结合起来。一方面,为加强海洋牧场生产效率,高校及科研单位会加快新技术的研发、生产企业会加大投资力度、政府会对牧场建设给予大力支持;另一方面,为提高全国渔民的生产积极性,通过相应机制推进渔民成为大型海洋牧场项目中的一分子,包括专业合作社、股份制等形式,让广大基层百姓在海洋牧场建设中获得实惠。形成参与海洋牧场建设的多方利益主体相互扶持、团结一致、携手并进、共同发展的局面。明确海洋牧场从建设到运行各个步骤的分工,由于海洋牧场建设的资金需求量大,因此海洋牧场的建设应由政府出资,即海洋牧场属于国有资产。与此同时,为了提高海洋牧场的经营效率与保护海洋生态环境,可以将牧场的经营权转让出去,企业通过向政府缴纳相应费用来获得海洋牧场的经营权,在政府在获得企业支付的相应资金后,可以投资相应海洋牧场并在其中控股。政府可以定期按股权比例收取项目运营利润,也可将其他扶持资金,如油补、生态补偿金等以股权形式投入项目建设运营中,定期按股权比例收取利润用于帮助当地渔民脱贫致富,让企业或企业加个体渔民来运行维护海洋牧场(赵丽丽等,2017)。通过将海洋牧场所有权与经营权分离,既达到了扩大海洋牧场数量与规模的目的,又实现了牧场收益的扩大,这将极大提高我国海产品的竞争力。

5. 立足碳中和战略背景,海洋牧场助力"海洋碳汇"

21世纪人类可持续发展面临的最大挑战之一是温室气体排放过多引起的全球气候变化。中国承诺在2030年前"碳达峰"、2060年前"碳中和"。碳达峰是指我国承诺2030年前,二氧化碳的排放不再增长,达到峰值之后逐步降低。碳中和是指国家和地区通过产业结构调整和能源体系优化，调控二氧化碳排放总量，最终实现二氧化碳在人类社会与自然环境内的产销平衡。而海洋面积占地球总面积的71%，海洋作为地球上最大的碳库，碳储量约为39万亿吨，每年约吸收排放到大气中二氧化碳的30%。随着海洋碳汇逐渐进入人们的视野，渔业生物的碳汇功能也受到关注。"碳汇渔业"正是在这种背景下提出的发展渔业经济的新理念。

中国是世界上最大的海水养殖国家，生活在海洋中的大型藻类起着生物净化器的作用，贝类则扮演着海洋过滤器的角色。贝类与藻类生物通过自身吸收二氧化碳的功能，加快了大气中二氧化碳溶于海洋的速度，使空气中二氧化碳的浓度大为降低。因此通过藻类贝类养殖、增殖放流以及捕捞业等方式，可显著提高海洋渔业的"碳汇作用"。在海洋牧场运行的同时，提高近海自然生物碳汇，促进海洋对二氧化碳的吸收，不仅能促进渔业的可持续发展，还能为我国实现"碳达峰、碳中和"的战略发展目标做出巨大贡献。因此，在未来我国逐步实现"碳达峰、碳中和"的大背景下，中国作为海洋渔业大国，为提高渔业生态效率与促进生物固碳，"碳汇型"海洋牧场将会是我国海洋牧场未来的主要发展方向，并且"海洋碳汇"将在实现碳中和目标中扮演更加重要的角色。

三、山东省海洋牧场发展面临的问题及挑战

（一）海洋牧场建设的政策支持力度不够

一是现阶段我国海洋牧场的建设都是由各地方政府进行规划布局，由于全国层面的海洋牧场建设规划相对缺乏，因此各地海洋牧场建设的数量、位置和建设时间表都不够明晰，缺乏全国范围内的统一部署。二是政策支持力度不够，推动效果有限。与传统海洋养殖业不同，海洋牧场从提出建设构想到开工建设再到正式运营与后期的维护保障等，离不开政府、企业、学术科

研机构、渔民和社会各界的密切沟通与配合。在目前的海洋牧场沟通交流机制中，主要是主持海洋牧场建设的地方政府与参加海洋牧场建设的企业进行单向沟通，沟通机制不够成熟。未来要继续完善海洋牧场多方利益主体的交流沟通机制，调动并发挥海洋牧场各主体的积极性与创造性。

（二）海洋牧场平台发展面临一系列挑战

1. 海洋牧场平台维护与升级困难

2016年，山东省首个海洋牧场平台正式投入使用，此后又陆续建设了多个海洋牧场平台。由于海洋牧场平台布设在海中，海洋生态环境极其复杂，受到潮湿空气的影响，海洋牧场平台正面临着设备老化、后勤保养等一系列问题，因此每年都要进行检修。随着时间的推移，平台会有越来越多的部分需要检修，在检修过程中，对于检修的材料、技术等的要求也越来越高，检修难度也随之越来越大。特别是自升式平台和半潜式平台，由于这两类平台的桩腿、浮体等结构均位于水下，因此检修起来难度更大、成本更高。

随着国际海洋牧场平台的不断更新与平台功能的逐步多样化发展，我国海洋牧场平台除了进行必要的升级保养外，还应参照现今国际先进海洋牧场的标准，对我国现有的海洋牧场平台进行升级改造。山东主流海洋牧场平台是自升式，钢制自升式平台的工艺、结构、配重等是根据海底勘探情况、水深、风浪流主方向、桩基承载力、配重平衡等要素进行科学计算设计而来。若在其原有基础上增设大型新设备，需对整体工艺、结构、配重等方面进行重新校核。然而海况复杂，海上施工等诸多困难，造成海洋牧场平台升级改造面临巨大挑战（张榍榍、刘鹏等，2019）。

2. 海洋牧场平台能源供应问题突出

相较于其他国家，我国只有不到20年的大型海洋牧场建设经验。在建造海洋牧场时，我国采用的是柴油机发电等传统供电方式对吊装设备、自升式平台的液压起降设备等进行供电，而仅有照明、水下观监测设备等装置采用风力发电、光伏发电等新能源进行供电。新能源的应用需考虑海区风力以及太阳能电池板布放空间的影响，受外部因素影响的可能性较大。此外风力、光伏发电量远达不到海洋牧场的用电需求量，难以短时间内在海洋牧场上广泛应用。因此，绿色能源供应问题是困扰海洋牧场平台发展的一大难题。

3. 海洋牧场平台信息系统及自动化系统亟待升级

由于我国海洋牧场建设经验尚短，我国海洋牧场信息系统时常出现处理速度慢、各部门信息沟通效率低、无法做到有效采集海域的生态条件、水文气象等指标以及采集到的信息有限等问题。同时，由于海上牧场平台自动化水平有限，信息化程度较低，对于海上牧场平台的检测主要以人工检测的方式为主，检测效率较低。与国际先进水平相比仍存在较大差距，因此迫切需要我们更新海洋牧场的信息处理系统及自动化系统。

（三）自贸试验区背景下海产品竞争力较弱

目前，人工鱼礁与增殖放流两个项目是山东省海洋牧场建设的主体。虽然山东省海洋牧场建设取得了巨大成就，但依然有很多不足，主要体现在：首先，我国的海洋牧场在"了解鱼类生活习性、科学饲养鱼类、及时了解海域生态状况、精确捕捞特定物种"等方面还都处在研究试验阶段，相关技术普遍不成熟，仍需经过多次反复实践检验才能在海洋牧场中正式应用。其次，与日韩等国家相比，我国海洋牧场在运营和管理方面经验明显不足，各级政府、企事业单位和渔民等都以不同形式参与了海洋牧场建设和管理，涉及面多，利益范围广，难以有效地平衡协调各参与方，管理的低效率会增加海产品生产的总成本，极大削弱我国海产品的竞争力。

随着自贸区规划建设，原有的各国间水产品商业竞争关系和市场占有份额将发生显著变化。在各国进行零关税自由贸易的条件下，各国食品准入质量标准、牧场生产技术水平、国际贸易环境等各方面条件都将统一化，各国在渔业领域的竞争，将会是"自然环境、科技水平、管理模式、与海洋牧场相配套的法律制度"等综合实力的竞争。在自贸区背景下，旧的生产格局被打乱，新的生产格局将会取而代之（高玲、王朋才，2020）。随着未来各国海产品捕捞量均会小于养殖量，随着人们越来越多地消费水产品以及各国水产品出口贸易额的不断扩大，水产养殖产品将会成为满足各国人民对于水产品需求的主力军。海洋牧场附近的海洋资源与水质情况直接决定了养殖水产品的质量和数量。因此，海洋牧场的建设重在因地制宜，维持海洋生态环境的稳定。

总之，我国海洋牧场建设经验尚浅，与发达国家相比仍有较大差距。在各地海洋牧场建设实践中，除了部分极个别的较为成功的案例外，大部分海洋牧场仍处于初级发展阶段，牧场建设选址随意，技术密集程度较低，虽然海洋牧场数量较为庞大，但是无法将海洋牧场本该拥有的"产量高、污染小、速度快"等优势发挥出来。由于过去几十年资源的过度开发，海洋牧场多方利益主体可持续发展意识淡薄，海洋牧场运营经验不足，渔业科技技术较为落后，在自贸区背景下，我国海产品将越来越缺乏竞争力。

四、山东省海洋牧场高质量发展的对策

（一）借助自贸区建立的倒逼机制，助推海洋牧场转型升级

海洋牧场作为新型海洋渔业养殖体系，在我国渔业的现代化与可持续发展中起着决定性作用。作为我国海洋牧场数量最多的省份，山东省在我国海产品养殖、生产、出口等方面都起着举足轻重的作用。在自贸区零关税的贸易背景下，面对日益激烈的国际竞争，首先，要充分意识到自贸区所带来的经济效应，务必要对我国海产品质量进行严格把关、治理海洋生态环境、加快新技术的应用，对我国海洋牧场的各个生产环节进行严格管控，提升我国海产品的质量，确保我国海洋产品在符合国际市场标准的同时，打造具有中国特色的海洋牧场。其次，积极学习国际先进海洋牧场运营理念，切实改善养殖环境，提高养殖环境标准，使鱼群数量适应于海洋生态的承受范围。建

设达到或优于生态系统水平的现代化粮仓体系。特别是在生态化海洋牧场、深海养殖渔业区等建设中，秉持安全标准与生态技术双导向的开放观，实现我国海产品在国际高端市场全面突破（赵丽丽等，2017）。

（二）构建水产品安全监管体系，助力提升海洋牧场渔业产品质量

在我国渔业产品走向世界的背景下，我们迫切需要加强食品质量的监管力度。我国海洋产品长期面临着较大的安全问题，由于我国海产品生产主体数量众多，且分布在从城市到农村的全国各个地区，再加上部分基层机构的不作为等因素，导致水产品检查信息参差不齐且较为混乱，无法有效实现水产品质量检查全覆盖。生产条件落后、海洋环境污染严重、企业逃避监管等都导致海洋产品质量出现严重下滑。为此，山东省海洋牧场应充分借鉴学习日韩等国的海产品质量管理经验，借鉴世界成熟的安全追溯体系实施案例，完善海产品质量检测制度，确保海洋牧场产品的质量得到保证。此外，随着浅海区海产品资源的过度开发，为培育更加优良且独一无二的海洋产品品种，山东省海洋牧场应加快建设深海鱼类苗种繁育基地，提高我国海产品的竞争力。

（三）借鉴国外先进法律制度经验，奠定海洋牧场发展的法律基础

海洋牧场的可持续发展离不开完善的法律体系。建立配套法律，明确海洋牧场建设主体、经营主体及其在开发管理中相关的权利、责任和义务，才能确保各方利益。目前，山东省已经出台的海洋牧场相关规定主要有《山东省人工鱼礁管理办法》《海洋牧场建设规范》《山东省海洋牧场平台试点管理暂行办法》等。这些规定在实施中也起到了一定的效果，但内容还很不完备，仍然不能有效地缓解海洋牧场建设面临的法律问题，而与我国相邻的日本、韩国则有较为成熟的法律体系。在完善山东省海洋牧场建设的法律制度

方面，可以积极借鉴日本和韩国的先进法律制度。为防止海洋再次受到污染，为维持海洋生态系统的平衡、保护海洋的生物多样性，为防止在海洋牧场的建设、运营与维护中不法企业个体为图谋个人利益而做出有损于海洋牧场可持续发展的事，海洋渔业强国日本在"海洋牧场未来发展规划、牧场建设水域的开发与保护、海洋牧场的开工建设与后续的运营维护以及自然灾害赔偿"等海洋牧场运行中的诸多方面，制定了系统性的与海洋牧场相匹配的法律体系。

此外，与我国隔海相望的韩国也制定了很多相关的法律，包括《韩国海洋牧场事业的长期发展计划》《人工鱼礁设置及管理规定》《海洋牧场事业运营管理规定》《水产资源管理法》《养殖渔业育成法》《渔场管理法》《水产业法》《海洋污染防治法》《海岸带管理法》《海洋污染防治法》《海洋环境管理法》等。经过近几十年海上牧场运行实践的检验，日韩两国在海洋牧场领域均成绩显赫，获得了良好的经济效益与生态效益。因此，山东省海洋牧场应逐步完善海洋牧场领域的法律制度建设，事关未来海洋牧场的发展全局，法律制度是海洋牧场现代化发展的根本制度保障。

（四）制定渔业领域的"碳汇标准"，助力提高海洋牧场"碳汇效率"

山东省海洋牧场应充分了解海洋牧场内部及周边海域的生态状况，构建以"碳汇"为目标的养殖技术体系。在海洋牧场内部水域，积极投放一定数量的人工藻礁，形成自然海藻与人工藻礁并存的格局。在海洋牧场的外围水域，形成系统性的贝螺类生物养殖基地，并进一拓展贝类养殖区，建成贝螺类和藻类生物密集的海洋牧场示范区，实现贝类藻类生物在海洋生态系统中的套养，呈现多营养级养殖种类并存的形式，使其充分发挥海洋生物固碳、汇碳的功能，实现碳的汇集、存储和固定的系列化。

中国海洋碳汇市场目前仍处在起步状态。只有通过可量化和可标准化，海洋碳汇才有可能被引入碳市场。同时，还需要符合国际标准的方法来量化海洋碳汇能力，才能在全球碳市场进行交易。现有的碳监测方法主要是针对陆地生态系统,并不包括海洋或沿海湿地中储存的碳。中国境内的海洋碳汇形成过程以及发展机制仍未完全探明,相应的认证标准体系仍未建立。但是,国际机构及各国政府正在积极修订包括海洋碳汇在内的碳监测方法,并将其纳入政策框架。因此,山东省海洋牧场应尽快与世界各国达成有关"碳汇标准"的项目合作,在海洋"碳汇标准"方面达成一致。与此同时,我国应携手世界各国,尽快建立海洋"碳汇领域"的"蓝碳基金"。为此,可以在碳排放交易市场中试建立专门的"渔业碳汇"模拟交易中心,逐步推进"渔业碳汇"的市场化运行,进而在全国及全球范围内形成以"蓝碳基金"和生态补偿基金为核心的"渔业碳汇"市场及碳平衡交易制度,实现养殖"渔业碳汇"生态服务的有偿化,以便促进各国海洋牧场的升级转型,尽最大限度争取早日实现"碳中和"的战略目标。

五、总结与展望

面对海洋环境的不断恶化,我国近海海洋生物的种类与数量不断减少,我国正逐步加大海洋牧场的建设,实现了由传统渔业逐步向"海上粮仓"的转变。在取得了巨大成就的同时,我国海洋牧场也面临着许多新问题:海洋生态环境污染没能得到根本解决、海洋牧场相关技术落后于发达国家、牧场生产效率较低、海洋牧场管理机制混乱、各利益主体缺乏高效的沟通机制、牧场法制建设不完善、我国产品难以满足国际市场准入条件等。自贸区背景下,在我国海产品走出国门、走向世界的同时,山东省海洋牧场既迎来了难得一遇的发展契机,同时也面临着世界其他海洋发达国家带来的竞争压力。一方面,在加快海洋牧场建设的同时,要加强科技的研发,并将新技术用于海洋牧场的建设、运营中,积极推进海洋牧场领域相关立法以保障海洋牧场的开发按照有序的规则进行,积极学习国外先进的海洋牧场管理经验,充分整合海洋牧场各利益相关主体以便提高各主体的工作积极性。另一方面,在大力开展新时期"海上粮仓"建设的同时,我们也要把保护海洋生态环境作为海洋牧场建设中不可跨越的红线,因地制宜,控制鱼类养殖规模,做到渔业发展与海洋生态保护相结合。借助自贸区的东风,实现我国海洋牧场数量及质量上的飞跃,实现我国渔业的现代化转型升级,实现由海洋渔业大国向海洋渔业强国的转变。山东省要充分抓住自贸区建设的新一轮对外开放机会,在国家政策的有力支持下,进一步加强海洋牧场的建设,同时完善并继续出台有关规范海洋牧场建设、运营、发展转型的政策法规,结合山东沿海丰富的海洋资源以及将近20年的海洋牧场建设经验,创新牧场发展理念,由过去单独的渔业养殖向集渔业养殖、产品加工处理、休闲旅游度假、美食享受等于一体的海洋综合活动场所转变。做到海洋各产业的紧密结合、融合发展。此外,在未来我国逐步实现"碳达峰、碳中和"的大背景下,山东省海洋牧场规模和数量居全国首位,为提高渔业生态效率与促进生物固碳,"碳汇型"海洋牧场将会是山东省海洋牧场未来的主要发展方向之一,将在实现碳中和目标中扮演更加重要的角色,使山东海洋牧场成为我国海洋经济的一张名片,并走出具有中国特色的海洋牧场建设发展道路,为未来世界海洋牧场建设提供中国道路、中国智慧和中国方案。

参 考 文 献

[1] 郝有暖、田涛、杨军等:《我国经营性海洋牧场产业链延伸研究》,载于《海洋开发与管理》2019年第5期。

[2] 丁金强、王熙杰、孙利元等:《山东省海洋牧场建设探索与实践》,载于《中国水产》2020年第1期。

[3] 赵振营、孙利元、丁金强等:《山东海洋牧场平台发展现状及未来发展重点浅析》,载于《中国水产》2020年第9期。

[4] 翟方国、顾艳镇、李欣等:《山东省海洋牧场观测网的建设与发展》,载于《海洋科学》2020年第44期。

[5] 张樨樨、刘鹏等:《中国海洋牧场生态系统优化的政策仿真与模拟》,载于《中国人口·资源与环境》2019年第29期。

[6] 高玲、王朋才:《湾区经济背景下海洋牧场发展的现状和趋势》,载

于《中国集体经济》2020年第25期。

[7] 王爱香、王金环：《发展海洋牧场，构建"蓝色粮仓"》，载于《中国渔业经济》2013年第3期。

[8] 李靖宇：《以海洋强国为取向倾力推展重大战略工程》，载于《宏观经济》2014年第2期。

[9] 赵丽丽、戴桂林、肖怡：《自贸区效应下山东省渔业资源开发基准选择》，载于《中国人口·资源与环境》2017年第27期。

[10] 徐敬俊、覃恬恬、韩立民：《海洋"碳汇渔业"研究述评》，载于《资源科学》2018年第40期。

[11] 孙东洋、刘辉、张纪红、孙利元、王清、赵建民：《基于深度卷积神经网络的海洋牧场岩礁性生物图像分类》，载于海洋与湖沼2021年第52期。

[12] 丁德文、索安宁：《关于海洋人工生态系统理论范式的思考》，载于《海洋环境科学》2021年第40期。

[13] 牛敏、于会娟：《国外海洋牧场研究的热点与进展——基于CiteSpace可视化分析》，载于《海洋湖沼通报》2021年第43期。

[14] 刘伟峰、刘大海、管松、姜伟：《海洋牧场生态效益的内涵与提升路径》，载于《中国环境管理》2021年第13期。

[15] 杜元伟、孙浩然、王一凡、万骁乐：《海洋牧场生态安全监管的演化博弈模型及仿真》，载于《生态学报》2021年第41期。

[16] 岳奇、鄂俊、杜新远、胡恒：《我国北方典型海洋牧场综合效率评估初探》，载于《海洋湖沼通报》2020年第6期。

山东省涉海金融服务业发展现状、局限性与对策

▶ 刘丹丹[*]

摘要： 打造现代海洋服务业发展先行区，构建银行业、证券业、保险业支持海洋高技术产业发展的金融体系，优化金融生态环境，成为加快建设海洋强国、增强金融服务实体经济能力的重要途径。基于自贸区建设背景，山东省涉海金融服务不断创新贷款模式、创新金融机构及融资平台、拓宽融资渠道、创新风险管理方式，但仍存在以下制约涉海金融服务业高质量发展的因素：金融生态不优，政策体系不配套；信贷主体单一，服务创新不足；专业金融机构不足，服务效率低下；融资渠道狭窄，成本较高；海洋保险滞后，风险难以规避；海洋产业效率较低，发展不均。鉴于此，促进山东省涉海金融服务业高质量发展的对策为：创新涉海金融服务业对海洋经济的支持手段；发挥政府引导作用，提供金融政策优惠，增加财政支持力度；吸引、培养专业型人才，建立专业型金融机构。

关键词： 自贸试验区　涉海金融服务业　海洋保险　融资渠道

一、山东省涉海金融服务业概况

海洋经济是指，围绕海洋资源而展开的各种经济活动的总称，包括海洋渔业、海洋交通运输业、海洋船舶工业、滨海旅游业、临海重化工等产业。2003年5月，国务院发布的《全国海洋经济发展规划纲要》给出定义：海洋经济是开发利用海洋的各类产业及相关经济活动的总和。而以海洋经济为服务对象而展开的资金筹集、资金配置等相关金融活动的产业被称为涉海金融

---

[*] 刘丹丹，山东大学自贸区研究院研究员。

服务业。涉海金融又称为"海洋金融""蓝色金融",起源于"蓝色经济"一词,最早出现在1999年的澳大利亚,2009年美国海洋大气局科学家正式向美国总统提出了"Blue Economy",即蓝色经济这个概念。国内很多学者从不同方面对蓝色经济进行了研究和界定。姜旭朝等(2010)在《蓝色经济研究动态》一文中对蓝色经济发展的思想由来及国内外对蓝色经济的各种定义进行了梳理;殷克东等(2010)认为,蓝色经济是以蓝色理念为基础的,以依托海洋、海陆统筹、高端产业聚集、生态文明、科技先导为基本特征的,强调人、海洋、经济和社会和谐发展的新型经济形态或新型经济社会发展模式。

从狭义上来看,能够为海洋经济提供必要的融资及资金支持的所有经济金融活动总和即为涉海金融,比如海洋渔业信贷服务。而从广义上来看,涉海金融在提供必要的投融资服务的基础上,此理念实际还包含了基金、证券、保险和海洋保护区的可持续性融资以及地区间的金融合作等各方面。它是金融服务在海洋经济领域的延伸,是一种开放的金融体系(赵昕、刘鹏飞,2015),其包含多元化的融资性金融工具及融资渠道,能够提供从投融资、风控到保险等各方面的金融服务。在海洋经济政策的引导下,涉海金融能够满足海洋经济发展的资金需求,实现涉海资金的优化配置,优化海洋产业结构,并促进海洋经济朝着高附加值、绿色环保、可持续的方向发展。

在产业结构方面,涉海金融服务业包括银行、保险、证券、基金、信托、融资租赁等多类金融机构。这意味着,该产业不仅可以通过融通资金、传递信息、提供流动性支持等提高海洋资源配置效率,还可以通过大数定律、提供专业化服务和套期保值来有效地分散和降低海洋经济风险(郭莎莎、刍议,2012),进而降低海洋经济的生产和交易成本、提高生产或消费效率。

(一)山东省涉海金融服务业发展背景

1. 国家指导海洋金融服务业发展

为加快建设海洋强国、增强金融服务实体经济的能力,2018年1月15日,人民银行、国家海洋局、国家发改委等八部门颁布了《关于改进和加强海洋经济发展金融服务的指导意见》，该文件是国家首个金融支持和服务海洋经济发展的综合性、纲领性文件。在金融服务业方面，为推动海洋经济高质量发展，该文件明确了银行、证券、保险等领域的支持重点和方向。

其中，涉及银行信贷服务的政策主要有鼓励银行业金融机构设立海洋经济金融服务事业部，组建海洋方面的特色专营机构，提升对海洋经济重点地区小微企业的金融服务能力；鼓励开展海域、无居民海岛使用权抵押贷款业务；鼓励采取银团贷款、组合贷款、联合授信等模式，支持海洋基础设施建设和重大项目，积极开展产业链融资；鼓励优化信贷投向和结构，有扶有控，重点支持有核心竞争力的制造企业、新兴产业，促进海洋科技成果转化；银行业金融机构应切实防控化解海洋领域信贷风险；加强涉海企业环境和社会风险审查，对涉及重大环境社会风险的授信，依法依规披露相关信息。

涉及证券的政策主要有股权和债权两个方面。股权融资方面，积极支持优质、成熟涉海企业在主板市场上市，探索建立海洋部门与证券监管部门的项目信息合作机制。在债权融资方面，支持成熟期优质涉海企业发行企业债、公司债、非金融企业债务融资工具；鼓励中小涉海企业发行中小企业集合票据、集合债券，支持符合条件的涉海企业发行创新创业公司债券；对运作成熟、现金流稳定的海洋项目，探索发行资产支持证券；加大绿色债券的推广运用。

涉及保险的政策主要有：鼓励有条件的地方对海洋渔业保险给予补贴，规范发展渔业互助保险，探索建立海洋巨灾保险和再保险机制；加快发展航运保险、滨海旅游特色保险、海洋环境责任险、涉海企业贷款保证保险等；推广短期贸易险、海外投资保险，扩大出口信用保险在海洋领域的覆盖范围；鼓励保险公司设立专业保险资产管理机构，加大对海洋产业的投资。

在多元化融资渠道、投融资服务体系、政策保障方面，涉及的政策分别有设立专门的金融租赁公司、创新涉海套期保值金融工具、规范推广政府和社会资本合作（PPP）模式、积极发展基金会的作用；搭建海洋产业投融资公共服务平台、建立健全海洋产权抵质押登记制度；加大信贷政策落实力度、对海洋经济示范区建设的支持力度、加强金融、产业等政策协调配合等。

2. 山东省政府规划涉海金融服务业发展

2018年7月11日，山东省海洋局对应《关于改进和加强海洋经济发展金融服务的指导意见》提出的要求，结合当地实际，发布《山东省"十三五"海洋经济发展规划》，制定山东金融服务海洋经济发展的具体措施。

该发展规划第五点"加快构建现代海洋产业新体系"的第四条提出打造现代海洋服务业发展先行区，构建银行业、证券业、保险业支持海洋高技术产业发展的金融体系，优化金融生态环境。支持城市商业银行引进战略投资者，组建服务海洋经济发展的大型金融集团，设立专门服务海洋经济的分支机构或子公司；加强与国内外金融机构的业务协作和股权合作，大力引进国内外金融企业设立地区总部和功能机构；加快制定配套政策，支持金融机构开发涉海金融产品；积极推进资本市场发展，加速产业资本化、资产证券化，着力构建支持海洋高技术产业发展的股权投资基金体系，支持烟台海洋产权交易中心做大做强，支持威海建设大宗海洋商品交易市场；进一步加强和完善保险服务，引导保险企业开发涉海保险产品，探索建立海洋高技术产业贷款风险补偿机制，大力发展科技保险，促进海洋科技成果转化。

（二）山东省涉海金融服务应当开展的业务内容

山东自贸区建设背景下涉海金融服务主要开展的业务内容应包括以下几个方面。

1. 创新贷款模式

在海洋经济产业中，可作为抵押品来实现间接融资的品类较少，主要存在海产品、船舶等动产，存在不易储存、流动性较差等问题，风险较高，因而抵押率较低，这意味着海洋经济产业的巨额资金需求在信贷市场难以满足。因而，在该状况下需要对贷款的模式进行创新，主要包括抵押物品创新及担保方式创新两方面。

针对海洋经济产业理想化抵押物品缺少的问题，要积极发展涉海经济的特色抵押物。首先，针对涉海经济产业中海域使用权、捕捞权等特色资源，积极开展物权抵押贷款，如烟台市某大型银行将抵押用海的品种类型由养殖用海扩大到盐田用海，进一步扩大了海域使用权抵押贷款业务的发展（刘相兵，2017）。其次，着力开展土地抵押贷款，在开展常规土地抵押贷款的基础上，推进滩涂、海岛等土地抵押贷款的发展（李露，2014）。同时，促进包括商标权、专利权在内的相关知识产权抵押的新型抵押贷款业务的发展，设立省级海洋知识产权质押融资风险补偿基金，用于建立海洋科技成果转化贷款的风险补偿机制，引导合作金融机构加大对海洋科技成果转化项目的信贷支持力度。此外，积极探索新型担保方式。开展"公司+农户"模式，由产业中的龙头企业为农户的贷款提供担保，提高对农户授信额度，以解决散户合规抵押物缺少、抵押率偏低等问题。同时，积极探索其他模式，如日照银行采用了"渔业协会出资、商业银行配套贷款"的信贷模式，开展"惠渔通"船东小额贷款业务试点，采取"省渔业互保协会出资、商业银行按照1∶1的比例出配套资金"的模式发放贷款。

2. 创新金融机构及融资平台

海洋经济产业所需资金投入量较大，投入周期较长，不确定性因素较多。因此，针对其产业特点，应建立具有针对性风险承担能力及意愿较强的金融机构或融资平台。一方面，可建立如天津渤海银行、上海浦东银行的区域性专业银行，以专门为海洋经济产区的重点项目、重点创新型企业提供投融资等专业化的金融服务。其初始注册资金可由政府与社会资金共同构成，在此基础上，积极寻求政策支持，在条件成熟的情况下，寻求上市机会，改制重组为股份制银行，以吸收更多的社会资金及民间资本。进一步，可融合更多业务模式，形成兼银行、保险、基金、信托、融资租赁等多种业务为一体的金融集团，为海洋经济产业提供全方位有力的支持。另一方面，应由政府牵头，组建产业投资基金，专门用于扶持海洋战略型新型产业、支持海洋经济领域优质企业的发展及大型项目的建设，并促进高新技术成果的转化（张志元等，2013）。同时，在产业投资基金的支持下期望推动优质企业的上市以满足其融资需求。

3. 拓宽融资渠道，发挥各类金融机构的优势，增强各类金融机构的参与度

从海洋经济产业所存在的风险角度来说，一方面，由于自身特殊的产业性质，其经济状况极容易受到自然灾害，尤其是频繁海洋灾害的影响；另一方面，由于海洋经济产业中多为外向型企业，产业状况随汇率、国际大宗商品价格的变化而变化。这两方面使得海洋经济波动较大，存在较大的风险。从银行角度来说，涉海金融业务起步较晚，缺乏成熟的运作经验及完善的风险管理体制。从所描述的两个角度来说，海洋经济存在的巨大风险，而银行的自身性质要求其资金匹配到相对稳健型项目，这使得银行难以对海洋经济产业提供与其需求对等的资金规模。因此，应大力发挥证券、基金、金融租赁等各金融机构的优势，推进资产证券化、企业债券发行、私募股权、产业投资基金、融资租赁等业务在该领域的发展，拓宽海洋经济产业融资渠道。

4. 创新风险管理方式

创新风险管理方式包括创新风险管理工具及高端金融人才培养、引进计划两个方面。首先，海洋经济产业的风险具有集中性、不可控性，因而对保险具有巨大的需求。但目前的保险品种及数量存在明显的供给不足，且海洋保险险种主要集中在船舶保险、货物运输保险和海洋渔业从业人员人身保险等品种上，专门针对海洋经济的政策性保险和商业保险产品还不够丰富，覆盖面也不够宽，风险补偿不充分。针对此现状，政府应当推出相应的政策性保险产品，转移部分风险同时提高海洋经济产业信贷融资信用等级。同时，鼓励商业保险机构考虑产业特点的情况下积极探索新的具有针对性的保险品种，如科技创新保险和新产品责任保险、新兴海洋产业的企业财产保险、环境污染责任保险、涉海工程保险等。其次，培养或引进的高端金融人才根据其所学到的风险管理知识或海外的实操经验，可在一定程度上降低或防范风险，因而当地政府应着力实施人才培养或引进计划。具体实施方面，政府可与国内外知名高校合作，签订人才培养计划，毕业可直接引进产区，同时为吸引并留住人才，应积极从现金补贴、税收优惠、提供住房、解决子女教育

问题等方面着手，为金融人才解决后顾之忧。

二、山东省涉海金融服务业的发展现状

（一）山东省涉海金融服务业的发展现状

1. 济南片区

山东海洋集团有限公司总部坐落在济南市，是经山东省人民政府批准设立，以海洋产业为核心主业的省属大型国有企业，目前拥有7家一级权属企业和1支国家级产业投资基金。该集团控股设立的山东海洋金融控股有限公司（以下简称"山东海洋金控"），专门负责涉海金融服务产业领域。其经营范围包括：以自有资金对外投资；代理其他投资企业等机构或个人的投资业务；投资咨询；参与设立投资企业与投资管理顾问机构。其业务范围涵盖融资租赁、小额贷款、人才基金、创业投资、资产经营、融资担保、金融服务等多个领域。

山东海洋金控自成立以来，整合融资租赁、小额贷款、资产管理、创业投资等业务，努力打造蓝色属性鲜明的综合金融服务商，以资源整合为手段，以中小微企业为目标客户，积极打造"投、贷、保、租"四位一体的综合服务链条，建立具有稳定客户群、持久现金流和合理资产配置的金融服务体系。在推动外资金融机构集聚上，济南自贸片区积极争取国家金融开放政策率先在片区落地实施，取消银行等外资持股比例限制，积极吸引知名国际金融机构总部、区域总部或功能总部等落户，加快形成国际优质金融资源集聚态势，为涉海企业提供资金支持。

2. 烟台片区

自贸区烟台片区支持外资大型企业、金融机构设立小额贷款公司、民间

融资机构等地方金融组织，依托烟台资本市场服务基地，深化与上交所、深交所等境内外资本市场的战略合作，打造资本市场综合服务平台。简化金融领域政务服务流程；围绕片区内科技企业和战略性新兴产业开展创新知识产权保险产品，支持片区内各类金融机构提供涉海金融服务，服务海洋经济重点产业整合并购升级和新型产业的培育发展。

2020年7月3日，山东银保监局颁布的《山东银保监局关于在山东（济南、烟台）自由贸易试验区复制推广有关监管政策推动区内金融创新服务实体经济发展的通知》中，第十九条提出鼓励探索发展涉海金融服务。支持区内有条件的银行保险机构尤其是烟台片区机构，结合区域经济特点探索创新和提供各类涉海金融服务，支持海洋渔业、船舶制造、航运业发展。

在涉海特色金融机构方面，2020年8月11日，恒丰银行烟台海洋产业特色支行挂牌，是烟台片区内首个涉海经济特色金融机构。特色支行主动探索对自贸区金融支持的新路径，着力聚焦新旧动能转换、海洋强省、跨境金融服务、自贸区建设等方面工作，打造自贸区一站式金融服务。该支行成立后，将充分结合烟台自由贸易试验区的开放与优惠政策特点，从结算支付、贸易融资、现金与财富管理、跨境投融资、供应链金融、经略海洋战略等多维度向客户提供便利、高效、综合、创新的综合金融服务方案，满足自贸区内客户多样化金融需求，打造海洋金融服务名片。在该支行的筹备期间，已经同烟台经海海洋渔业有限公司、烟台中集蓝海洋科技有限公司、山东现代海洋渔业有限公司等涉海企业开展了密切的业务合作，包括现代海洋、海洋装备制造、海洋生物制药、海洋牧场等方面。截至2020年7月，分行涉海授信累计达100亿元。①

3. 青岛片区

青岛市涉海金融服务业具有良好的实践基础。

首先，国家高度重视青岛海洋经济发展。2014年6月3日，国务院批复设立青岛西海岸新区，新区以海洋经济发展为主题，全面实施海洋战略、发

---

① 《它来了它来了，它踏着浪花走来了！烟台自贸区首家海洋产业特色支行踏浪而来》，中国山东网，http://yantai.sdchina.com/show/4543762.html。

展海洋经济，为促进东部沿海地区经济率先转型发展、建设海洋强国发挥积极作用。2014年6月13日，国家发改委公布《青岛西海岸新区总体方案》，提出将壮大发展涉海金融服务业，探索设立民营银行。具体内容包括扩大涉外金融业务，争取开展航运金融业务试点，发展航运保险、资金结算和航运价格衍生产品；发展多种形式的金融机构和组织，研究探索由民间资本发起设立自担风险的民营银行等。

其次，山东省、青岛市先后印发了《山东海洋强省建设行动方案》和《青岛市新旧动能转换"海洋攻势"作战方案（2019－2022年）》，推动海洋强省建设和海洋经济高质量发展。基于此，青岛市初步搭建了金融支持海洋经济的政策体系。2019年，人民银行青岛中心支行等8部门联合印发《关于深入推进金融服务海洋经济高质量发展的意见》，初步形成金融、财政和产业等支持海洋经济发展的政策体系。具体来讲，山东自贸试验区青岛片区开展多举措促进金融创新服务实体经济，包括鼓励金融机构在区内设立海洋经济金融服务事业部、业务部或专营机构；加大对海洋经济的资金支持，鼓励银行业金融机构对海洋类客户制定差异化信贷管理政策，优化信贷审批条件，加大对现代海洋业信贷投放力度；鼓励创新金融产品和服务方式，优化涉海金融产品服务流程，针对海洋经济业务投入较大、周期较长的特点开发更贴合的特色产品，降低企业融资难度；推动涉海企业上市和发行债券融资，发展海洋产业基金，加大资本市场支持海洋经济发展力度等。

再次，青岛市金融机构服务海洋经济实践经验丰富。在银行信贷方面，全国大多数银行此前并没有设立专门的海洋金融服务机构。但是，早在2015年，全国首家海洋金融专营机构浦发银行蓝色经济金融服务中心就落地青岛。为支持青岛市"海洋攻势"，青岛银行先后制订了《青岛银行助力青岛海洋经济高质量发展综合金融服务方案》和《青岛银行经略海洋综合金融服务方案》，加大对海洋经济领域信贷支持力度，强化海洋特色产品创新等。中国银行创新担保方式推出"中银海权通宝"特色产品，支持涉海中小企业发展。浦发银行创设"货代通""海洋补贴贷""海域使用权融资"等专属产品，打造涉海科技型企业融资产品体系。此外，青岛国际海洋产权交易中心股份有限公司是山东省首家挂牌营业的涉蓝产权交易平台，在海域使用权招拍挂、海域使用权抵押、海域评估、测绘、涉海大宗商品交易等业务领域进行了有益的实践。①

最后,青岛市海洋发展局为支持海洋经济,与金融机构达成战略合作。2020年8月,市海洋发展局与中国农业银行青岛市分行签署战略合作协议,双方达成300亿元的意向性信用额度,并且在供应链金融服务、现金管理与支付结算、财务顾问服务、跨境金融、资产管理等方面达成全面合作意向。近一年来,这种合作正在取得看得见、摸得着的成效:"海大生物产业园暨中国海洋大学海洋生物产业化基地"项目为市重点建设项目,该项目主要通过提取浒苔中的有效成分,制造海洋生物杀菌剂和无抗饲料添加剂。根据项目资金需求情况,农行青岛分行为企业审批贷款1.7亿元,助力提升海洋生物资源高值化开发能力;为践行面向"三农"、服务城乡的使命,农行青岛分行对从事远洋捕捞的青岛泰达远洋渔业等众多小型涉海企业发放普惠贷款,执行优惠利率,有效解决了海洋民营及小微企业的资金需求;加大产品创新力度,拓宽涉海企业融资渠道,农行青岛分行联动农银国际,作为联席全球协调人,为山东海运成功增发并投资境外美元债。总体来看,农行青岛分行贷款投向涉及青岛船舶与海工装备制造企业、海洋生物制品企业,以及大量的小微型海洋渔业、水产品加工等企业,几乎涵盖海洋经济的各个行业、领域。截至2021年5月末,共支持涉海企业270余户,提供信贷支持173亿元。

2020年,兴业银行青岛分行与青岛市海洋发展局签署战略合作协议,双方将共同助推青岛市海洋经济迈向更高质量发展。作为绿色金融领域的先行者,兴业银行青岛分行在青岛成立了海洋产业金融中心,成立了绿色金融部,探索蓝色海洋与绿色金融融合发展的模式。截至2021年5月底,海洋客户整体规模突破220户,融资支持超140亿元。此外,兴业银行青岛分行为青岛海水淡化项目成功发行蓝色债券,为国内外机构探索蓝色债券标准提供了借鉴和参考。

金融支持海洋经济,青岛一直在不断探索。市海洋发展局已与工商银行、

---

① 郭少泉:《发展蓝色金融 助力"海洋攻势"》,载于《青岛日报》2020年10月24日。

农业银行、兴业银行、青岛银行、蓝海股权交易中心等8家金融机构达成战略合作共识，其中仅工商银行和农业银行就计划在5年内提供至少600亿元的意向性金融资产支持额度，用于支持青岛的涉海融资需求。

面向未来，青岛加快组建蓝色金融研究院，对海洋产业政策、法律法规、海洋金融产品和服务模式创新等进行研究和实践探索，打造国内知名的海洋投融资服务平台，增强金融服务海洋实体经济的能力。[1]

（二）山东省涉海金融服务业具体发展情况

1. 金融机构的规模

在银行业方面，截至2019年，过去的十年之间，山东省大型商业银行、国家开发银行及政策性银行、农村合作机构的数量并未发生较大变化，分别维持在4400家、128家、5100家水平；外资银行增长比例相对较大，2010年时已有27家，但至2019年，其绝对规模水平仅仅增长至逾40家；而在这十年之间，股份制商业银行[2]和城市商业银行却得到了极大规模的发展，其中，股份制商业银行以12.31%的年平均增长速度从2010年的361家增长至2019年的1026家，绝对增长数额为665家，是2010年的1.84倍，城市商业银行以年均9.68%的增长率从2010年的597家增至2019年的1371家，绝对增长额更是达到了774。[3]

在证券业方面，总部设在山东省辖区内的证券公司、基金公司以及期货公司数量常年稳定，但是年末上市公司数量却得到了迅速增长。随着2011年《山东半岛蓝色经济区发展规划》的出台，2011年上市公司数量相比上年增长21家，增幅高达16.94%，至2017年，国家发展改革委、国家海洋局发布

---

[1] 《青岛升级蓝色金融发力海洋经济》，青岛市海洋发展局网，http://ocean.qingdao.gov.cn/n12479801/n31588794/210615141353897517.html。
[2] 股份制商业银行：包括中信银行、中国光大银行、华夏银行、广东发展银行、深圳发展银行、招商银行、上海浦东发展银行、兴业银行、中国民生银行、恒丰银行、浙商银行和渤海银行。
[3] 《中国区域金融运行报告》，中国人民银行网，http://www.pbc.gov.cn/zhengcehuobisi/125207/125227/125960/126049/index.html。

了《全国海洋经济发展"十三五"规划》,上市公司数量相较于2015年增加了31家,达到了173家,但在随后的两年内逐渐停滞发展。2019年8月底,山东自贸区的建立打破了僵局,2019年底,上市公司数量超过200家,较上年增长50家①;截至2020年底,新增上市公司29家,全省境内上市公司总数为229家,总市值达3.24万亿元。

在保险业方面,总部设在山东省内的保险公司数量逐步上升,尽管2010年仅有一家,但随着山东省涉海金融的发展,2019年末,保险公司数量已经增至5家。另外,保险公司的分支机构在2010～2019年从原来的59家增长至83家,增幅高达40.68%。②

2020年3月12日,在烟台片区举行了自由贸易试验区金融机构集中签约、入驻仪式,截至2020年4月3日,区内已设立7家自贸区银行专营机构,区内金融机构数量达到121家,设立各类基金179支,规模1385亿元。③

2. 涉海金融服务的发展

(1) 银行信贷。2010年,山东省本外币存款余额为41653.7亿元,年末本外币贷款余额32536.3亿元,其中住户贷款余额为7327.1亿元,占比22.52%,小型企业贷款余额3505.8亿元,占比10.78%。到了2019年末,山东省银行业本外币存款余额已超十万亿,达到了104738.9亿元,绝对值增加63085.2亿元,年均涨幅高达10.79%。年末本外币贷款余额为86352.6亿元,相较2010年上涨比例为165.32%,小型企业贷款余额为16174.6亿元,年均涨幅更是突破了15%,达到了18.52%。截至2020年11月末,全省本外币存款余额为117959.9亿元,余额同比增长13.5%,分别比上年同期和上年末高4.7和4.8个百分点。全省本外币贷款余额为97673.6亿元,余额同比增长13.3%,比上年同期和上年末均高2.4个百分点。④

2020年山东省农村信用社联合社创新推出的海洋牧场财补项目贷款被评

①② 《中国区域金融运行报告》,中国人民银行网,http://www.pbc.gov.cn/zhengcehuobisi/125207/125227/125960/126049/index.html。
③ 《烟台市全力推进自贸区金融创新》,山东省地方金融监督管理局网,http://dfjrjgj.shandong.gov.cn/articles/ch02926/202004/0d4d74d3-48a1-45de-9fff-7d7ecf7800b6.shtml。
④ 《山东统计年鉴2020》。

为2019年度全省新旧动能转换优秀金融产品之一。2020年1季度末，全省现代海洋产业贷款余额为1905亿元，较年初增加171.4亿元，同比多增103.6亿元。① 此外，烟台自贸区推出"小微企业信用保证基金"，截至2020年4月，已有11家银行、1家融资担保公司参与"信保贷"业务，已有5户中小企业通过"信保贷"信用贷款1650万元，其中4户企业属于"首贷"。②

（2）股权债权融资。根据山东省证监局以及中国人民银行济南分行相关数据，2019年，当年国内股票（A股）筹资262亿元，当年发行H股筹资7亿元，当年国内债券筹资5300亿元，为过去十年之最。其中，中期票据筹资额为992亿元，亦为十年之最，短期融资债券筹资额1843亿元，虽较之于上一年有所萎缩，但纵观过去，仍处于极高水平。2020年全年企业债券融资达3520.3亿元，政府债券融资达3466.4亿元，均达到2019年的1.9倍，创下历史新高。企业债券和政府债券融资合计占社会融资规模增量的36.4%，比2019年大幅提高了8.9个百分点。

在自贸区建设背景下，农村信用社于2020年一季度末前，共支持3家涉海企业发行各类债务融资工具14单，融资102.5亿元；建设自贸区的一周内，中国银行山东分行便为自贸区客户山东高速成功发行10亿元超短期融资券。③ 山东海洋金融控股有限公司作为综合性涉海金融服务机构，长城证券作为综合类证券公司，二者已于2020年8月达成全方位合作，共同推进涉海涉蓝产业发展，将由长城证券发行50亿元项目收益债，为包括"蓝鲲号"在内的重点涉蓝、涉海项目提供融资服务。

（3）保险保障。自2010年以来，山东省保险业取得了较大发展。2010年末保费收入为1030.1亿元，其中财产险保费收入为297.4亿元，占比28.87%，船舶险保费收入为35436万元，在全年保费收入中占比仅为0.34%，不足0.5%。各项赔款与给付为228.6亿元，其中船舶险赔款支出为

---

① 《山东新旧动能转换融资增速加快 一季度增量超上年全年》，中国人民银行济南分行网，http：//jinan.pbc.gov.cn/jinan/2926820/4015649/index.html.
② 《烟台市全力推进自贸区金融创新》，山东省地方金融监督管理局网，http：//dfjrjgj.shandong.gov.cn/articles/ch02926/202004/0d4d74d3-48a1-45de-9fff-7d7ecf7800b6.shtml.
③ 《主动担当 全力支持自贸区建设——中行山东省分行倾力做好山东自贸区金融服务侧记》，中国人民银行济南分行网，http：//jinan.pbc.gov.cn/jinan/120965/3884280/index.html.

23284万元，占比1.02%。2019年，保费收入上升至3238.9亿元，涨幅高达214.43%，同比增长9.43%，其中财产险保费收入为790.8亿元，是2010年的2.66倍。截至2020年12月末，全省实现原保险保费收入3482.49亿元，居全国第3位，同比增长7.52%。其中，财产险保费收入为929.17亿元。截至2019年末，船舶险保费收入和船舶险赔款支出并未出现较大增长，甚至出现减少的趋势。另外，值得注意的是，保险密度和保险深度呈逐年上升的趋势，而且增幅极为可观。十年之前，保险密度处于1000元/人左右的水平，保险深度为2.6%，但到了2019年末，保险密度就达到了3223.7元/人，同比增长9.43%，保险深度也增长至4.6%，同比增长15%。[①]。截至2020年末，山东省保险深度为4.8%，保险密度为3480元/人。

华海财产保险股份有限公司作为全国首家以海洋保险和互联网保险为特色的全国性、综合型财产保险公司，2019年末保费收入就高达2.14亿元，2020年1~4月实现保费收入5.43亿元。该公司积极开展各种涉海保险业务，就船舶险而言，主险就有9种，而附加险更是高达36种。[②] 山东省渔业互助保险协会从自贸区建立以来至2020年6月30日，九个月的时间内，共完成船险理赔517单，赔款金额达1235.74万元。[③]。

（4）结算业务。自贸区建设的一周之内，即截至2019年9月3日，中行山东省分行就办理国际结算业务142笔，金额920万美元；办理即远期结售汇业务510笔，金额760万美元，值得一提的是，跨境金融是中国银行的特色优势，截至2019年7月末，中行山东省分行为超过1.3万户客户提供国际结算服务，完成国际收支量316亿美元，跨境人民币结算量357亿元，市场份额保持同业第一。[④] 另外，恒丰银行烟台分行于9月5日之内就已经为自贸区企业客户完成跨境结算12笔，金额248万美元。同样，2019年10月24日，自贸区烟台片区挂牌一个多月以来，中国农业银行山东省分行作为首批

---

① 《山东统计年鉴2020》。
② 《走进华海 业务发展》，华海财产保险股份有限公司网，http：//www.cnoic.com/zjhhywfz/index.jhtml。
③ 《2020年船险理赔》，山东省渔业互助保险协会网，http：//www.sdfmi.com/index.php?m=content&c=index&a=show&catid=62&id=4。
④ 《主动担当 全力支持自贸区建设——中行山东省分行倾力做好山东自贸区金融服务侧记》，中国人民银行济南分行网，http：//jinan.pbc.gov.cn/jinan/120965/3884280/index.html。

片区重点项目合作银行,通过境内外联动作业、多级行协同配合,累计为烟台片区办理国际结算5.3亿元。①

(5) 衍生品交易业务。为做好自贸区金融服务,中国银行济南分行在自贸区成立自贸服务专业机构,为自贸区客户提供综合性金融服务。截至2019年10月初,中国银行济南分行累计办理国际汇款7042万美元,叙做即期结售汇6800万美元,落地期权7000万美元,发放流动资金贷款同时办理LPR利率掉期业务5亿元。②

(6) 金融创新。人民银行方面,中国人民银行荣成市支行主动联合政府职能部门,在原有动产质押监管业务基础上,引入政策性融资担保公司增信,创新"动产质押+政策性担保增信"融资模式,引导银行业机构、威海国际海洋商品交易中心、荣成安信融资担保公司加强规范化、模块化合作,对辖区海产品加工中小微企业发放"动产质押+政策性担保增信"系列授信产品,有效满足了海产品加工企业旺季流动资金需求,并破解了海洋渔业企业产品抵押难的问题。据统计,按目前银行认可的50%质押率可获银行授信额度达25亿元,带动新增就业岗位3万余个。③

城市商业银行方面,在自贸区建设背景下,2019年末,青岛银行为青岛片区内企业办理了全国首笔中国—新加坡货币互换项下新元融资业务,融资成本比传统商业贷款降低2个百分点。日照银行作为试点机构,与市相关部门合力推动知识产权质押融资业务。其各分支机构根据客户信息名单,积极开展走访问需,根据企业资产、经营等情况,一对一制定融资服务方案,截至2020年6月底,已走访科技型企业50多家,业务储备4户,意向贷款金额3000万元,粗略估算,通过补贴政策可为企业降低财务成本200万元。此外,日照银行成功开立全省首笔区块链进口信用证,有效提升了信用证的安全性和业务效率;落地全省城商行首笔人民银行中征应收账款线上反保理业

---

① 《中国农业银行山东省分行积极对接山东自贸区烟台片区金融服务》,山东省地方金融监督管理局网,http://dfjrjgj.shandong.gov.cn/articles/ch02925/201910/41e0ae76-44b3-435e-9ff2-df8e5c69e89e.shtml。
② 《济南中行积极服务自贸区建设》,山东省地方金融监督管理局网,http://dfjrjgj.shandong.gov.cn/articles/ch02925/201910/dde2cde2-fcf7-47b3-a621-f8be383f5fb6.shtml。
③ 《人民银行荣成支行创新"动产质押+政策性担保增信"融资模式破解海洋渔业企业产品抵押难题》,中国人民银行济南分行网,http://jinan.pbc.gov.cn/jinan/2926820/3889644/index.html。

务，大幅提升了小微企业银行融资的可得性与时效性。①

另外，2019年9月，由威海国际海洋商品交易中心与荣成市安信融资担保有限公司及日照银行联合打造的"银渔通"首单1000万元融资业务成功落地。该笔业务是由日照银行对荣成市明源水产食品有限公司进行融资业务授信，以鱿鱼为质押，安信担保为明源水产提供担保，并委托海商中心监管质押货物。②

三、山东省涉海金融服务业发展存在的局限性与原因分析

（一）金融生态不优，政策体系不配套

近年来我国对金融支持海洋经济发展的重视程度不断加深，值得一提的是，在2018年1月15日，人民银行、国家海洋局、国家发改委等八部门发布的《关于改进和加强海洋经济发展金融服务的指导意见》中首次对金融支持和服务海洋经济发展提出了一系列方案，这从另一个侧面也反映了之前我国对于发展海洋经济、建设海洋强国、增强金融服务实体经济方面的政策、法律法规比较少，针对涉海金融服务业出台的政策以及法律法规也比较零散。而如今虽然有相关的综合性、纲领性文件提出，但是想要达到最佳的金融生态环境还远远不够，我们仍然需要在不断地提出想法、检验成效中"改错"，去寻找最佳最匹配的政策体系。

而且，由于发展海洋经济所需的资金有一定的特殊性，针对海洋产业的信贷政策与提供信贷机构的经营策略偏差大。目前涉海产业中大型企业比重

---

① 《日照银行试点推动知识产权质押融资业务》，中国人民银行济南分行网，http：//jinan.pbc.gov.cn/jinan/120965/4048101/index.html。
② 《威海海商"银渔通"首单融资业务成功落地》，山东省地方金融监督管理局网，http://dfjrjg.shandong.gov.cn/articles/ch02926/201909/9d4ea5e1-a409-4abe-ba45-cd7747934543.shtml。

小，更多的是中小企业和注重科技发展的高新企业，面临的潜在收益和风险都更加具有不确定性。我国涉海专业金融机构发展不成熟，无法有效解决海洋产业与金融体系的信息不对称问题。而在中国特色社会主义市场经济体制下，基于市场化条件，金融机构遵循"审慎经营、风险规避"的经营原则，而海洋产业资金需求大、周期长、风险高等特点与此相背，再加上生态环境效益外溢性和社会公益性的不匹配，现行较为成熟的陆地金融制度体系无法与海洋经济较好融合，导致涉海企业并不能获得有利的发展环境。另外，在全球经济态势不乐观的大背景下，开放性、国际环境敏感型的涉海企业也无从幸免，尤其是国际贸易量的持续下降，涉海企业出口量减少，发展陷入困境；同时企业劳动力成本的提高又进一步给涉海企业的发展带来压力，多数促进经济繁荣的政策主要面向的受益群体是国家大中型工业企业，对于涉海企业的关注不够。以上一系列原因导致现有的政策体系与涉海产业的发展不配套。所以单靠金融政策发挥作用远远不够，还需要政府的财政政策、税收政策加以配合才可以。

虽然现在针对区域海洋经济发展的规划、相关政策已经考虑到并且重视强调金融要素的作用，但是国家宏观大环境下针对涉海金融服务业发展的生态环境还没有达到最优状态，没有系统的政策思路、政策和制度的约束等导致现行金融政策体系难以适应海洋经济的发展，产品结构单一，没有系统的健全的涉海金融服务业运营机制，缺乏支持其发展的政策性金融机构等，由此一定程度上阻碍了此行业的发展。

（二）信贷主体单一，服务创新不足

与陆地上的产业相比而言，涉海产业的自然灾害风险更大，发展过程中面临的风险不确定性和潜在收益也更大。目前来看，为海洋主导产业的发展提供信贷供给的主要是银行机构，证券、保险等其他非银行金融机构很少涉足，从近年来国家发布的相关金融支持海洋经济发展的政策文件来看，大多通过政府机构与政策性银行合作支持、政府引导的形式为涉海产业提供资金，企业很难通过自发性的资源配置满足资金需求。

银行为海洋产业提供融资主要依靠发放贷款，贷款的方式多为担保和质押形式。为控制信贷风险，银行会十分注重贷款人的抵押和担保能力。这在一定程度上要求涉海企业必须向银行提供高质量的抵押物或者选择实力雄厚、信誉良好的法人公民提供担保。而涉海金融内包含的海域使用权、收益权等受到政策法律法规的约束多，用其作为抵押融资会受到很大限制；另外，大部分涉海企业规模一般实力有限，信用评级不高，难以符合银行的授信要求，由此银行信贷对于涉海产业的经济支持严重不足。

为加强信贷管理、防控信贷风险，基层银行机构的信贷管理权限被上移，让原本最具有贴近涉海企业优势的基层商业银行等金融机构失去其"天然"优势，信贷的自主权限变小、授信额度降低，难以为涉海企业提供及时有效的信贷服务。事实上，要想获得贷款，涉海企业需要经历一系列烦琐的业务流程。最基础的一步便是要先向基层的银行机构提出贷款申请，在此过程中需要进行现场调查、授信审查等程序，手续烦冗、耗时过长，在这一过程中涉海企业往往会因为环节复杂、时效性差而错过最佳的市场机会最终被迫放弃贷款。

这种供给与需求的不平衡会形成较大的资金缺口，成为制约海洋战略性新兴产业发展的瓶颈因素。而银行信贷模式传统单一，利息成本高、融资量小、抵质押要求严格，在当今的海洋产业体系中难以满足其多维的金融需求。国外很多发达国家有着成熟的融资产品，如短期融资券、海域使用权抵押、海洋集合信托、海洋风险投资基金等特色融资产品。而山东省内的商业银行普遍没有开展船舶等海洋经济产业资产中占比较高的动产抵押业务，企业获得的贷款超过九成为信用担保或者厂房机器设备等不动产抵押贷款，而且可用于抵押的机器设备大多为专用设备，抵押率低。同时，因为一些有效物权在产权归属和使用方面存在交易成本，金融机构的认知障碍限制了用益物权与金融结合来获得有效融资的方式。比较典型的一个例子：青岛市虽然海岸线丰富，但是现在关于海域和滩涂使用权的产权界定比较模糊，再加上二级交易市场的缺失，在海域使用权抵押贷款方面融资有限。而在大连，獐子岛公司已经借助海域使用权实现了40多亿元的融资。另外，我国当前对适应现代涉海企业经济发展和交易流通市场的发展不够重视，尚未建立专业性的统一的交易市场:海产品远期市场、船舶交易市场、海洋产业电子票据交易中心等。涉及海洋经济的自然资源、生产要素、涉海企业产权、涉海知识产权与技术等缺乏有效的交易流转平台,是阻碍海洋经济发展的一大原因,这在一定程度上让涉海企业缺少融资渠道,供需双方矛盾进一步激化,深陷资金匮乏的困境。

(三) 专业金融机构不足,服务效率低下

海洋经济与陆地经济不同,金融机构为涉海产业提供金融服务必须有相应的制度、人才、产品和专业知识作为支撑。在海洋经济的发展过程中,市场上往往会出现一些专业化的海洋金融机构,它们有着更专业化的水准,可以为涉海企业有针对性地提供金融服务。

在《关于改进和加强海洋经济发展金融服务的指导意见》中也指出,鼓励银行业金融机构设立海洋经济金融服务事业部,组建海洋方面的特色经营机构等。目前,发达国家大多通过设立海洋合作开发银行、商业银行内设立海洋金融事业部门来提供此类服务,但我国目前的涉海金融机构仍然以商业银行、政策性银行和保险公司中的涉海业务部门为主,没有形成更具专业性的涉海金融服务部门,也没有综合性的海洋合作开发银行、船舶保险机构、渔业信贷保险机构等专业化金融机构。这与我国金融市场的发展程度,现行金融体制有着莫大的关联。当前我国金融体系的业务重点主要集中在陆地经济,那些开展海洋经济业务的机构也大多数是通过主营陆地企业业务,以兼营的方式涉入海洋金融领域。因此大多数金融机构内缺乏既懂金融又了解海洋经济发展的高端复合人才,在再加上金融创新的力度不足,缺少个性化、专业化的产品服务,难以提供适应现代涉海企业经济发展的新型特色融资工具和风险管理工具等,对海洋经济了解不够深入不够全面,对涉海企业经营中面临的真实问题不了解,所以在提供涉海金融服务时不能准确把握到企业的需求,融资服务运行效率也较为低下。

(四) 融资渠道狭窄，成本较高

与许多涉海经济发达的国家相比，中国在涉海金融方面相对落后，涉海经济主体的投融资需求不能得到有效的满足。我国海洋新兴产业虽然发展迅速，但新兴产业在生命周期的各阶段由于存在融资不足的问题导致新兴产业整体水平不高。

融资方式过于单一，金融融资渠道狭窄，直接融资发展程度偏低。对于大多数涉海企业而言，获得融资支持的渠道通常是金融机构贷款，涉海企业通常通过抵质押贷款的方式但银行等金融机构的融资活动具有门槛高、成本大、审批慢、效率低等劣势，使得涉海企业融资难，其中小微涉海企业由于自身规模小、风险大等经营特点，融资困难的问题更加显著。以海洋渔业中的小微企业为例，在单一抵质押贷款的情况下，企业能够融通的资金总量受到自身抵质押物价值的限制。而对于海洋渔业中的小微企业来说，流动资产占比较高，且多属变现困难、抵押率低的专用设备，普遍缺乏房产、土地等硬抵押物。虽然现在已经在开展基于海域使用权的抵押贷款，但由于海域使用权的交易费用较高、抵押司法保全等制度不够健全、流动性差等特点，难以作为合格的抵质押品。金融信贷作为单一的融资工具，有着利息成本较高、融资量较小、抵质押要求严格的缺点。一方面难以填补大型涉海企业发展所需要的资金缺口，另一方面又不能满足对资金需求较频而可质押抵押资产较少的小微涉海企业的金融需求。

我国海洋新兴产业虽然前景广阔、发展迅速，但起步晚、发育时间短，规模往往较小，尚不满足直接融资的诸多门槛。实际融资规模方面，我国海洋新兴产业中的企业发行的债券和股票总额与海洋新兴产业的市场前景和投资需求相比远远不够。而且涉海信用担保、抵押品以及保险市场发展滞后，无法有效降低海洋新兴产业融资成本。目前，我国信用担保行业为涉海新兴产业提供信用担保的意愿弱、要求成本高。因此，涉海新兴产业企业很难通过信用担保渠道获得低成本信贷资金。间接融资方式仍是如今涉海企业融资的主要方式，并且占据主导地位。资本市场虽然也是涉海企业进行融资的一个重要途径，但由于资本市场的高准入要求以及其高风险性使得涉海企业通过资本市场来融资的难度很大。在主板市场上市融资的海洋企业数目很少，创业板市场虽然为科技型、成长型的涉海企业上市带来机遇，但仍难以让大多数涉海中小企业通过创业板圆创业之梦。证监会对创业板高成长性的市场定位，使之不可能为众多的海洋企业提供融资服务。同时，管理部门为了达到防范和控制风险的目的，对希望通过创业板融资的企业的审查也更加严格。再加上企业上市评估需要较高的费用，这些都使得企业在二板市场融资的成本要高于从银行贷款的利息，导致海洋企业的上市步履维艰。另外，海洋企业通过发行债券融资的也不多，至今没有得到应有的重视。涉海相关债券规模小，在种类、期限、偿债方式和其他条款的设计方面缺乏创新。另外，一些新型的融资方式如产业投资基金、私募股权投资等未得到发展，行为持续时间短并且专业化程度不够高。

民间资本进入涉海经济领域的渠道和规模有限。涉海经济发展所需的大规模、可持续资金若仅依靠金融机构正规融资难以得到满足，不仅融资规模受限，而且融资成本也高。海洋发展在一定程度上需要民间资本的介入，发挥杠杆作用以撬动更多的金融资源来支持涉海经济发展。发起风险投资是使民间资本参与涉海经济的重要方式，特别是在加速海洋科研技术和成果的产业化进程方面，发展风险投资是完成涉海高技术融资的重要一步。且与此同时，民间资本通过债券、股权、私募融资等开展创业投资、天使投资的渠道有限，民间资本进入涉海领域仍存在资金注入、资格审查等准入限制。另外，民间资本投资难，中小微企业融资难的突出矛盾倒逼金融创新，给民间金融带来了发展空间，但民间借贷专业化程度低、违约风险高的特点，也制约着农户的融资活动。虽然沿海地区的民间资本非常雄厚，但也未能全面、充分地投入涉海经济的开发与建设上来，难以形成良好的创投环境。

融资成本高。涉海企业的融资成本主要包括筹资费用和借款利息支出，但当下涉海企业通过商业银行贷款时，并不存在较其他类型企业的利率优惠政策。商业银行在为涉海企业提供信贷融资时，反而会由于涉海产业存在的较高风险而收取比其他类型企业更多的贷款利息，附加的合同条款和带宽要求也相对更多，导致涉海企业承担着更大的融资压力。因此，部分涉海企业仍然会选择方便快捷的民间借贷等融资通道，而这对于实力弱小的涉海企业来说是既不安全、成本又高的融资手段。不断提高的融资成本增加了涉海企业的经营阻力，让其在激烈的市场竞争中处于劣势。

（五）海洋保险滞后，风险难以规避

1. 涉海产业存在高风险规避需求

由于涉海经济本身固有的属性和涉海产业的相对复杂多样性，涉海产业往往面临比较高的风险。沿海地区是自然灾害的高发区，主要包括海啸、台风等。各类海洋灾害给我国沿海经济社会发展和海洋生态带来了诸多不利影响，2020年共造成直接经济损失8.32亿元，死亡（含失踪）6人。与近十年相比，2020年海洋灾害直接经济损失和死亡（含失踪）人数均为最低值，分别为平均值的9%和12%。与2019年相比，直接经济损失和死亡（含失踪）人数分别减少93%和73%（见图1）。其中山东省2020海洋灾害导致的直接经济损失达194.1万元。[①]

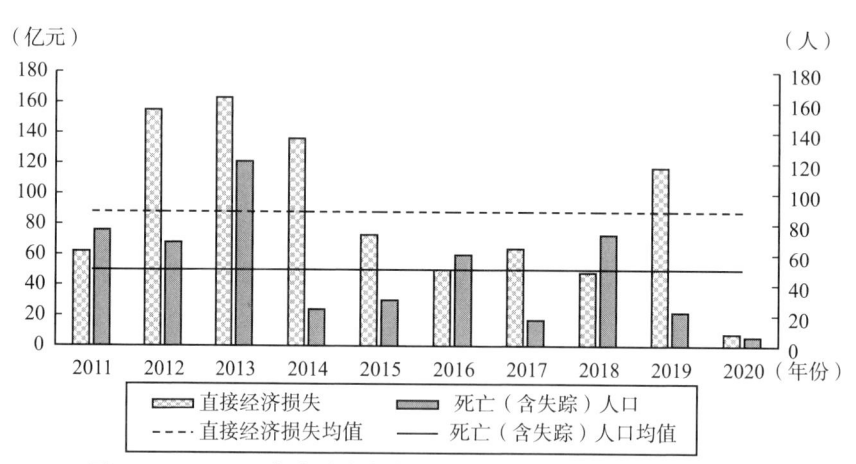

图1 2011~2020年海洋灾害直接经济损失和死亡（含失踪）人数

资料来源：《2020年中国海洋灾害公报》。

---

① 2020年《中国海洋灾害公报》。

自然灾害在一定程度上阻碍着经济主体开展海洋经济开发的踊跃性。金融机构为了规避风险，纷纷紧缩了对海洋渔业的贷款业务，在一定程度上限制了渔业发展。自然灾害发生的不确定性对于海洋经济的发展一直是巨大的挑战，但经济主体可以通过参加保险降低不确定性。但正因为涉海产业面临的自然风险如此之高，保险企业从事涉海保险也无利可图，商业性保险不愿涉足。即使大型保险公司愿意承担，但出于稳健经营的原则，其相关保险业务也常常会严格控制各时点的理赔总额，并设置较高的保费，从而脱离经济主体的真实需求。

2. 保险相关专业人才缺失

由于海洋经济自身不同于陆域经济的特点，涉海保险涉及海洋经济各领域的专业知识，在定损、测算、理赔等方面有更多要求，专业性较强，而中国目前在相关领域的专业技能人才缺口较大，急需涉海保险业人才的培养和引入。人才缺乏导致保险公司的相关经验和技术相对不足，形成无法保、不敢保的普遍现象，这也是海洋灾害保险业务难以开展的一个主要原因。

3. 涉海保险单一，难以全面覆盖风险

尽管国家对于涉海保险的关注度逐渐提高，如2011年发布的《山东半岛蓝色经济区发展规划》（2011年）中提到要开发服务海洋经济发展的保险产品，2017年发布的《山东省"十三五"海洋经济发展规划》指出要积极探索海洋自然灾害保险的运作机制。但由于部分海洋经济产业尚在发展初期，目前海洋保险险种主要集中在船舶保险、货物运输保险和海洋渔业从业人员人身保险等品种上，相应的保险产品不够多，专门针对海洋经济的政策性保险和商业保险产品还不够丰富，覆盖面也不够宽。如针对贸易违约风险的进出口信用保险，针对海洋产业新技术应用风险的科技创新保险和新产品责任保险，新兴海洋产业的企业财产保险、环境污染责任保险、涉海工程保险、涉海人身意外伤害保险等保险品种还未推出。保险模式单一，参保程度偏低，难以有效覆盖风险，海洋保险对涉海经济发展的保障功能亟待提高与完善。

（六）海洋产业效率较低，发展不均

1. 海洋产业信息不通畅

由于缺乏关于涉海经济融资的公共服务平台，银行等金融机构与涉海企业之间缺少一定的沟通渠道，从而限制金融与海洋产业的有效对接。主要体现为有效信息不对称：银行等金融机构不了解海洋新兴产业的相关信息、行政管理机构等不了解具体的企业经济状况和信贷风险、涉海企业不了解融资渠道和相关政策信息。由于存在上述信息不畅的问题，可能导致了包括融资难在内的诸多问题，如在海洋灾害和主权国家海洋权益争端时有发生的外部条件下，金融机构对无法获得有效信息的涉海企业的融资申请审慎对待，而更多投向信息获取更容易、风险更小的陆域经济，加重了涉海企业的融资难度。除此之外，由于信用信息平台还不完善，存在极大的信息不对称，各种监督手段未得到综合运用，许多地区还未形成有效的信用监督机制。

2. 缺少专门针对涉海经济的授信管理体制

目前，各金融机构的行业授信管理制度主要依据国家统计局的国民经济行业分类进行设置，而国民经济行业分类中并没有将海洋产业单列，再加上涉海经济涉及面很广，基本涵盖一二三产业，多数银行机构对海洋产业并未出台或设置专项授信和差别化信贷管理制度，不利于银行在行业间和区域间加大对海洋经济的倾斜力度。例如，虽然国家鼓励钢铁、石化、核电等需要原材料"大进大出"的行业向沿海集聚，但金融机构对沿海发展基础工业的授信管理与其对内地基础工业的支持并无差别，金融机构行业授信管理制度引导信贷资源在区域间进行差异化配置的导向力不足，制约了其对海洋产业的支持力度与深度。

3. 海洋领域投入资金分布不均衡

投入海洋领域的资金重点不突出，融资分布不均衡。政府、企业、风投和其他社会资本等投入海洋产业的资金并没有区分重点和层次，导致政府引导型财政资金、企业自有资金和银行信贷资金重复投入。因此，列入国家专项和省级重点项目的企业往往走上"快车道"，融资来源渠道充足，而未搭上"快车"的企业却借贷无门。与此同时，投入海洋领域的资金主要流向滨海旅游、港口航运、海洋资源开采等行业，海洋生物医药、海洋能源开发、海水利用等新兴产业所占融资比重偏小，这种分配不均可能导致海洋产业发展失衡，资金利用率以及海洋产业效率较低等问题。

四、促进山东省涉海金融服务业良好发展的建议和举措

海洋经济的发展是我国经济发展的重要一部分，而涉海金融服务业对海洋经济发展起着至关重要的作用，它不仅是海洋经济发展的根基，更是海洋经济发展的推手，金融稳定与实体经济的发展密切相关，如果金融创新发展和实体经济脱轨，实体经济何谈发展，金融稳定也更加难以实现，海洋经济亦是如此。尽管当前的国际经济形势比较复杂，国内的经济增长速度放缓，但我们必须认识到由于我国供给侧结构性改革的不断推进，经济基本面依旧保持着健康向好的发展。在海洋经济领域，我们需要辨别哪些是高效率、高质量的企业而哪些又是低效率低质量的企业，辨别哪些是有潜力有前途的企业哪些又是将要被淘汰的企业，只要企业是高效率的、高质量的、有潜力有前途的，我们都需要引导资金流向这些企业，发挥金融市场资源配置和结构性调节的作用，实现金融为海洋经济服务。为了促进/推动涉海金融服务业进一步健康发展，更好地服务海洋经济，我们必须加快脚步创新、改进和完善一系列政策和措施，鉴于前述涉海金融服务业在发展中存在的问题以及出现上述问题的

原因，我们可以从以下几个方面着手。

（一）创新涉海金融服务业对海洋经济的支持手段

第一，由前面分析我们可以知道，目前我国海洋经济相关企业的融资方式仍然以间接融资为主，融资路径狭窄，虽然相关部门和金融机构已经加大了支持力度，但是随着海洋经济的蓬勃发展，资金需求仍然远大于资金的供给。而在间接融资中，银行承担主要作用，这就会使得银行内部承担很大的风险，因而会造成银行倾向于投资低风险的传统行业，而由于海洋自然灾害的影响，海洋经济企业自身防灾抗灾的能力很差，它们往往面临高风险，这样就增加了获得资金支持的难度。而在日本，为了更好地促进海洋经济高质量、快速发展，在银行信贷融资方面政府做出了有力的支持。同样地，中国政府也必须在银行信贷融资方面做出创新，积极调整银行信贷的结构、方式，完善有关海洋经济的信贷政策和配套的相应的信贷产品体系。

除了完善间接融资市场即银行信贷，同时更要对直接融资市场做出创新。比如鼓励海洋企业积极参与证券市场，利用企业债券、项目收益债券、公司债券、可交换公司债券、私募债等债务筹资工具筹集资金；开辟 IPO 绿色审批通道，为中小海洋企业上市提供便利，吸引一些风险投资和私募股权投资，为海洋企业搭建一个股权融资平台；建立海洋信托基金，既能完善海洋管理，同时又能实现资金的再利用、再投入；当然也需要在法律允许的范围内重视民间资本的利用，积极引进外商投资，建立一个多元化的投资路径。直接融资与间接融资协同发展，既可以保证资金配置的效率，又可以保证政府对金融系统的控制和金融的稳定性，解决海洋企业融资问题，实现服务海洋经济的目的。

第二，完善避险保障机制。首先，保险方面我国目前的海洋保险种类主要包括船舶保险、货物运输保险、海洋渔业保险、海洋工程保险、海洋生态损害责任保险、意外伤害险、渔工责任险等。总之，海洋保险包含了船舶险、运输险等传统的水险，也包括海上责任险，如承运人责任险、物流责任险、油污责任险、码头责任险、租船人责任险等，同时还包括海洋渔业保险、渔工责任险、海洋工程保险、离岸能源保险、海上休闲旅游保险等。但是目前已有的这些海洋保险品种覆盖面十分有限，而且由于海洋产业面临的风险较大、相关的专业人才和理赔技术缺乏，往往会出现保险公司不愿承保的现象，因此我们需要完善海洋保险体系，对于已有的船舶险、运输险、人身保险等，我们需要丰富其品种，而对于贸易违约风险、海洋产业新技术应用风险、海洋生态环境保护等保险品种还未推出，我们需要不断完善这个体系。其次，需要创新抵押担保等风险缓释措施制度。开发更多合格的海洋经济抵押品，提高海洋经济抵押物的抵押率，而且必须有相应的、完善的、可操作的流程，完善的抵押物价值评估体系，规范的制度体系。在海洋金融支持手段不断创新的同时，我们也需要做好风险控制，努力把握金融创新与风险控制这两者之间的平衡。如果把握不好两者的关系，出现虚假创新或者创新过度的现象反而会增加金融的不稳定性，与服务海洋经济的初衷背道而驰。

（二）发挥政府引导作用，提供金融政策优惠，增加财政支持力度

对于资金需求与供给的缺口，除了完善投资机制、建立多元化的投资路径，也要充分发挥政府的引导作用，我们可以借鉴伦敦的相关经验，伦敦海洋金融行业就得到了政府的大力支持，并给予了相关的配套服务，我们也同样可以给予海洋金融产业相对较低的税率水平。由于海洋经济产业与传统产业相比有其独特的特点，海洋经济产业要想更有效地获得资金支持，在发挥市场资源配置作用的基础上，也应该充分发挥政府这只无形的手的作用，完善资源资金配置，积极引导海洋金融为海洋经济产业服务。

同时，也需要改革金融服务领域政务流程，为有关货物贸易的外汇收支提供便利化措施，降低企业的财务成本，有效简化办理手续，有效提高办理业务的效率，为海洋经济提供更加便利的服务，为海洋经济更好的发展创造更加优质的营商环境。

(三) 吸引、培养专业型人才，建立专业型金融机构

首先，任何经济体的发展都离不开专业的人才，海洋金融服务同样需要大量专业人员来支撑。前面提到的金融支持手段创新这一工作，就需要大量的专业人才支撑，这样的专业人才必须是了解海洋经济、熟悉海洋金融的专业人才。我们必须积极吸引海洋经济、海洋金融的专业人才，同时加大海洋教育投资，既能培育培养高素质、高水平的专业人才队伍，又能加强公众对海洋的保护意识，促进海洋绿色健康发展。海洋金融业人员的专业性是提高我国海洋金融竞争力的关键，是我国海洋金融发展的关键，更是海洋金融更好的服务海洋经济的关键。

其次，我国缺乏专业的海洋金融机构。海洋金融要想更好地为海洋经济服务，就必须有专业化的金融机构。比如建立海洋开发银行，目前中国因为银行本身专业技术的局限，对于海洋产业的支持覆盖面小，仅限于海洋经济的第一产业和运输业，对其他产业的支持力度明显不足。因此建立这种专业性的、政策性的海洋银行会为海洋金融良好发展提供一个更加坚实、稳固的依托，从而更有力地支持海洋产业的发展。再如前面提到的海洋信托基金，发挥基金的聚集效应，为海洋经济发展提供长期支持的金融载体。另外，也可以建立专门的金融服务中心或机构，提供专业的技术支持。

相信在有关政策和有关部门的扶持下，在摸索试验过程中，借鉴国内国外各个方面的实践经验，金融创新业务一定会顺利、快速、有条不紊地发展下去，通过金融创新赋予蓝色实体经济新的发展活力和能量。随着专业人才不断涌现，加之金融科技的不断发展，既能加速传统金融向"智能化改造"发展，又打破中小企业融资问题，同时也为智能监管提供可能，我们会渐渐形成完整的、优质的、高效的涉海金融服务业产业链，进而对服务蓝色实体经济产生更有力有利的良好助力。

参考文献

[1] 姜旭朝、张继华、林强:《蓝色经济研究动态》,载于《山东社会科学》2010 年第 1 期。

[2] 殷克东、王晓玲:《中国海洋产业竞争力评价的联合决策测度模型》,载于《经济研究参考》2010 年第 28 期。

[3] 赵昕、刘鹏飞:《蓝色金融支持海洋经济增长的实证研究》,载于《中国渔业经济》2015 年第 33 卷第 6 期。

[4] 郭莎莎、刍议:《海洋经济发展的金融先导战略》,载于《宁波通讯》2012 年第 6 期。

[5] 刘相兵:《银行业支持海洋经济创新发展研究——以海洋经济创新发展示范城市烟台市为例》,载于《金融科技时代》2017 年第 4 期。

[6] 李露:《涉海金融业务发展新空间》,载于《中国金融》2014 年第 18 期。

[7] 张志元、董彦岭、何燕等:《山东半岛蓝色经济区金融产业:发展现状、问题与对策》,载于《经济与管理评论》2013 年第 29 卷第 1 期。

[8] 人民银行、海洋局、发展改革委等:《关于改进和加强海洋经济发展金融服务的指导意见》,载于《中华人民共和国国务院公报》2018 年第 19 卷。

[9] 武靖州:《发展海洋经济亟需金融政策支持》,载于《发展研究》2013 年第 4 期。

[10] 田文:《海洋经济发展的金融需求与金融支持模式分析》,载于《中共青岛市委党校.青岛行政学院学报》2015 年第 6 期。

[11] 商婷婷:《海洋经济发展的金融支持对策研究》,载于《海峡科学》2019 年第 1 期。

[12] 田文:《金融支持海洋经济发展的现状与对策分析》,载于《中国海洋经济》2019 年第 1 期。

[13] 李萍:《海洋战略性新兴产业金融支持的路径选择与政策建议》,

载于《中国发展》2018年第18卷第1期。

［14］井璐、黄德春：《金融对海洋经济发展的影响》，载于《水利经济》2015年第33卷第5期。

［15］温信祥、郭琪：《蓝色金融创新综合试验区设想》，载于《中国金融》2016年第7期。

［16］金春花：《海南省海洋金融服务的路径探索》，载于海南金融2015年第6期。

［17］李秀辉、张紫涵：《新中国成立70年海洋金融政策的回顾与展望》，载于《浙江海洋大学学报（人文科学版）》2020年第37卷第1期。

［18］王斌：《金融支持海洋经济发展过程中面临的问题及政策建议》，载于《时代金融》2018年第11期。

［19］杨长岩：《区域信贷政策与海洋经济发展》，载于《中国金融》2013年第7期。

［20］许欣：《涉海经济开发中的金融支持研究》，东北师范大学，2017年。

［21］毛坤、王雷武：《金融支持青岛市海洋经济发展探析》，载于《中小企业管理与科技（中旬刊）》2019年第581卷第7期。

［22］张玉洁、李明昕：《新常态下我国海洋保险业发展现状、问题及对策研究》，载于《海洋经济》2016年第6卷第3期。

［23］张凯政：《"一带一路"背景下关于金融支持海洋经济的调查——以日照市为例》，载于中国商论2017年第728期。

［24］吴庐山：《广东省海洋经济可持续发展的融资对策初探》，载于《海洋开发与管理》2005年第3期。

III 区域篇

青岛片区海洋经济高质量发展路径研究

▶ 杨广勇* 吕永康**

摘要： 当前我国经济已由高速增长阶段转向高质量发展阶段，坚持新发展理念，深化海洋领域供给侧结构性改革，为建设现代化经济体系打造新亮点、培育新动能已成为新时代海洋工作的迫切要求。本文结合近年海洋经济发展历程和取得的成就，深入分析了青岛片区海洋经济发展情况，指出在环境承载力、海洋产业结构、金融等政策支持和海洋技术研究成果转化等方面存在问题，提出应从培育海洋经济新动能、优化海洋产业结构、发展涉海金融、深化区域合作等方面推动青岛片区进一步高质量发展海洋经济的具体对策。

关键词： 青岛片区 海洋经济 高质量发展

一、海洋经济高质量发展的基本逻辑与时代特征

（一）基本逻辑

海洋经济高质量发展应该是这样的一种经济形式：即海洋经济是基于可持续开发利用的海洋空间与海洋资源，在海洋生态文明战略指引下，以现代海洋产业高效发展为依托、以陆海经济统筹发展联动开放为外延，运用现代高新技术和管理方法，多种相关经济联动发展并形成较强国际竞争力的一种经济形态。这是直面我国海洋经济发展问题的根本选择与必经过程。

---

* 杨广勇，山东理工大学经济学院讲师、山东大学自贸区研究院研究助理。
** 吕永康，山东大学自贸区研究院研究助理。

习近平海洋强国战略为新时期海洋经济高质量发展理论愿景提供了根本遵循。高质量发展区域海洋经济，需要准确把握海洋经济的潜在增长速度以及相对有效的经济增长效率，在时间维度上需要关注海洋与海岸带经济的长远可持续发展和海洋资源的代际公平分配，在空间维度上需要关注海洋和相邻陆域经济布局的优化整合。因此，战略叠加下区域海洋经济高质量发展的基础是海洋资源高水平开发、高效可持续利用，这需要借助于海洋产业高质量发展与区域海洋经济高水平开放协调发展。因此，区域海洋经济高质量发展的理论愿景是：坚持创新驱动发展，坚持绿色发展，坚持高水平开放发展，不断培育壮大特色海洋产业，努力形成陆海资源、产业、空间互动协调发展、港产城海融合发展的新格局。

由此，高质量发展区域海洋经济的基本原则是：服务国家战略与彰显区域特色相结合；政府顶层设计与市场主导推动相结合；重点产业突破与陆海统筹开放相结合；创新体制机制和保障地方利益相结合；省域、全国和全球海洋治理相结合。

（二）时代特征

我国海洋经济是现代发展起来的，20世纪末才进入海洋综合开发的高速发展时期。随着陆地资源不断消耗，海洋的综合高效开发成为目前推动经济发展的关键。同时，海洋中的大量资源和空间为下一步的开发利用做好了充分的准备。

海洋可持续开发是目前的时代背景，治理海洋污染、实现海洋资源的循环利用，是造福人类的重大举措。《全国海洋经济发展"十三五"规划》中指出"绿色发展，生态优先"的海洋经济发展基本原则，同时"一带一路"倡议在全国海洋领域启动建设。在国家的政策支持和当前世界各国都开始重视海洋经济发展的环境下，我国的海洋事业正欣欣向荣，持续稳步地发展着。海洋经济的发展与全人类经济的发展息息相关，也让全世界更紧密地联系在了一起，发展海洋经济是与时代同行的关键举措。

二、青岛片区海洋经济高质量发展水平评价

(一) 发展历程

1. 起步阶段：2011年以前

青岛的海洋经济在2011年以前的发展较为缓慢，真正的海洋综合开发事实上是从20世纪末才开始，之前的海洋开发和利用并不充分，对环境的保护和海洋的持续开发利用缺乏系统全面的认识。但自21世纪以来，国家越来越重视海洋资源的开发利用，先后出台了《全国海洋经济发展规划纲要》《国家海洋事业发展规划纲要》，2009年，山东省提出我国首个区域海洋经济发展战略，打造建设"山东半岛蓝色经济区"。作为山东海洋经济发展的核心区和龙头城市，青岛在山东海洋经济发展中率先起步，并开始发挥引领带头作用。

2. 稳步提升阶段：2011~2015年

2011年，国务院对《山东半岛蓝色经济区发展规划》进行批复，这为青岛下一步稳步提升提供了国家战略基础。2012年2月，中国共产党青岛市第十一次代表大会进一步明确了"率先科学发展，实现蓝色跨越，加快建设宜居幸福的现代化国际城市"的建设目标，使得海洋经济发展有了更深厚的政策基础，青岛建立全国领先的高质量海洋经济发展综合体系步入新的阶段。这个阶段，青岛西海岸新区、青岛蓝色硅谷核心区和国家海洋高技术产业基地建设纷纷启动，青岛海洋经济进入系统化发展阶段。至2015年末，青岛市海洋生产总值达2093.4亿元，增长15.1%，GDP总量为9300.07亿元，海洋生产总值占全市GDP总量的22.5%，为历史新高，这说明青岛的海洋经济发

展逐步成熟和完善。①

3. 深化发展阶段：2016年至今

随着山东半岛蓝色经济区进一步发挥政策和区位优势，山东省已逐步形成了以青岛为核心区域的蓝色经济开发体系。在已形成的体系之上，2016年，青岛市印发《青岛市"海洋+"发展规划（2015－2020年）》《青岛市建设国际先进的海洋发展中心行动计划》，使得青岛海洋开发更加系统有序，协调统一，更有利于发挥青岛的资源优势、技术优势和产业优势。2019年8月31日，中国（山东）自由贸易试验区青岛片区挂牌运行，该片区实施范围52平方公里，全部位于青岛西海岸新区范围内，占山东自贸试验区总面积的43.3%，将重点发展现代海洋、国际贸易、航运物流、现代金融、先进制造等产业，打造国际航运枢纽、东部沿海重要的创新中心、海洋经济发展示范区，青岛海洋经济发展迎来新篇章。随着《青岛市"海洋+"发展规划（2015－2020年）》实施进入最后阶段，青岛西海岸新区、青岛蓝色硅谷核心区和国家海洋高技术产业基地的进一步规划发展，青岛片区在全国海洋经济中的领先地位得到较为全面地巩固，海洋经济转型升级取得很大突破。

（二）取得成就

1. 海洋经济蓬勃发展，经济占比不断提高

近几年，党和国家大力推动海洋经济发展，青岛的海洋发展取得了很大突破，海洋经济生产总值连年增加，占青岛GDP的比重逐年攀升。海洋的系统化综合开发越来越成熟，与国际发达地区的差距不断缩小。2019年海洋经济生产总值达3373.9亿元，占青岛GDP总量的28.7%②，较2013年提高了

---

① 《海洋经济发展提速　引领青岛走向深蓝》，青岛统计局网，http://qdtj.qingdao.gov.cn/n28356045/n32561056/n32561071/n32562217/180324170058851583.html。
② 《关于青岛市政协十三届四次会议第378号提案的答复意见》，青岛市海洋发展局网，http://ocean.qingdao.gov.cn/n12479801/n12480042/n31588801/201222181636972115.html。

12.2个百分点，无论是总量规模还是相对规模均保持逐年增长态势（见图1）。按照市级海洋及相关产业统计调查试点数据初步核算，2020年全市海洋生产总值达到3580.5亿元，占全市GDP比重达到28.9%，同比增长6.1%[1]。在新冠肺炎疫情条件下，2020年全市海洋领域新签约项目102个，计划总投资2295亿元，其中，200亿元以上项目3个，总投资额、项目数较2019年分别增长46.6%、12.1%。海洋经济成为青岛市国民经济重要的增长点，海洋经济整体水平居国内领先地位。[2]

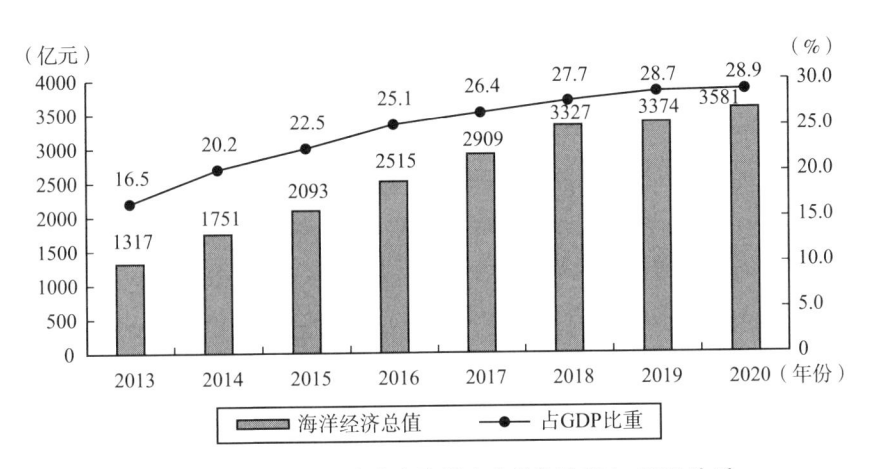

图1 2013~2020年青岛市海洋生产总值及其占GDP比重

资料来源：2013~2018年数据来源于青岛市统计局，http://qdtj.qingdao.gov.cn/n28356045/n32561056/n32561071/n32562217/index_3.html；2019~2020年数据来源见第194页脚注②和第195页脚注①。

2. 海洋产业链日趋成熟

建设海洋产业链是提升海洋产业生产效率的重要方式，青岛市经多年的发展和完善，已初步形成了较为成熟的海洋经济生产格局。按照"优化提升

---

[1] 《关于对〈青岛市海洋经济发展"十四五"规划（征求意见稿）〉公开征求意见的通知》，青岛政务网，http://www.qingdao.gov.cn/zwgk/zdgk/jcygk/zjdc/202111/t20211112_3816138.shtml。

[2] 《担当作为抓落实 聚力攻坚开新局 加快创建全球海洋中心城市——全市海洋发展工作会议召开》，青岛政务网，http://www.qingdao.gov.cn/zwgk/xxgk/hyfz/gkml/gzxx/202102/t20210224_2983067.shtml。

一产，发展壮大二产，突破发展三产"的思路，青岛的海洋高端装备制造业、海洋交通运输业、滨海旅游业、海洋生物医药产业、海水淡化产业、海洋牧场以及涉海金融服务业在已有条件的基础上，逐渐形成相互促进、相互影响的格局，为青岛海洋产业的发展提供了良好的空间。具体体现在以下几个方面。

第一，海洋第一产业合理发展。海洋第一产业主要是指海洋农业，包括海洋渔业、海涂种植业、海水养殖业、海洋牧业等。近海渔业曾一度过量捕捞，生态资源压力极大，非常不利于海洋的可持续开发，但近年来青岛市也意识到了这个问题，逐渐从近海渔业向远洋渔业发展，远洋企业数量、捕捞产量以及远洋渔船数量大幅增加，使得青岛渔业向更健康、可持续的方向发展。

第二，海洋第二产业迅速发展。海洋第二产业主要是包括海洋工业在内的初级加工制造部门。青岛的海洋设备制造业近年来保持高速增长，是海洋第二产业中最活跃的产业，其年均增长速度一直领先于青岛海洋生产总值的年均增速，同时海洋石油产业和海洋生物医药业也稳步发展，青岛的海洋第二产业正在快速发展着。

第三，海洋第三产业蒸蒸日上。海洋第三产业是以各类服务和商品经营为主的产业。"十三五"规划以来，青岛的滨海服务业尤其是旅游业以相当活跃的态势发展着，作为海洋经济的关键产业，在当前中国居民生活水平大幅提升的情况下，为海洋经济的增长带来巨大的动力。2019年，全年接待游客总人数1.09亿人次，增长9%；实现旅游总收入1955.9亿元，增长13%，为青岛经济发展带来相当的效益。不仅如此，海洋交通运输业也蓬勃发展，2013~2019年，青岛港货物吞吐量和集装箱吞吐量保持持续增长，2019年分别达到5.7736亿吨、2101.2万标准箱（见图2）；2020年，在疫情条件下，全市港口实现货物吞吐量6.0459亿吨，同比增长4.7%；集装箱吞吐量2201万标准箱，同比增长4.7%，港口货物、集装箱吞吐量均居全国第5位。截至2020年底，青岛港已开辟海上航线178条，航线数量和密度稳居我国北方港口第一位；海铁联运箱量完成165万标准箱，同比增长19.6%，位居全国第一。青岛已逐步构建起更加完善的现代海洋产业体系。

图 2　2013～2020 年青岛港口货物吞吐量和集装箱吞吐量

资料来源：《青岛统计年鉴 2021》。

3. 区域发展彰显海洋特色

（1）西海岸新区在新旧动能转换中的引领作用。西海岸新区是山东海洋经济最为发达的地方，青岛西海岸新区率先抢抓山东泛济青烟新旧动能转换综合试验区规划建设重大机遇，重点实施新旧动能转换十大工程，打造动能转换引领区。

自 2014 年成立以来，新区加快重点项目引进建设，推动新旧动能转换，累计引进产业项目 1470 余个、总投资超过 1.27 万亿元，百亿级大项目达到 40 个，500 亿元级项目 6 个。总投资 704 亿元的联想海洋产业运营总部、中船重工海洋装备研究院等 7 个项目列入山东省海洋经济新旧动能转化重大项目库，投资额占全市列库项目总额的 82.9%，项目数占全市总数近一半。[①]

（2）蓝色硅谷释放"蓝色引擎"新动能。青岛聚力打造独具特色的蓝色硅谷科技创新生态系统，发挥海洋科技人才集聚优势，推进海洋科技资源集聚。目前，青岛蓝谷已经聚集了 17 家国字号涉蓝科研平台，累计全职或柔性引进各类人才 3900 余人，具有博士及以上学历人才占总人才的 1/3。[②] 2017

[①]《打造新支点　向海谋发展！青岛西海岸新区海洋经济五年实现翻倍增长》，半岛网，http://news.bandao.cn/a/252022.html。

[②]《青岛蓝谷：释放"蓝色引擎"新动能》，青岛政务网，http://www.qingdao.gov.cn/n172/n1530/n2856332/170725081248153515.html。

年 6 月 23 日，国家海洋局 "向阳红 09" 船搭载 "蛟龙号" 载人潜水器及其全体 96 名科考队员顺利抵达国家深海基地码头，2017 年 "蛟龙号" 试验性应用航次（中国大洋 38 航次）历时 138 天，安全圆满地完成了计划的科学考察任务。海洋国家实验室凝练科研方向，设立的 "鳌山科技创新计划" 已组织了 "两洋一海" 透明海洋科技工程、蓝色生物资源开发利用、亚洲大陆边缘地质过程与资源环境效应、近海生态灾害发生机理与防控策略等项目。透明海洋、蓝色生命等战略研究任务成为国家 "十三五" 规划 "智慧海洋" 工程的研究基础。当时的国家质检总局批准筹建的国内唯一的综合性海洋装备类国家质检中心，立足于整合国内海洋设备相关检验检测研发资源，建立海洋装备检验检测创新体系、标准体系、认证认可体系，打造具有国际话语权的综合性国家海洋设备检验检测公共技术服务平台。同时，推动全产业链以试验和检测技术为核心的技术创新与模式创新，实现不同产业之间的跨界融合与协同发展。

三、青岛片区海洋经济高质量发展存在的问题

（一）环境承载力和发展空间的有限性

青岛是一个历史悠久的城市，有着较为发达的海洋产业，这使得青岛的各种资源空间占用较多。近年来，随着青岛经济的发展和人口的增长，给海洋生态环境造成了巨大的压力。苟露峰等（2018）对青岛市海洋资源环境承载力进行评价研究，其采用熵权 TOPSIS 模型对青岛市的环境海洋资源承载力水平进行评价，结果表明青岛的海洋承载力水平总体评价指数并不高。这说明青岛应当重视资源问题，环境资源和发展空间总是有限的，这对海洋经济的可持续可循环发展提出了更高的要求，也因为发展空间的有限性和海洋生态环境的约束，青岛的海洋经济的高质量发展面临着很大挑战。海洋经济的发展是必要的，但在发展的同时会产生一系列的影响，这些影响有时会对环

境产生一定的压力,会使资源加速枯竭,还会造成自然环境的污染,也会一定程度上使环境承载力降低。同时,也因为整个生态环境的空间一定是有限的,任何行业都不可能肆意地发展下去,这使得青岛面临着环境承载力不足和发展空间有限的双重问题,青岛想要在海洋经济上领先世界,必须重视这些问题。

(二) 政策落实力度不够,金融支持不足

21世纪以来国家越来越重视海洋资源的合理开发和利用,青岛也相应出台了很多政策鼓励推动海洋经济的发展,目的是让海洋经济开发变得可持续、有目标、成系统,避免过去的粗放开发利用。经过数年来的不断发展,青岛的海洋经济已经取得了一定成就,但依然存在政策的末端落实力度稍显不足,政策的具体操作性、针对性有待进一步细化的问题。青岛在近些年出台了不少海洋发展新政策,政府已在着力推动海洋经济的发展,并且越来越重视海洋经济的系统性和可持续性。

成熟的金融体系有利于海洋产业的高效、协同发展,也能够更好地分配资源,为海洋产业的成长和产业结构的转型升级提供动力和支撑。但目前政府的引导作用发挥不足,信用体系的建设不够成熟,同时,由于金融的发展不够系统,风险补偿能力也需要进一步提升。当前青岛的金融创新能力也存在不足,不能打破当前框架模式,要想在涉海金融领域迅速发展,创新能力的提升是非常必要的。

我们也要认识到,海洋产业的开发往往是大规模工程,需要相当多的金融支持,我国投向海洋经济发展资金是有限的,甚至在很多阶段是不足以让海洋产业迅速发展起来。"十三五"期间,按照规划,青岛市海洋产业的资金总需求达1.16万亿元,年均资金需求超2300亿元;而2015年青岛市在海洋产业的资金投入金额远低于所需,仅为1200亿元,需要后期的大量补投才能满足需求,这会导致发展的不平衡性问题。资金的合理投入才能使发展更平稳和持久。

海洋产业的开发也往往伴随着风险，资金有时并不能充分利用，这会影响社会对海洋产业的投资，也会减少金融机构对海洋产业的信贷量。就目前来看，金融支持对青岛海洋产业的综合发展还有待发掘。政策末端落实力度和金融支持不足是限制海洋发展的因素，这也表明海洋产业的发展需要一个必经的过程。

（三）海洋产业发展相对滞后，产业结构有待优化

近年来，青岛市的海洋产业在政府的支持和推动下已经初步形成综合发的态势，但仍面临着各海洋产业发展不充分、规模小、关联度低，并且缺乏主导产业带动等问题。一是近海港口的潜力尚待开发。港口是沿海城市的发展门户，也是优势所在，成熟的港口经济能带动临港产业共同发展。青岛也曾提出"以港兴市"的战略，但与国内一些较为先进的港口相比是有一定差距的，港口的经济带动潜力仍然需要发掘。二是海洋产业缺少真正具备实力的企业。从涉海企业的生产规模来看，青岛市现有的大体量企业明显不足，主要体现在能引领全国海洋事业发展的企业非常稀有，而青岛现有的涉海中小企业由于行业属性的限制，普遍较弱，如海水淡化产业受行业性质的限制，较难发展成引领海洋经济发展的大龙头企业。青岛的海西湾基地，目前居多的是海工装备制造组装企业，缺少高端的设计、核心零部件制造等高收益的环节。相比之下，上海的长兴海洋装备产业园的产业链条完善，围绕中船、中海、振华重工等大企业，不仅建立了上千公顷的制造基地，还拥有4所国家级企业技术中心以及上海振华重工（ZPMC）和江南造船（集团）有限责任公司（JN）等知名品牌。三是海洋产业结构有待优化。从图3可以清楚看到青岛市海洋经济产业结构的变化趋势，自2013年以来，海洋第二产业比重逐年提升，五年提高了7.8个百分点，相应地，海洋第三产业比重下降了4.7个百分点，2019年降至43.6%，落后于全国平均水平16.4个百分点，海洋服务业对青岛市海洋经济的支撑带动作用有待进一步增强。

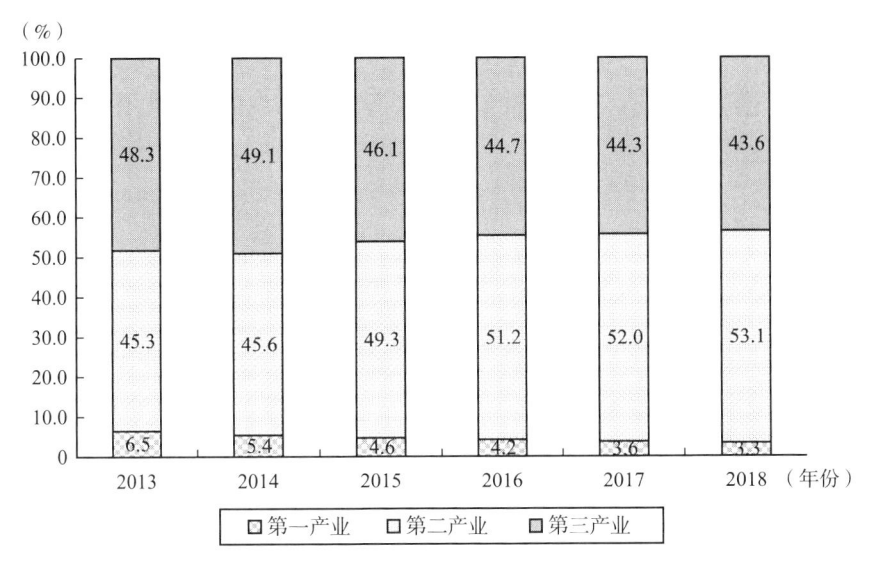

图3 2013~2018年青岛海洋经济产业结构变化情况

资料来源：青岛市统计局，http://qdtj.qingdao.gov.cn/n28356045/n32561056/n32561071/n32562217/index_3.html。

（四）海洋技术研究的成果转化率有待提高

目前，青岛的海洋科研能力在全国属于领先水平。青岛市省属以上涉海科研单位在全国城市中位列第一，涉海部级以上高端研发平台也位列全国第一，涉海科研人员城市排名第三，这足以说明青岛的海洋科技资源相当充足。事实上其科研成果的产出也相当丰富，国家级、部级涉海平台数量也在全国领先，由此看来，青岛的技术研究实力在国内领先。就青岛的海洋经济发展水平来说，其海洋生产总值在全国的城市中并没有显现出应有的科研水平。这一方面说明，青岛的科研实力潜力还有相当大的空间；另一方面，我们可以看出青岛市海洋科技资源缺乏系统的领导和运用。没有相应的成果转化平台，科学研究与现有的市场需求不统一，企业相对科研机构和高校对科研的重视程度不够，在这些都会在很大程度上影响科研与科研成果转化的关联顺畅程度，这种脱节是青岛目前的问题之一。由此可见，青岛科研成果转化平台建设还有很大的发展潜力。

四、推动青岛片区进一步高质量发展海洋经济对策

（一）培育海洋经济新动能，促进创新驱动发展

创新是引领发展的第一动力，是社会生产力保持高质量发展的重要源泉。随着国内宏观经济形势的不断变化，青岛地区的海洋产业发展呈现出阶段性特征，也出现了一些动力不足的问题，我们必须加快推进青岛片区创新和海洋产业的开发建设，培育海洋产业新的增长模式、提升海洋学研究的创新能力，努力去开发一种蓝色经济持续健康的高质量发展路径。

基于体制机制创新培育海洋产业新动能。一是壮大涉海创新企业。搭建银企对接、企业间对接、产学研合作等平台，提供投融资、技术改造、兼并重组等专业化服务。扩大市场准入范围，积极推进"小升规"，对新增的"四上"企业给予奖励。二是培育新经济增长点。在海洋中高端消费领域，大力提高产品质量和档次，培育形成高端消费品牌，实施涉海产品电子商务提升计划，改造建设一批集聚区、实体店，实现线上线下结合，做出品牌、做大规模。三是拓展产业发展空间。把握科技革命和产业变革趋势，实施海洋产业拓展计划，加快发展海洋新能源产业、海洋油气业及海洋矿业，推动新兴产业加速崛起、扩容倍增，打造具有国际先进水平的海洋新兴产业发展策源地。四是加快科技成果转化。鼓励企业与海洋科研院所通过共建股份制企业、参股控股科研机构等多种方式实现产学研联合，进行新技术、新产品的开发。加大对产业化率高、对青岛贡献度大的成果的奖励力度，探索和建立成果对接机制、项目转化机制、激励分配机制和支撑服务机制。

基于"生态＋海洋经济"融合理念引领海洋经济绿色发展模式创新。一是强化规划引领和政策支持。以"生态＋"思维驱动青岛片区海洋资源和海洋生态的共享共治，充分发挥区域协同创新的政策叠加效应。同时，建立健全跨区域横向生态补偿机制。二是打造以高端海洋科技为支撑的生态型、集

约型现代海洋产业体系。推进新兴绿色产业培育和绿色海洋产业链创新，并大力发展海洋环保新技术和绿色产业核心技术。三是充分发挥企业的创新主体作用和市场导向功能。鼓励涉海企业加强绿色海洋产品创新和技术创新，以市场为导向增加绿色产品的供给质量和供给效率，推动海洋产品生产、消费方式的绿色转型。坚持海洋科技自主创新战略基点，推进科技创新引领与支撑服务能力提升。青岛片区海洋经济创新发展应以海洋科技创新为核心驱动，加快实现青岛片区海洋重大科学问题和核心关键技术的原创性突破。海洋经济的提质增效也要不断加快推进海洋高科技成果的应用转化。青岛片区海洋经济发展要充分利用区域特色产业优势和科研技术能力的资源优势，推动技术与资本要素的融合对接。同时，高度重视海洋新产品、新技术的市场应用，以创新链、产业链协同创新和孵化集聚创新不断强化海洋高科技创新成果的源头供给和产业集聚，促进海洋高科技成果的产业化、市场化发展。

（二）发展涉海金融，提升海洋经济可持续发展能力

海洋经济的可持续发展离不开金融的支持，而以海洋经济为服务对象，通过金融经营活动筹集资金、保护生态环境、分散海洋灾害风险，促进海洋经济可持续发展的金融产业就是涉海金融。涉海金融是推动海洋经济发展的重要力量，也是海洋风险管理的一种方式。积极开发金融服务，依托扎实的海洋经济发展资金基础，调整金融结构，设计金融产品，优化金融服务，解决海洋经济发展的资金需求问题。

对青岛片区的商业银行来说，要紧紧抓住海洋经济上升为国家战略的机遇期，积极介入海洋经济领域进行业务拓展与创新，在促进海洋经济发展的同时，开拓自身业务发展和盈利的新空间。确立金融支持海洋经济发展的战略思维。商业银行要将拓展涉海金融业务纳入中长期发展战略之中，努力抢占市场先机。从现有的情况来说，近两年商业银行逐渐认识到海洋经济的巨大发展潜力，但是对涉海金融业务的战略发展思维比较欠缺，缺乏发展涉海金融业务的全面、统筹安排，一些沿海地区分行发展涉海金融业务的思路不明晰，涉海业务发展存在一定的盲目性。鉴于此，商业银行应就海洋经济未

来前景、潜在机遇、发展举措、政策保障等进行全面调研，做出长期安排部署。同时，要细化每个阶段的重点任务和工作目标，切实推进涉海金融发展战略。

推动涉海金融的发展，商业银行还要有针对性地提供涉海金融服务，探索开展涉海金融试点。一方面要密切跟踪本地区海洋经济发展形势，做好前瞻性判断，找准具有较好前景的行业和领域；另一方面，要结合自身优势，从擅长领域出发，为海洋经济发展提供针对性的金融服务。鉴于海洋经济具有较强的专业性，海洋经济发达国家主要是通过组建专门的海洋银行或在商业银行内专门设立海洋金融事业部开展涉海金融业务。国内商业银行可吸收和组织海洋经济金融专业人才，成立涉海金融分支机构，如在沿海中心城市设立海洋金融中心、海洋渔业金融服务中心等，专司海洋金融业务，提高专业化服务水平。在此基础上，商业银行还可通过参股、控股或独资的方式，组建成立海洋商业银行，提供海洋全产业链金融服务。

海洋产业本身具备一定风险，海洋经济的发展需要成熟的金融行业的支撑，实施渔船、渔工等渔业互助保险，提高渔业生产风险保障水平，加快发展航运保险、滨海旅游特色保险、海洋环境责任险、涉海企业贷款保证保险等。探索推广短期贸易险、海外投资保险，扩大出口信用保险在海洋领域的覆盖范围。这不仅能分散风险，提高资源利用效率，还能为青岛海洋经济高质量发展提供保障。在发展涉海金融的同时，注重金融产业的绿色发展，以海洋生态环境保护为目标，从绿色股票、绿色债券、绿色信贷、绿色发展基金等出发，开发涉海绿色金融产品和服务，提高资源利用效率，达到海洋经济的可持续发展。

（三）优化海洋产业链结构，促进海洋新兴产业取得突破性进展

海洋已经成为新时代国家安全的重要领域和国家利益拓展的主要战略空间，党的十八大明确提出了"提高海洋资源开发能力，发展海洋经济，保护海洋生态环境，坚决维护国家海洋权益，建设海洋强国"的国家战略，提出建设"新丝绸之路经济带"和"21世纪海上丝绸之路"的"一带一路"倡

议。党的十九大又进一步明确了"坚持陆海统筹,加快建设海洋强国"的国家战略。要实现这个国家战略,就必须大力提高海洋开发、统筹、控制和综合管理能力,只有这样才能进一步促进海洋经济的快速发展。在这个国家战略的指引下,以往相对独立传统的海上油气开发、船舶与海工装备制造、海洋渔业等传统行业,加上海洋电力、海洋休闲娱乐、涉海金融等新兴产业形成一个新的"全产业链"是必然趋势。

通过延伸产业链条,推动新兴产业实现突破性发展。一是以提质升级为主线,推动海洋产业链条化发展。通过"强链、延链、补链",激发海工装备、船舶制造等传统优势产业链式效应,引进一批产业高端核心配套与关键支撑项目,推动产业向绿色化、智能化、大型化方向发展。二是培育壮大涉海企业。积极推动创投风投机构与涉海初创期企业合作,推进涉海企业"小升规、规转股、股上市",引导企业借助资本力量做大做强。深入实施科技型企业培育工程,大力培育高新技术企业、科技型中小微企业和行业龙头创新型企业,构建"培育—提升—上市"的培育发展梯次。

(四) 深化区域合作,不断拓展新空间

青岛位于山东东部,是山东半岛蓝色经济区最有活力的城市。山东半岛蓝色经济区作为国家战略规划为青岛海洋经济的发展带来了很多机遇,同时也是我国第一个以海洋经济为主题的区域发展战略。

2019年8月2日,《中国(山东)自由贸易试验区总体方案》由国务院印发实施。8月30日,中国(山东)自由贸易试验区揭牌仪式在济南举行。《中国(山东)自由贸易试验区总体方案》提出以下要求:加快政府职能转化;深化投资领域改革和贸易转型升级;深化金融领域开放创新和推动创新驱动发展;高质量发展海洋经济;深化中日韩区域经济合作等七项任务。青岛片区是中国(山东)自由贸易试验区三个片区中最大的片区,其任务是重点发展现代海洋、国际贸易、航运物流、现代金融、先进制造等产业,打造东北亚国际航运枢纽、东部沿海重要的创新中心、海洋经济发展示范区,助力青岛打造我国沿海重要中心城市。

青岛应借好国家政策支持之力，深化山东自贸区、半岛蓝色经济区的合作，创新海洋经济产业，开拓海洋产业发展新空间，形成一种市内自我成长、区域深化合作、国内互通资源、国际开放发展的经济模式，使青岛成长为国内顶尖，国际领先的海洋经济城市。

（五）扶持推动青岛西海岸新区发展

青岛西海岸新区是国家级新区，其高水平发展能带动青岛片区整体的经济发展。西海岸新区的蓬勃发展能在很大程度上起到示范作用，在这种标杆作用下，周围地区可以效仿其发展路径，提升发展质量。西海岸新区的发展能拓展新空间，减少青岛发展资源不足的压力。推动西海岸新区发展是顺应时代、顺应潮流、符合国家大政方针的行动，也是向海发展的关键策略。推动青岛西海岸新区发展可以从以下几点着手。

1. 推动旅游产业发展

支持发展游艇旅游，对新注册的企业在进行设施购置旅游相关设备时进行相应的奖励，鼓励企业发展旅游相关项目，在企业层面增加发展旅游业的动力。鼓励发展旅游新业态，对新引进的带动能力强，符合文旅部确定的文化体验游、休闲度假游、生态和谐游、城市购物游、工业遗产游、研学知识游、红色教育游、康养体育游、航空航天游、自驾车房车游等旅游业新业态项目，实行相应的鼓励发展政策，提升发展动力。同时注重发展特色餐饮、打造特色街区和鼓励住宿业，让青岛的旅游产业更成系统、更有活力、更快发展。

2. 助力总部型企业的发展

总部型企业是指在青岛西海岸新区注册，具有独立法人资格，实行统一核算且在新区汇总纳税的综合型总部或功能型总部。立足动能转换和产业转型升级，大力发展船舶海工、汽车、高端装备、生物医药、新材料、信息技术、高新农业等领域企业总部，吸引集聚一批科技研发总部（企业或院所）；

立足提升港口功能，大力发展港航物流、航运金融、港口贸易等航运服务企业总部；立足增强城市功能，大力发展商贸旅游、金融会展、中介服务、文化创意设计等为重点的现代服务业总部；立足军民融合发展，引进集聚一批涉军涉海企业和研发机构；立足产业小镇建设，吸引集聚一批基金、文化、健康等产业总部。

3. 支持跨境电商产业发展

随着国际贸易环境的不断变化，跨境电商成为对外贸易中稳定持续增长的一种新业态，国务院多次召开常务会议推进跨境电商发展，想要实落实稳外贸工作要求，西海岸新区应深入推进外贸转型升级和贸易高质量发展，支持新区跨境电子商务企业发展，加强跨境电商服务体系建设。让青岛西海岸新区尽快发展起来，在青岛的海洋经济建设中起到很好的模范带头作用。

参 考 文 献

[1] 钟鸣：《新时代中国海洋经济高质量发展问题》，载于《山西财经大学学报》2021年S2期。

[2] 丁黎黎、杨颖、李慧：《区域海洋经济高质量发展水平双向评价及差异性》，载于《经济地理》2021年第7期。

[3] 王银银、戴翔、张二震：《海洋经济的"质"影响了沿海经济增长的"量"吗?》，载于《云南社会科学》2021年第3期。

[4] 郇庆治、陈艺文：《海洋生态文明及其建设——以国家级海洋生态文明建设示范区为例》，载于《南京工业大学学报（社会科学版）》2021年第1期。

[5] 戴桂林、林春宇：《对推进海洋命运共同体试验区建设的战略思考》，载于《太平洋学报》2021年第1期。

[6] 刘波、龙如银、朱传耿、孙小祥、潘坤友：《江苏省海洋经济高质量发展水平评价》，载于《经济地理》2020年第8期。

[7] 陈宁、赵露、陈雨生：《海洋国家实验室科技成果转化服务体系研究》，载于《科技管理研究》2019年第11期。

[8] 孙才志、曹强、王泽宇：《环渤海地区海洋经济系统脆弱性评价》，载于《经济地理》2019年第5期。

[9] 高田义、常飞、高斯琪：《青岛海洋经济产业结构转型升级研究——基于科技创新效率的分析与评价》，载于《管理评论》2018年第12期。

[10] 张兰婷、史磊、韩立民：《山东半岛蓝色经济区建设的体制机制创新研究》，载于《中国海洋大学学报（社会科学版）》2018年第4期。

[11] 段志霞、王淼：《山东半岛蓝色经济区海陆产业联动发展研究》，载于《中国海洋大学学报（社会科学版）》2016年第4期。

[12] 祁丽艳、陈景刚：《青岛沿海近岸城市空间建设评析》，载于《现代城市研究》2015年第8期。

[13] 黄盛：《资源环境约束下海洋产业结构优化》，载于《开放导报》2015年第3期。

[14] 高焱、李友训、黄博、王继业：《我国海洋特色的协同创新模式研究——以山东为例》，载于《科技管理研究》2014年第4期。

[15] 王春武：《山东半岛新兴休闲产业发展对策》，载于《宏观经济管理》2013年第8期。

[16] 房甜甜、田旭：《蓝色经济下青岛市科技投入创新的策略研究》，载于《科技管理研究》2013年第9期。

[17] 凌平、刘金利、李雪飞：《对我国海洋体育发展战略的思考》，载于《北京体育大学学报》2013年第3期。

[18] 孟婧：《青岛市发展蓝色经济的思考》，载于《宏观经济管理》2012年第7期。

[19] 王双：《我国海洋经济的区域特征分析及其发展对策》，载于《经济地理》2012年第6期。

[20] 陈晓文、王海宾：《蓝色经济区战略下产业升级与就业调整——基于青岛市产业结构与就业结构的相关性分析》，载于《国际贸易问题》2012年第3期。

［21］慎丽华、杨晓飞、董江春：《青岛发展邮轮旅游经济潜力分析》，载于《消费经济》2012 年第 1 期。

［22］宋军继：《山东半岛蓝色经济区陆海统筹发展对策研究》，载于《东岳论丛》2011 年第 12 期。

［23］王志宪、吕霄飞、张峰：《青岛在山东半岛蓝色经济区建设中的功能定位及发展对策研究》，载于《长江流域资源与环境》2011 年第 7 期。

［24］张广海、刘佳：《青岛市海洋旅游资源及其功能区划》，载于《资源科学》2006 年第 3 期。

［25］荀露峰、汪艳涛、金炜博：《基于熵权 TOPSIS 模型的青岛市海洋资源环境承载力评价研究》，载于《海洋环境科学》2018 年第 4 期。

烟台片区海洋经济创新发展对策研究

▶贾永华[*] 白书婷[**]

摘要： 自2019年8月山东自贸区烟台片区挂牌运行以来，烟台片区在海洋自然资源、海洋经济效益、海洋科教、海洋社会效益领域都展现出了较为良好的发展态势，充分体现了海洋经济发展的效益性、创新型、协调性、安全性和共享性，其中开放性有待提高。烟台片区属于沿海地区，地理位置优越，海洋资源丰富，海洋装备制造技术较为成熟，且正处于加入自贸区、希望与日韩两国加强交流合作的时期，发展机遇需要牢牢抓住。目前烟台片区海洋经济创新发展仍存在一系列问题，仍需将问题落到实处加以解决，推进烟台片区海洋经济的高质量发展。

关键词： 山东自贸区　烟台片区　海洋经济　创新发展

山东省毗邻我国渤海、黄海，属于华东地区沿海省市，作为中国第三经济大省，加之得天独厚的地理位置沿海优势，海洋经济已经成为山东省不可忽视的经济发展路径。2019年8月26日，《国务院关于印发6个新设自由贸易试验区总体方案的通知》正式印发，其中山东省被划分为我国第四批自由贸易试验区，自此我国形成"1+3+7+6+7"的自贸区开放格局。《中国（山东）自由贸易试验区总体方案》要求，以习近平新时代中国特色社会主义思想为指导，以制度创新为核心，以可复制可推广为基本要求，全面落实中央关于增强经济社会发展创新力、转变经济发展方式、建设海洋强国的要求，加快推进新旧发展动能接续转换、发展海洋经济，形成对外开放新高地。自贸试验区的实施范围为119.98平方公里，涵盖济南、青岛、烟台三个片区，自贸区推行的主要任务在于加快转变政府职能、打造国际一流营商环境，

---

[*] 贾永华，山东大学自贸区研究院研究助理。
[**] 白书婷，山东大学自贸区研究院研究助理。

深化投资领域改革,推动贸易转型升级,深化金融领域开放创新,推动创新驱动发展,高质量发展海洋经济,并借此深化中日韩区域经济合作。

一、烟台片区海洋经济发展现状及评价

2019年8月31日,中国(山东)自由贸易试验区烟台片区正式挂牌运行。烟台片区位于烟台经济技术开发区范围内,实施范围包括29.99平方公里(含烟台保税港区2.26平方公里),国务院批复的《中国(山东)自由贸易试验区总体方案》中对烟台片区提出的发展重点在于高端装备制造业、新材料、新一代信息技术、节能环保、生物医药和生产性服务业,利用烟台市沿海、毗邻日韩两国的地理位置优势,打造成中韩贸易和投资合作先行区、海洋智能制造基地、国家科技成果和国际技术转移转化示范区。2019年8月31日,烟台市委书记张术平在出席中国(山东)自由贸易试验区烟台片区启动建设系列活动时表示,烟台片区成功获批、启动建设,是烟台继成为全国首批沿海开放城市和山东新旧动能转换综合试验区"三核"之一后,面临的第三次重大发展机遇,各级各部门要站在全面深化市场化改革、扩大高水平开放、抢占新一轮发展先机、探索实践创新发展新路径新机制的高度,提高思想认识,增强责任担当,积极奋发作为,确保国家战略在烟台顺利实施。[①]

(一)海洋自然资源领域

烟台的海洋资源种类丰富且数量庞大。烟台近岸海域面积为11024.2平方千米,包含63个沿海岛屿,面积64.55平方千米,占山东省海岛面积的65.5%,岛岸线近206.6千米。全市海岸分南北两部分,海岸线长度909千米,现有港口10处。据统计,近海水域年平均植物量约493万个/立方米,浮游动物量为56~116千克/立方米,底栖生物为374克/立方米,为海洋生

---

① 《张术平出席中国(山东)自由贸易试验区烟台片区启动建设系列活动》,烟台市人民政府网,http://www.yantai.gov.cn/art/2019/8/31/art_11794_2499542.html。

物栖息、繁衍和生长提供了良好场所。经济价值较高的有脊椎动物30多种、无脊椎动物20多种；海藻类有紫菜、裙带菜等10多种。养殖资源丰富，市域共有滩涂2.84万公顷，其中软质滩涂2.67万公顷，15米等深线内的浅海面积达65.6万公顷，其中适宜于养殖的约为18.6万公顷。水下岩礁广布，海草丛生，是多种贝类和海珍品的天然栖息场所，其养殖业发展潜力巨大。[①]海域内拥有丰富的矿产资源：渤海湾至莱州湾的石油矿生成条件好，是渤海油田的重点采区；滨海沿岸的建筑用砂、玻璃砂和铸造模型用砂，北部海岸的石英砂矿，长岛的卵石以及丰富的贝壳资源都是制造工艺饰料和其他建筑工业的优质原料。此外，三山岛的海底金矿储藏量十分丰富，含金品位可达工业指标。总体来说，目前烟台的海洋经济发展持续性较好，但需合理利用海洋自然资源，实现可持续发展。

海洋资源利用方面，烟台港包括芝罘湾港区、龙口港区、西港区、蓬莱港区以及寿光港区等，连续多年保持全国铝矾土进口第一港、化肥进出口第一港地位。能源一体化运营体系、中国—几内亚铝矾土全程物流体系、环渤海集装箱中转巴士、巴西淡水河谷矿石混配体系、商品车出口基地、FOB烟台花费出口价格体系等体系驰名中外。图1展示了烟台2015～2020年的港口货物吞吐量，可以看出，2015～2018年，烟台港港口货物吞吐量呈现显著上升趋势，增长幅度在2015年仅有3.3%，但在2017年，与上年相比，港口货物吞吐量增长幅度已升高至13.1%，2017～2018年涨幅为10.7%，与之前相比有所下降，但港口货物吞吐量仍在增长。2019年吞吐量呈一定幅度的下降，仅完成38582万吨，位列全国沿海港口第9位，在省内落后于青岛和日照。2020年有所提升，达到39935万吨，位次未发生变化，但与日照港的差距在拉大。

此外，近海养殖方面，规模化水产养殖是未来养殖业的发展方向，但目前烟台水产养殖方法和养殖品种比较单一，养殖户的养殖观念与当前的养殖条件不匹配，造成了资源的浪费。渔药管理制度有待完善，市面上出现的渔药种类繁多、质量良莠不齐，药物选择的盲目性对水体环境中的有益生物造

---

① 李世泰：《烟台市海洋资源与海洋经济可持续发展》，载于《地域研究与开发》2000年第2期。

成负面影响,因此近海养殖业方面仍需进一步探索。

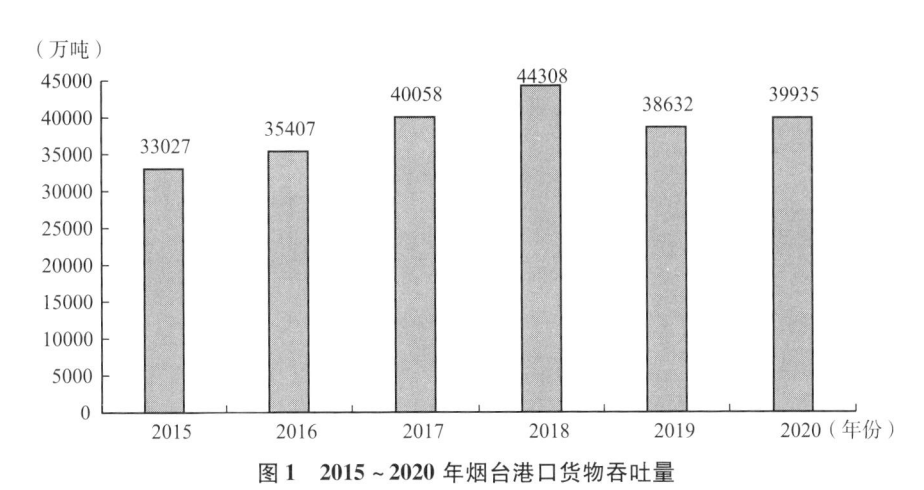

图1 2015~2020年烟台港口货物吞吐量

年份	货物吞吐量(万吨)
2015	33027
2016	35407
2017	40058
2018	44308
2019	38632
2020	39935

注:因2019年交通运输部调整了港口滚装汽车吞吐量计算方法,2019年数据与2018年不可比。
资料来源:2017~2020年《烟台统计年鉴》、《2020年烟台市国民经济和社会发展统计公报》。

(二)海洋经济效益领域

2019年,烟台市海洋经济增长率为10.7%,实现海洋生产总值1808亿元,位居山东省第2位,占全市地区生产总值的23.6%[1],国内首个自主研发的深远海智能化坐底式网箱——"长鲸一号"在长岛海域投入使用。[2]2020年,海洋经济发展进一步提升,全年全市海洋经济增长率达6%,拥有省级以上海洋牧场示范区37个,其中国家级17个,海洋牧场总面积达120万亩,"国鲍1号""长渔1号"2座智能网箱投入使用,"百箱计划"正式启动。[3]海洋经济大市建设统筹推进。突破发展现代渔业、海工装备制造业、海洋文化旅游业、海洋交通运输业、海洋生物医药业和海水淡化及综合利用

---

[1] 《1808亿!"十三五"期间烟台海洋经济居全国沿海地级市前列》,烟台市人民政府网,http://www.yantai.gov.cn/art/2020/12/18/art_20316_2920233.html。
[2] 《2019年烟台市国民经济和社会发展统计公报》,烟台统计信息网,http://tjj.yantai.gov.cn/art/2020/3/27/art_117_2740678.html。
[3] 《2020年烟台市国民经济和社会发展统计公报》,烟台统计信息网,http://tjj.yantai.gov.cn/art/2021/3/24/art_117_2876159.html。

业六大海洋产业，加快建设支撑有力、特色鲜明的现代海洋产业体系，着力打造海洋牧场示范之城、海洋旅游品牌之城、海工装备制造之城和海洋环境优美之城。

对外开放度是指一个地区经济对外开放的程度，具体表现为市场的开放程度。它反映在对外交易的各个方面，通常对外开放首先是从商品市场开始，即相对稳定的外贸进出口。从烟台市海洋经济的角度出发，对其外开放程度的衡量，主要采取货物进出口总额、实际利用外资数额、利用外资项目等指标。

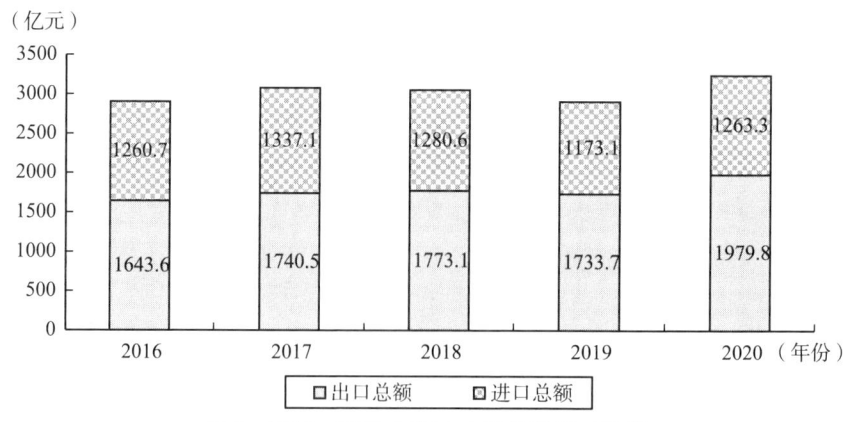

图2和表1展示了2016~2020年烟台市货物进出口总额、实际利用外资数额、利用外资项目等指标，可以看出货物进出口总额的变化呈波动较为平缓的拱形，2018~2019年货物进出口总额有所下降；而实际利用外资数额，2018~2019年有所波动，整体来说呈上升趋势，但增长幅度相对有限，2020年为22.8亿美元，较2016年仅增长10.68%；利用外资项目数量，剔除2017年较低的207个，其他年份整体同样呈上升趋势。从总投资千万美元以上外资项目来看，2016~2020年均处于增长态势，且增长幅度更为明显，2020年达到163个，较2016年增加了2.6倍之多。综上所述，近年来烟台市在利用外资数额和利用外资项目两项指标方面数据表现较为积极，但仍然缺乏更进一步的动力。货物进出口总额和外商投资企业数目两项指标数据表现较为消极，开放性还存在不足，仍然需要进一步扩大开放程度。

图2 2016~2020年烟台市货物进出口总额

资料来源：2017~2020年《烟台统计年鉴》、《2020年烟台市国民经济和社会发展统计公报》。

表 1　　　　　　　2016~2020 年烟台市利用外资情况

年份	实际利用外资数额（亿美元）	利用外资合同项目数量（个）	其中：总投资千万美元以上项目数量（个）
2016	20.6	232	45
2017	21.5	207	52
2018	26.2	282	88
2019	19.4	346	105
2020	22.8	482	163

资料来源：2017~2020 年《烟台统计年鉴》、《2020 年烟台市国民经济和社会发展统计公报》。

（三）海洋科教领域

自 2019 年 8 月 31 日正式挂牌运行以来，烟台已引进各类高校院所、创新中心、研发平台 10 余个。哈尔滨工程大学烟台研究（生）院项目深海工程装备、海洋特种材料 2 个工信部重点实验室成功获批；环东岛国际科教走廊重点布局"研发类板块"，中科院研究院、山东省实验室、华为人工智能创新中心等高端科研机构相继落户；山东省农科院胶东半岛创新中心项目已动工开建，主要布局特色果蔬、葡萄与葡萄酒研发中心、蔬菜检测中心等板块，组建"三个 100"人才创新团队，全面提升胶东半岛农业科技含金量[1]；烟台自贸区成立一年以来，引育省级以上高层次人才 50 人，全职引进一名诺贝尔物理学奖获得者（基普索恩），首开烟台市与诺奖获得者合作先河；全区发明专利授权量超过 260 件，有效发明专利拥有量超过 1600 件，万人有效发明专利拥有量突破 40 件；依托八角湾中央创新区、海洋经济创新区、业达智谷、人力资源服务产业园四大板块，引入中科院育成中心、华为人工智能创新中心等高端科研机构和产教融合机构，大力拓展人才事业平台。全区新增创新平台 16 个，其中国家级 1 个，省级 13 个，截至 2020 年 8 月，拥有市

---

[1] 《聚焦教育研发　推进产教融合　烟台开发区环东岛国际科教走廊强势崛起》，烟台经济开发区网，http://www.yeda.gov.cn/art/2020/8/5/art_14106_2797071.html。

级以上研发平台227个。①

技术方面,烟台东部高技术海洋经济新区新战略的启动加快了烟台市向蓝色经济转向、向高端转型的步伐。为发展蓝色经济新动能,烟台自贸片区高标准打造全国首家以蓝色种业为特色、以海洋科创为引擎、以海洋新兴产业为方向的烟台八角湾海洋经济创新区,于2020年3月9日正式启动八角湾海洋经济创新区总部基地,截至2020年8月,已有10家科研院所、创新中心入驻,新增一个院士工作站;总投资100亿元的烟台经海渔业"亚洲单体最大、装备水平最高、综合效益最好"的高端海洋牧场项目落地运行,开始国内最高端的深水网箱建设;投资2.5亿美元的挪威海洋牧场、2亿美元的安源种业、1.3亿美元的10万吨海水淡化等项目正在紧锣密鼓推进;成功引进国家卫星海洋技术应用中心山东中心,抢占海洋大数据制高点;中俄海洋技术创新中心与俄罗斯3家科研机构达成合作意向,将在海洋生物、海洋勘探、创新船舶等领域展开技术和产业合作;谋划启动2.5亿美元的"八角湾文旅综合体"项目,依托该平台探索海工装备保税再制造、涉外服务、国际艺术品展示以及外资旅行社领域等创新实践;综合保税区正式批复,一系列政策优惠得到升级。②

从海洋科教领域角度来说,无论是海洋科研经费投入、海洋科研从业人员数量,还是海洋科技论著、课题数量等,都可以直观地看出近年来烟台片区在尽力发展创新、实现技术突破,海洋经济发展的创新性发展较好。

(四) 海洋社会领域

海滨旅游业方面,我国旅游业已进入规模不断扩大、效益不断提高、业态不断创新、发展方式更加科学的新阶段,从狭义的传统观光旅游转型升级为观光旅游和休闲度假旅游共同发展的格局,产业体系进一步完善,产业素

---

① 《烟台自贸片区一周年 交上亮眼成绩单》,中国山东网,http://yantai.sdchina.com/show/4544585.html。
② 《烟台八角湾海洋经济创新区:谱写新时代海洋经济高质量发展"蓝色篇章"》,中国山东网,http://yantai.sdchina.com/show/4545230.html。

质进一步提升,产业关联度和产业波及效应进一步增强。海滨旅游业的发展必将有力带动相关海洋产业发展和海洋经济结构升级。烟台具有奇特的海岸自然景观,为滨海旅游的大力发展提供了基础;历史文化悠久,具有独特的海港渔人文景观,为发展具有特色的滨海旅游提供了基础;有中国道教发源地昆嵛山、徐福故里、芝罘岛以及众多的海水浴场,风光绮丽的海岛港湾等自然风光和历史文化遗迹组成了丰富的自然景观和人文景观。山东省2018年入境游客排名前五位的是青岛市、烟台市、威海市、潍坊市、日照市,其他年份也大多如此;各年的入境旅游外汇收入的前四名也大多为青岛市、烟台市、威海市、潍坊市,其中烟台的入境游客数量、入境旅游外汇收入两项均为山东省排名第二。表2显示了2016~2020年烟台市国内外游客数量和旅游消费总额,可以看出除了受新冠肺炎疫情影响的2020年出现大幅下降,其余年份国内外游客人数和旅游消费均保持增长状态,其中2015~2018年增长幅度逐渐升高,到2019年涨幅又回落至8.6%;旅游总收入也在逐年上升,但涨幅自2017年起呈现逐年下降的趋势,从2018年的13.8%跌至2019年的12.1%。因此可以得出结论:烟台市的滨海旅游业发展趋势良好,仍处于增长状态,但增长动力不足,需要进一步提升。

表2　2016~2020年烟台市旅游业发展情况

年份	国内外游客 数量（万人次）	增幅（%）	旅游消费 总额（亿元）	增幅（%）
2016	6509.64	8.50	761.58	3.22
2017	7157.35	9.95	961.45	26.24
2018	8001.34	11.79	1081.68	12.51
2019	8689.45	8.60	1211.79	12.03
2020	5349.90	-38.43	624.40	-48.47

资料来源:2017~2020年《烟台统计年鉴》、《2020年烟台市国民经济和社会发展统计公报》。

沿海地区居民生活质量方面,烟台海洋经济的发展也在带动居民生活质量逐年上升。表3显示了烟台市2016~2020年全市居民生活质量的变化,主要包含居民人均可支配收入和居民人均消费支出两个方面。表 3 数据表明，自 2016 年起，五年来烟台居民的人均可支配收入在逐年增长，除 2020 年较为特殊外，增长幅度基本稳定在 5% 以上；人均消费水平除 2020 年较为特殊外，也在逐年上升，增长幅度均在 4% 以上。

表 3　　　　　　　　烟台市年度居民生活质量情况

年份	居民人均可支配收入 水平（元）	实际增速（%）	居民人均消费支出 水平（元）	实际增速（%）
2016	29742	6.5	19979	8.3
2017	32299	6.9	21924	8
2018	34901	5.8	23383	4.5
2019	37783	5.1	25113	4.3
2020	39306	1.5	25707	-0.1

资料来源：2017~2020 年《烟台统计年鉴》、《2020 年烟台市国民经济和社会发展统计公报》。

从海洋社会领域角度来说，整体上海洋经济发展的共享性较为良好，居民可支配收入趋势可观，其生活质量所展现出的经济水平能够与海洋经济的发展相适应，做到协调统一，但与大城市相比，仍需进一步提高。

二、烟台片区海洋经济发展优势

（一）地理位置优势

烟台市地处山东半岛东部地区，东接威海、西连潍坊、西南与青岛毗邻，地处胶东半岛，与山东省几个经济发展较为成熟的城市与港口距离较近，处于山东省经济最为发达的地区，北濒渤海、黄海，与辽东半岛大连港、日韩两国隔海相望，共同构成环渤海经济圈。

得天独厚的地理位置使得烟台与其他国内港口城市的经济联系日益紧密，为共同构建海洋经济发展的经济圈奠定了基础。此外，烟台与日本、韩国隔海相望，距离优势促成了频繁的人员流动以及经济交流发展，为烟台加入自贸区打下根基。2019年9月，烟台片区推出创新举措，突出中日韩区域合作，以高标准建设中韩（烟台）产业园，创新"两国双园"合作模式，并规划建设中日特色产业园区，推动中日韩跨国产业联盟，加强中日韩人文交流和经贸合作，探索中日韩之间贸易的便利化，实现区域内经济合作新方式。烟台市是我国首批沿海开放城市之一，目前已成为环渤海经济圈内以及东亚地区的重点发展城市。

（二）海洋资源优势

2018年，习近平总书记参加十三届全国人大一次会议山东代表团审议时指出，"要加快建设世界一流的海洋港口、完善的现代海洋产业体系"[1]，党的十九大报告也指出，要"坚持陆海统筹，加快建设海洋强国"，这意味着海洋强国的步伐正不断加大，其中必不可少的是对于海洋资源的利用。所谓海洋资源，是指形成和存在于海水或海洋中的有关资源，包括海水中生存的生物，溶解于海水中的化学元素，海水波浪、潮汐及海流所产生的能量，滨海、大陆架与深海海底所蕴藏的矿产资源，以及海水所形成的压力差浓度差等。广义的海洋资源还包括海洋提供给人们生产、生活和娱乐的一切空间和设施。而作为发展海洋经济所必要的海洋资源，是指广义上的，能够促进经济发展的一切可利用的资源。

烟台作为沿海城市，拥有极其便利的条件利用海洋资源发展海洋经济。从海洋渔业资源角度，烟台市近海为百米之内的大陆架，众多河流入海，营养盐丰富，饵料生物充足，近海水域年平均植物量、蜉蝣动物量以及底栖生物量较大，为海洋生物栖息、繁衍和生长提供了良好场所，沿海有烟威渔场、莱州湾及青海渔场。调查显示，全市近海的渔业生物品种有200余种，其中

---

[1] 《习近平谈建设海洋强国》，人民网，http://politics.people.com.cn/n1/2018/0813/c1001-30225727.html。

有捕捞价值的百余种，养殖资源尤其丰富，浅海底质多为泥质粉沙或细粒，且水下岩礁广布，海草丛生，是多种贝类和海珍品的天然栖息场所，其发展浅海筏式养殖的潜力巨大。

从运输资源角度看，烟台是我国北方海上交通要道，具有发展沿海航运和国际航运的最佳地理位置。市域海岸多属基岩海岸，沿岸地基稳固遮蔽条件好，砂石可就地取材，加上湾内水深域阔，境内无大河巨川，良好的地理位置和气候条件为发展海运提供了极其优越的环境。

从矿产资源角度看，石油方面，烟台海域属于新生代沉积盆地，构成了黄渤海含油区。渤海湾至莱州湾的石油矿生成条件好、储油结构与胜利油田十分相似，是渤海油田的重点采区。矿区方面，滨海沿岸具有丰富的建筑用砂、玻璃砂等，北部海岸分布有较纯的石英砂矿，丰富的贝壳资源又是制造白水泥和工艺品的优质原料。海底金矿方面，烟台市是全国著名金矿产区，目前已发现小型砂金矿3处，含金品位可达工业指标，储藏量也较大。

从化学资源角度看，烟台市海域辽阔，丰富的海水资源及地下液态盐矿为原盐及盐化工生产提供了雄厚的物质基础。据调查，全市地下卤水矿总储量74亿立方米，含各种盐类总量约为80多亿吨，可供开采的原盐量3亿吨以上。[①]

从旅游资源角度看，烟台市近海特定的自然条件形成了海边特色旅游资源。具有优质的海水浴场，沿海有莱州湾、龙口湾、套子湾、风城湾等十几个海湾；具有长岛、养马岛等著名景区，更有传说中八仙过海的圣地供游客观赏，中国最早的古海军基地蓬莱水城、八仙阁等著名景观也都在烟台。

（三）海洋装备产业技术成熟

关于建设自贸区烟台片区，国务院对烟台片区的定位是重点发展高端装备制造业，打造海洋智能制造基地，烟台市将成为重要的制造业基地和港口城市。通过国家对烟台的这一定位可以看出，烟台市具备成为制造业重点城

[①] 李世泰：《烟台市海洋资源与海洋经济可持续发展》，载于《地域研究与开发》2000年第2期。

市的基础，因此才有实现这一定位的可能。

《"十二五"国家战略性新兴产业发展规划》指出，高端装备制造产业要"加快发展海洋工程装备"。山东省作为沿海经济大省和制造业大省，肩负着发展海洋装备制造业的重任。我国海洋油气工程装备制造业的三个核心区域分别分布在环渤海地区、珠三角地区和长三角地区，其中环渤海地区以烟台、青岛、天津、大连为主，包含中集烟台来福士、烟台杰瑞、蓬莱巨涛海洋工程公司、大连船舶重工等，中集烟台来福士的半潜式平台形成批量化生产，市场占有率较高。随着海洋装备制造业集群化的培养与发展，山东省的海工装备聚集区基本以青岛—烟台、东营—滨州为核心，目前集聚化发展良好。

2018年，烟台主要海洋产业产值达到3814.1亿元，其中，海洋工程装备与机械制造业产值突破500亿元，成为海洋经济优势产业之一。[①] 2019年，烟台海工装备产业达到650亿元，同比增长10%以上，发展速度和发展质量大幅提升，烟台市拥有一流的海工企业，现有规模以上船舶及海洋工程装备企业26户，形成了以中集来福士、杰瑞集团、中柏京鲁船业、蓬莱巨涛重工、大宇造船为骨干的海洋工程装备及配套企业群。[②] 在此基础上烟台作为沿海城市，理应在其所擅长的领域里肩负重任，做大做强海洋装备制造产业技术，为高质量发展海洋经济做出贡献。

（四）加入自贸区的契机

中国（山东）自由贸易区的设立，是为了更好服务对外开放总体战略布局，高标准高质量建设自贸试验区制定的试验区，是党中央、国务院做出的重大决策，是新时代推进改革开放的战略举措。烟台市作为山东省制造业方面的主力沿海城市，对于推进自贸区的建设与发展有着当仁不让的责任，山东自贸区的成立也为烟台加强贸易交流、发展海洋经济带来了千载难逢的历

---

① 《产值突破500亿元 中国海洋超级装备挺进深蓝》，央广网，http://news.cnr.cn/dj/20190718/t20190718_524695832.shtml。
② 《产值650亿元 2019年烟台海工装备产业发展硕果累累》，山东省发改委，http://fgw.shandong.gov.cn/art/2020/1/6/art_92345_8554574.html。

史机遇。

在技术提升方面，烟台一直是山东省海洋装备制造业发展的主力军，为更好地建设山东自贸区，将贸易交流落在实处，作为经济发展基石的实体经济的地位则尤为重要。发展实体经济，离不开技术的支持，这就迫使烟台市在海洋装备制造业方面加强技术突破与革新，为自贸区的发展打下坚实的经济基础。

在贸易往来方面，烟台与日、韩两国隔海相望。自贸区设立后，烟台与日韩的合作将更加紧密，这也成为烟台片区获批的重要原因之一。下一步，烟台片区将突出与日韩在以下三个方面进行合作：一是大力推进产业合作。开展中韩标准化合作，促进标准互认、标准体系兼容，推动产业升级和产品质量提升；加快建设中日特色产业园区，推动建立中日韩跨国产业联盟，推进中日韩跨国技术链、产业链和服务链优势互补。二是全面加强经贸合作。重点推进中日韩互惠型贸易便利化，积极筹建 FTA 支援中心，加强中日韩海关间经认证的经营者（AEO）互认合作；探索中日韩跨境电子商务合作，互设海外仓、海外展。三是全力推进科技金融合作。举办中日、中韩高新技术发展论坛，加强中日韩创新创业孵化合作，打造中日韩特色科技成果转移转化平台；探索开展人民币海外基金业务，鼓励包括日韩在内的国外交易所在烟台片区设立办事机构。

三、烟台片区海洋经济创新发展存在的问题

（一）海洋运输业发展缓慢

根据图 1 烟台 2015～2020 年港口货物吞吐量数据可以看出，自 2015 年以来，即使吞吐量有所增长，但涨幅并不明显，2019 年甚至出现了倒退的趋势，这说明烟台市港口运输效率还有待提高，仍需进一步加强基础设施建设，推进海洋运输业的发展。目前海洋运输业中所用的船舶种类复杂，营运船舶

老化现象严重，船龄多在十年以上，且主要运输的都是与国民经济息息相关的煤炭、原油、矿石等物资，致使运输效率低，营运成本增加；港口之间的无序竞争也是导致海运业发展缓慢的重要原因，相同功能码头的建设，导致各港口为了争夺货源竞相压价，整体竞争力过于分散，对国际班轮公司在山东开辟新航线缺乏吸引力。这些问题的出现，也会使得港口之间的无序竞争加剧、效益下降，一些区域产品的物流成本进一步提高。

（二）养殖业存在局限性

目前水产养殖方法和养殖的品种比较单一，养殖户局限于传统围网养殖，对于网箱养殖模式的摸索和实践工作做得不到位。养殖品种以常见品种为主，其他特殊品种探索较少。养殖户仍存在传统局限性的观念，易受市场冲击，使得供求关系限制发展。此外，还存在鱼药污染、饵料污染等问题，直接投放造成水体污染，严重威胁人类健康。部分水产养殖户容易受到利益驱动，盲目扩大养殖规模，使得大量鱼虾蟹过度食用水草而破坏生态环境的稳定。

（三）对外开放程度仍需扩大

对烟台片区来说，对外开放程度的问题主要存在于两方面：一是港口货物进出口总额增长不够，尤其自2017年起开始有逐年下降趋势，这对于海洋经济效益的贡献产生了负效应，因此需要扩大对外开放程度，力争缓解如今的被动局面；二是表现在技术进步方面，尤其是海洋装备制造业的技术问题。目前烟台片区的海洋装备制造技术仍然有待提升，此种情况下在引进技术人才、提升科研能力的同时，也应注意积极对外开放，与国外先进技术进行切磋交流，正视不足，共同进步。

（四）海洋装备制造业发展有待提高

海洋装备制造业作为烟台市最重要的、承担责任最大的海洋产业，其发展程度直接决定了烟台片区在加入自贸区建设后能否成功实现海洋经济高质量增长。目前烟台片区的海洋装备制造业存在以下两个问题。

1. 专业创新人才紧缺

虽然山东省拥有全国60%~70%的海洋高级科研人员和研究所，以及多所专门开设海洋相关专业的著名高校，但船舶与海洋工程专业人才占全省海洋科技人员的比重很低。在快速发展中，船舶修造业还存在着熟练工人和专业技术人才紧缺的矛盾，而海洋装备产业对此类人才的要求更高。相对海洋人才队伍建设成熟的国家和地区，所需专业人员储备严重不足。

2. 科研力量薄弱

海洋装备产业是高科技产业，海洋装备产业普遍具有高科技含量的特征。设计能力不足主要就是关键技术研究的欠缺，表征是产业结构不平衡，建造和研发设计"头重脚轻"。虽然目前海洋装备技术研发中已成立了相关的科研院所，但由于起步较晚，尚未形成强大的海洋装备领域的科研力量，同时海洋装备产品研发设计的实践经验不足，各类创新单元建立的综合创新平台数量不足、规模较小，本土化的产学研用合作整体效应不明显。

（五）滨海旅游业发展动力不足

根据前面的数据分析可以发现，虽然烟台片区的旅游业数据态势良好，无论国内外游客数量还是旅游收入都在逐年增长，但自2017年起，涨幅却在不断下降，这可以作为对未来趋势变化的一个预测，即烟台片区的滨海旅游业在未来的几年内可能出现数据增长越来越慢、停滞不前，甚至下跌的现象，为避免类似情况的发生，防患于未然，也应加强对滨海旅游业发展的重视程度。

（六）与其他地区海洋产业关联度不高

相比其他沿海省市，山东省海洋产业的主要问题在于不同地区擅长不同的海洋产业，但并不能达到有效配合，致使上下游产业链出现断裂，不得不利用国外进口方式解决所需要的原材料问题，降低效率的同时也增加了成本。且各个城市之间发展参差不齐，例如烟台片区海洋装备制造业较为成熟，但除烟台外的日照、威海等城市的制造业发展与烟台差距甚大，不能做到统一协调发展。

（七）海洋资源开发不合理，环保意识不强导致污染严重

烟台市域海岸的部分岸段黄沙、岩石和煤炭资源丰富，但开发不尽合理，造成淘金的宝贵原料被用作建筑黄沙，降低了海域的功能价值、生产力以及海域的综合利用效率。海岸带内淡水资源较差，盲目过量开采使海水倒灌日趋严重。海洋生物资源开发强度过大，严重损害了资源的再生过程，使资源结构比例严重失调、资源量衰竭。此外，环境保护意识不强导致局部海域污染严重，一些海岸本是众多野生物种赖以产孵和吸取养料的地区，现因堆满垃圾废物而被完全废弃。腌制海蜇的废水自流入海、养殖的贝壳随意堆放等，对滩涂海岸都造成了污染。

四、有效推动烟台片区海洋经济创新发展的对策与建议

（一）推进海洋运输业发展

1. 加强基础设施建设

烟台港历史悠久，不可避免地会出现船舶老化严重、效率低下现象，因此打好设施基础，保证船舶设施有足够的动力承载货物、推进海运发展，才是提高效率的第一步。

2. 港口布局系统化

如果港口设置没有系统化，就会使得山东省的海洋运输业一盘散沙，效率低下，适得其反。因此也应该考虑到港口设置的系统化，综合考量自身优劣势，选择好自身的功能定位。

3. 海运价格机制合理化

价格机制一直在经济贸易往来中处于最重要的地位。海运的主要优势在于价格便宜，但我国陆运、空运的进一步发展，使得海运逐渐失去了这一优势，进而导致海运业逐渐萎缩。因此，应该提高运输效率、降低成本，这样才能降低价格，继续发挥这一优势。例如，改造升级船舶，减少货物在海上的运输时间，规范化港口内的运作，减少货物在港口停留的时间，或者扩大港口规模，形成规模效益。

（二）规范养殖业模式和方法

对于规模化水产养殖问题，可以采取增加溶氧量的方法。近年来管道充气增氧技术对工艺进行了优化，扩大空气同水面的接触，优化增氧效果。还可以采取防止病害改善水质的方法，可以通过泼洒药物来实现，降低水体中的硫化物、有机质、氨氮、亚硝酸盐的含量，同时提高透明度。或者使用化学增氧剂，能够有效增加水体的含氧量并改善水质。

（三）进一步扩大对外开放程度

前面提到的因对外开放程度低造成的影响中，港口贸易因素主要通过港口建设解决，这里不再做过多阐述。对于海洋装备制造业，山东省海洋装备产业的发展离不开在海洋贸易中扮演重要角色的海外国家的支持，山东应抓住同外国的合作机遇，增强自身的国际竞争力。2019年11月27日至29日，中荷（山东）海洋装备产业合作对接活动在青岛、烟台、威海成功举行。荷兰作为"海上马车夫"一直在世界海洋贸易中扮演重要角色,此次活动也希望荷兰与山东的海工装备制造企业以及有关科研机构院校等搭建起交流的平台,增进互信,实现强强联合,互利共赢,共同推动山东"海洋强省"的建设。山东省应在此基础上,进一步扩大开放,支持企业积极参与国际产能合作,充分利用各种渠道和平台,探索各种对外合作模式,加快融入全球产业链,加快发展海洋装备制造业作为推动新旧动能转换,融入国际海洋装备产业发展大背景,进一步提高自身的竞争能力。

(四) 加强创新海洋技术突破

1. 加强创新平台搭建

重点在高端海洋工程装备、先进船舶、特色海洋装备研发等方面。打造研发体系完善化、攻关方向企业化、人员培养社会化的新型创新载体。探索"工程人才"战略,实施企业、高校双培养模式,高级人才双跨模式。政府制定补贴政策来留住更多从事海洋高端装备研发的科技人员,同时对研究项目进行补贴和鼓励。

2. 加快新旧动能转换

作为山东省新旧动能转换综合试验区建设"三核"之一的烟台市,应以"走在前列、率先突破"为目标,积极践行新发展理念,努力推动经济发展质量变革、效率变革、动力变革。培育八大主导产业构建产业新体系,实施创新驱动战略激发双创新活力,聚焦主体量质双增,实施"高企培育提升行动";聚焦载体支撑有力,实施"平台升级培育行动";聚焦资源引进共享,实施"协同创新提升行动";重点领域改革全面发力。持续扩大高水平对外开放;聚力推进重点项目;将重点项目建设工作作为推进新旧动能转换的重要抓手,集中优势要素资源全力保障项目落地建设,一方面,建立新旧动能转换项目库;另一方面,发挥新旧动能转换基金支撑保障作用。

（五）多方面发展滨海旅游业

1. 重视特色旅游文化的发展

不同的旅游胜地之所以吸引游客，原因在于景点与当地文化结合形成其独特性。烟台片区若发展旅游业，应当将海洋旅游与齐鲁文化相结合，从景点到服务赋予其深厚的齐鲁文化底蕴，与其他海滨城市的旅游业区别开来，因地制宜，塑造大型民俗旅游活动，并加大对本地旅游特色的宣传。

2. 重视游玩景点的便利程度

便利程度包括食、宿、行等方面。关于景区物价，住宿价格应当建立一个良好的价格机制，合理收费，避免哄抬物价的现象造成烟台市的负面形象；关于出行，应当重视交通工具在数量、质量等多方面的升级，并将各个沿海城市之间利用公路铁路水路等方式紧密连接起来，这样不仅能解决滨海旅游区内部通达性问题，也解决了各旅游区之间的对接问题。

3. 加强旅游业与其他产业的融合

为避免旅游业发展的单一性，同时通过产业融合提高经济效益，可以发现合理机遇将旅游业与其他产业进行融合升级改造，拓展游玩项目与其他产业相联系，创造新模式。

（六）强化产业聚集效应，增强地区间产业链关联度

针对目前山东省各地区海洋产业关联度不高的问题，实现产业聚集迫在眉睫。产业集聚可以带来可观的规模效应，能够大大推动海洋产业的升级和发展。在这一方面，应当继续以产业链和供应链为标准，针对海洋渔业、海洋医药、海洋旅游业等发展专门的特色海洋产业集聚区。帮助海洋产业相关企业减少供应链成本，并给予一定的政策扶持。

（七）合理利用资源，优化环境

1. 统一规划，合理开发，保护近岸海域

要在开发的同时，切实做到统一规划，把近岸海域环境和沿岸陆域视为一个完整的体系。

2. 优化产业结构，促进海洋经济的全面发展

根据烟台市海洋产业结构的现状，应稳步发展第一产业，积极发展加工业，大力发展旅游业和海洋运输业。第一产业应由通过扩大养殖面积而提高产量，转向稳定规模、调整品种结构、增加经济效益上来。第三产业的发展潜力巨大，烟台港建港条件优越，但建设缓慢，应加大发展速度。

3. 加大治法力度，保护海洋资源

首先要加强宣传教育，提高公民的海洋国土意识。其次要强化监督、监管和监测。根据各功能区的环境目标，合理选取测点重点，适时监测，对于给海域造成污染的企业、单位和个人，依法给予严惩，对于沿岸新项目要严格执行环境评价的要求。

（八）加强中日韩自贸区合作

烟台要借助自贸区机遇，进一步加大招商引资、招才引智力度。一是要强化烟台招商队伍的专业化建设，加大对专职招商人员的培训及管理，打造一支专人、专门、专业、专注的高水平招商队伍。二是要明晰产业定位，不能一味追求大而全，而是要根据烟台的特点，重点发展几个支柱产业，在支柱产业内部，则重点培植技术含量高、成长性好的企业。三是要做好城市、产业、项目的宣传工作，让更多客商了解烟台、来到烟台、投资烟台。四是要积极运用不同的招商方式，如委托招商、中介招商、网络招商等方式，搭建顺畅的招商平台，另外要做好项目落地的沟通联络和组织协调等服务，做好以商招商。五是要借助地域优势加大对日韩的现有产业、技术及人才的招引，使中韩产业园以及规划建设的中日特色产业园区成为烟台新一轮产业升级的排头兵。

参 考 文 献

[1] 张哲、郑国富、丁兰、蔡文鸿、魏盛军、陈思源：《福建省海洋工程装备产业现状与发展对策探讨》，载于《海洋开发与管理》2018 年第 5 期。

[2] 王萍：《山东滨海旅游资源及产业发展研究》，载于《中国海洋经济》2018 年第 2 期。

[3] 《华为人工智能创新中心在自贸区烟台片区启动》，载于《走向世界》2020 年第 26 期。

[4] 栾悦：《正在加速崛起的中韩烟台产业园》，载于《走向世界》2020 年第 4 期。

[5] 栾悦：《进博会上，烟台自贸片区抢占对外开放新高地》，载于《走向世界》2019 年第 47 期。

[6] 《中国（山东）自由贸易试验区烟台片区创新举措》，载于《烟台日报》2019 年 9 月 19 日。

[7] 时春晓：《近年来烟台市围填海动态变化及其对海洋环境的影响》，鲁东大学硕士学位论文，2017 年。

[8] 王静：《基于资源环境承载能力的烟台市海洋产业空间布局优化研究》，山东师范大学硕士学位论文，2016 年。

[9] 李成林：《烟台在山东半岛蓝色经济区建设中的发展前景》，载于《首都师范大学学报（自然科学版）》2016 年第 2 期。

[10] 安娜：《海洋文化与烟台城市文化建设刍议》，载于《知识经济》2015 年第 12 期。

[11] 林存壮：《山东省海洋资源开发与海洋强省建设对策研究》，中国

海洋大学硕士学位论文，2015 年。

［12］柳敏：《烟台海洋文化旅游资源评价》，载于《中外企业家》2013年第 15 期。

［13］吕伟：《烟台市海洋产业结构调整及发展战略研究》，山东师范大学硕士学位论文，2013 年。

［14］李世泰：《烟台市海洋资源与海洋经济可持续发展》，载于《地域研究与开发》2000 年第 2 期。

［15］谢和军：《烟台区域可持续发展与产业选择》，湖南大学硕士学位论文，2004 年。

山东自贸试验区建设框架下威海开放型海洋经济发展问题与对策研究

孙乃杰[*] 刘潇逸[**]

摘要： 山东自贸区的成立会对威海产生"溢出效应"和"虹吸效应"两方面的影响，机遇与挑战并存。本文基于威海海洋经济发展现状，构建了威海开放型海洋经济评价指标体系，通过熵值法对指标进行加权并做数据处理，结果显示与青岛、烟台相比，威海海洋经济的开放发展还存在明显的差距。进一步分析了威海海洋经济发展存在的问题，并提出威海应积极融入自贸区建设，深化与日韩经济合作，全面提升对外开放水平。

关键词： 山东自贸区　威海海洋经济　开放发展

一、引　言

海洋蕴藏了巨大的自然资源，将海洋资源高效地转化为经济优势一直以来是人们探索开发海洋经济的目标之一，随着社会经济的快速发展，陆地资源逐渐紧张，此时高质量发展海洋经济显得更加重要。海洋经济的发展关系到我国经济的长远发展，区域海洋经济的发展更是对区域经济的贡献尤为关键。党的十八大提出海洋强国战略，将海洋经济发展上升至国家更高层次的战略，党的十九大报告再次强调"坚持陆海统筹，加快建设海洋强国"（杨林、温馨，2021）。

建设海洋强国离不开海洋经济的对外开放发展，与此同时，海洋经济的

---

[*] 孙乃杰，山东大学自贸区研究院研究助理。
[**] 刘潇逸，山东大学自贸区研究院研究助理。

对外开放有助于推动全面开放新格局的形成。山东自贸区于2019年8月30日正式挂牌成立，涵盖济南、青岛、烟台三个片区，国务院在批复的山东自贸区试验方案中，对其进行了以下战略定位：全面落实中央关于建设海洋强国的要求，加快推进新旧发展动能接续转换、发展海洋经济，形成对外开放新高地。山东自贸区承担着发展海洋经济的重任，它的建设对山东海洋经济未来的可持续发展发挥着重要作用。威海作为山东省的一个海洋大市，拥有得天独厚的地理优势和丰富的海洋资源，毗邻烟台和青岛，但没有被划入山东自贸区内。山东自贸区的成立会给威海带来哪些机遇和挑战，威海如何在山东自贸区建设框架下发展海洋经济，如何进一步加强对外开放合作，这都是摆在人们面前的现实问题。

二、文献综述

目前国内外学者关于开放型经济和海洋经济的研究已经比较充分，但对于开放型海洋经济这一领域的研究少之又少，对"开放型海洋经济"也还没有明确的概念界定。"开放型经济"这一概念最早由周小川（1992）提出，他认为开放型经济是与"封闭型经济"相对应的概念，强调将国内经济与国际市场联系在一起，最大限度地参加国际分工，同时在国际分工中发挥出本国经济的比较优势；李邦君（1994）认为开放型经济就是使我国社会主义市场走向国际化，具有与国际经济通行规则相适应的经济体制和运行机制；李明武、袁玉琢（2011）认为开放型经济是指商品、服务和生产要素能够较自由地跨越边境流动，按照市场规律实现资源优化配置的一种经济状态。关于海洋经济，杨金森（1984年）对其进行了首次界定，海洋经济是以海洋为活动场所和以海洋资源为开发对象的各种经济活动的总和；2006年，我国国家海洋局编制的国家标准《海洋及相关产业分类》（GB/T 2079—2006）明确提出了关于海洋经济的定义，"海洋经济是指开发、利用和保护海洋的各类产业活动，以及与之相关联活动的综合"。结合前人的研究和观点，本文尝试给出开放型海洋经济的定义：开放型海洋经济是指区域（国家）在高度对外开放和密切与国际市场联系的背景下,以海洋为活动场所、以海洋资源为对象,高效地开发、利用和保护海洋而进行的一系列生产和服务活动。

自2013年上海成立我国首个自贸试验区以来,我国相继在不同地区又成立了多个自贸区,至山东等最新一批自贸区成立后,我国自贸区的数量已达到18个。自贸区的建立对周边地区会产生溢出、虹吸两种经济效应,溢出效应可以带动周边地区的经济发展,而虹吸效应则不利于周边地区的经济发展,至于最终是促进发展还是抑制发展,综合取决于这两种效应的作用大小。苏丹丹(2019)从扩散效应和极化效应角度出发,研究了天津自贸区对河北经济的影响;曹维娜(2017)分析了福建自贸区对南平经济的影响,指出南平应主动承接溢出效应,积极化解挤出效应;陈越(2016)等阐述了上海自贸区对宁波经济产生的机遇和挑战,并提出针对性发展建议。综上所述,前人的研究大都是围绕自贸对周边地区经济产生的影响,少有研究自贸区对海洋经济产生的影响,而在自贸区框架下对开放型海洋经济的研究则是更少。本文的边际贡献在于:探讨了山东自贸区对威海开放型海洋经济产生的溢出效应和虹吸效应,基于青烟威三地海洋经济发展现状,构建了开放型海洋经济评价指标体系,通过熵值法对指标进行加权并做数据处理,结果显示与青岛、烟台相比,威海海洋经济的开放发展还存在明显的差距。进一步分析了威海海洋经济发展存在的问题,面对挑战,威海应积极融入自贸区建设,深化与日韩经济合作,全面提升对外开放水平。

三、山东自贸区对威海海洋经济的影响

(一)威海海洋经济概况

威海市处于山东半岛的最东端,北东南三面濒临黄海,北与辽东半岛相对,东与朝鲜半岛隔海相望,西与烟台接壤,拥有良好的区位优势。威海市三面环海,管辖海域面积1.14万平方千米,海岸线长986千米,约占山东省

海岸线的1/3、全国的1/18,海洋资源突出。[①] 2020年威海市全年生产总值为3017.79亿元,其中海洋生产总值达到1027.2亿元,占生产总值的34.04%,海洋产业已经成为威海市的支柱产业之一;海洋产业结构得到一定的优化,海洋三次产业结构比由2018年的21.5∶36.9∶41.5调整为2020年的21.4∶35.7∶42.8(见表1),基本形成行业门类较为齐全、优势产业较为突出的现代海洋产业体系。

表1　　　　　　2018~2020年威海市海洋生产总值及其构成情况

年份	产值规模(亿元)				产值结构(%)		
	海洋生产总值	第一产业	第二产业	第三产业	第一产业	第二产业	第三产业
2018	897.8	193.4	331.5	372.9	21.5	36.9	41.5
2019	979.5	207.9	356.8	414.8	21.2	36.4	42.3
2020	1027.2	220.0	367.2	440.1	21.4	35.7	42.8

资料来源:根据威海市海洋发展局资料整理。

威海市海洋经济发展主要以海洋渔业、海洋旅游业、海洋水产品加工、海洋交通运输业等传统的海洋产业为主,如表2所示,以上传统产业占威海市主要海洋产业增加值的比重保持在3/4左右,海洋渔业是威海市海洋产业的主要产业之一,海洋水产品加工业的数量居山东省前列;作为一座美丽的滨海城市,气候条件宜人,近年来威海市不断加大对滨海旅游业的投入和开发,不断完善滨海旅游的环境和设施建设,积极寻求滨海旅游业的升级转型之路。然而,海洋科研教育管理服务业、海洋药物和生物制品业等海洋新兴产业发展水平较低,对威海市主要海洋产业增加值的贡献仅有10%左右。经过近几年的发展,虽然海洋生产总值中的第二、第三产业产值占比逐渐提升,第一产业产值占比逐渐下降,但仍没有改变传统海洋产业占据海洋经济的主体地位,海洋经济发展方式转型较为缓慢,制约了海洋产业结构的优化升级。

[①] 《山东省威海市以海洋牧场为载体推进海洋渔业绿色发展》,农业农村部网,http://www.jhs.moa.gov.cn/lsfz/201905/t20190510_6303353.htm。

表2　2018~2020年威海市主要海洋产业增加值及其构成情况

主要海洋产业类别	产业增加值（亿元）			产业增加值构成（%）		
	2018年	2019年	2020年	2018年	2019年	2020年
海洋工程装备制造业	23.1	25.9	26.9	3.3	3.4	3.5
海洋船舶工业	23.4	29.3	29.6	3.4	3.8	3.8
海洋渔业	190.0	204.5	216.3	27.3	26.7	27.8
海洋油气业	—	—	—	—	—	—
海洋可再生能源利用业	6.6	7.2	7.7	0.9	0.9	1.0
海洋盐业	0.2	0.2	0.2	0.0	0.0	0.0
海洋矿业	4.5	4.0	4.4	0.5	0.5	0.6
海洋科研教育管理服务业	53.6	57.0	60.0	7.7	7.4	7.7
海洋药物和生物制品业	18.8	20.6	20.8	2.7	2.7	2.7
海洋工程建筑业	12.2	13.3	14.0	1.8	1.7	1.8
海水利用业	3.2	3.4	3.4	0.5	0.4	0.4
海洋化工业	2.2	2.1	2.5	0.3	0.3	0.3
海洋旅游业	186.1	212.4	215.1	26.8	27.7	27.6
海洋交通运输业	25.0	27.3	30.1	3.6	3.6	3.9
海洋水产品加工	146.1	158.2	147.4	21.0	20.7	18.9
合计	695.0	765.4	778.5	100.0	100.0	100.0

资料来源：根据威海市海洋发展局资料整理。

（二）溢出效应

经济概念上的溢出效应，是指一个中心的经济快速发展，会对其周边地区产生积极的带动作用，促进周边地区经济协同增长，如高新技术产业的转接、政策红利的辐射、国外投资的转移等。

1. 提高开放水平，促进产业升级转型

威海西部与烟台接壤，加之距离威海最近的就是青岛，良好的区位优势

将使威海更好地吸收自贸区的溢出效应。山东自贸区的建设明确了任务之一就是要高质量发展海洋经济，因此自贸区在建设过程中会针对发展海洋经济出台各种优惠政策和条件，这将使周边地区与海洋产业相关的高端服务业自发向自贸区内聚集，最终高端服务业的聚集会倒逼相关制造业向外溢出。这将给威海的海洋产业特别是与之相关的制造业带来从传统走向高端的升级转型机会，在这样的辐射带动作用下，威海与自贸区的经济交流程度将进一步加深，对外经济合作更加密切，借助自贸区可以开拓更多贸易通道，有利于其海洋经济的对外开放发展。

2. 推动制度创新

国务院在批复的山东自贸区试验方案中提到，山东自贸区的建设要以制度创新为核心，以可复制可推广为基本要求，对标国际先进规则，努力建成辐射带动作用突出的高标准高质量自由贸易园区。自贸区的制度创新可以为威海提供良好的借鉴基础，特别是在海洋产业方面，威海有机会学习青岛、烟台的相关产业政策，针对其海洋渔业附加值低、滨海旅游业特色不突出等问题，反哺自己的海洋产业。同时，自贸区建设过程中青烟政府所扮演的角色和职能的转变，可以为威海的改革开放提供可借鉴的经验。

3. 承接产业转移，分享区域海洋产业的互补互通作用

随着自贸区内高端服务业的聚集，会使人力、土地等要素成本上升，这对自贸区内的产业会产生部分"挤出效应"，而威海临近烟台和青岛片区，有利于承接一部分产业转移。威海与烟台、青岛相比，经济体量小、新兴海洋产业实力较弱、高科技海洋产业发展相对滞后，与青烟海洋产业的梯次较为明显，这样威海的传统海洋产业可以作为青烟高端海洋产业的上游产业，积极寻求与自贸区的合作，在巩固原有产业的基础上谋求进一步的转型升级。另外，威海要借助自己的区位优势和丰富的海洋资源优势，大力发展自己的特色海洋产业，寻求异质化发展，尽量降低与青烟海洋产业的相似度。

4. 有利于提升威海港口航运服务能力，深化中日韩区域经济合作

2019年山东港口一体化改革开启后，在山东自贸区成立的前一个月，威海港并入了青岛港，顺势赶上了自贸区建设的"东风"。在这之前，威海港与青岛港的主营业务高度重合，都涉及集装箱、金属矿石、煤炭等货物的装卸和配套服务，同业之间的竞争无处不在。改革后，威海港不仅借助大集团的资源优势，开发出了大量新业务和新航线，而且逐步将散货运输功能迁移，大力发展旅游、物流、商贸、信息等现代服务功能。在山东自贸区建设背景下，威海港的发展定位也更加明确——全面参与世界一流港口建设，发挥邻近日韩的优势，打造中韩经贸桥头堡，建设承接辽东、渤海湾，对接韩国和日本的物流枢纽，威海港的定位打造有利于深化中日韩区域经济的合作。

（三）虹吸效应

虹吸效应是指某地区因拥有良好的资源、政策等优势，会对周边地区产生较大的吸引作用，使周边地区的各种资源流向该地区，对周边地区的经济产生不利影响，如人才、产业的吸引等。

1. 企业和投资的转移

山东自贸区制度创新、管理模式、产业政策、税收优惠政策、金融优惠条件等竞争优势势必会对其周边地区产生"虹吸效应"。由于威海紧邻烟台片区和青岛片区，而且青烟威三地区的海洋经济具有一定程度的重叠和相似性，这会吸引威海原有的企业和企业计划未来的投资向自贸区转移，以便享受自贸区的政策红利，谋求更好的发展，因此山东自贸区建设产生的"虹吸效应"是威海海洋产业中第二、第三产业面临的巨大的挑战，会削弱威海海洋经济的竞争力。

2. 新兴和高科技海洋产业的竞争加剧

与青岛和烟台相比，威海的新兴海洋产业和高科技海洋产业发展明显滞后，威海海洋产业的升级转型需要高素质人才和强大的科研做支撑。山东自贸区没有包含威海地区，自贸区内的政策优惠和改革红利不会首先作用于威海，相反，短期内溢出效应不明显的情况下还会与威海地区竞争人才、资本等资源，这些资源会更倾向于流向自贸区内的地区，不利于威海高科技海洋产业的发展。

3. 海关"虹吸"挑战

山东自贸区的青岛片区内涵盖了综合保税港区、保税物流园区等多种保税园区，且青岛港口的航运规模较大，通关更加便捷和自由，因此，越来越多的进出口商更愿意选择从青岛通关，这在一定程度上给威海的海关监管带来了压力和挑战。威海综合保税区要想凸显自己的优势，就不得不压缩和减小保税发展空间，从而使得海关监管面临着巨大的压力和挑战，不得不调整原有的制度和政策（吴华美，2019）。

四、威海开放型海洋经济发展水平的评价与比较

威海地处山东省的最东端，三面环海，毗邻日韩，近几年威海利用其地理位置优势，大力发展对外贸易，加强与日韩的经济交流，对外贸易额增长显著，对外经济开放程度不断加深。海洋经济在威海市经济体系中占据重要地位，本文结合威海的实际发展情况，选取合适的指标评价威海海洋经济开放发展的问题。与此同时，作为对比，笔者将青岛和烟台也纳入评价体系。通过建立科学全面的开放型海洋经济评价指标体系，反映威海开放型海洋经济发展存在的问题和不足，对其未来加快海洋经济升级转型发展、深化经济对外开放具有指导意义。

（一）评价指标体系的构建

关于开放型经济指标评价体系，许多国内外学者从不同的角度选取指标构建，但目前还没有统一的界定。孙敬水、林晓伟（2016）从"对外要素市场开放"和"对内要素市场开放"两个方面创建我国开放型经济评价指标体系，并且认为在确定评价指标权重时应采用主观赋权和客观赋权相结合的方

法；仇燕苹、张纪凤（2017）在研究连云港市开放型经济发展水平评价指标时，在"经济基础""经贸规模""内在结构"和"经济效益"四个一级指标下设立了共22个二级指标进行了体系构建；王文胜、宋家辉（2019）在研究区域开放型经济指标体系时则考虑了"开放基础""开放规模与结构""开放质量与效益"和"开放潜力"四个维度。不同学者根据研究对象的特点，考虑了不同的维度选取了不同的指标，但目前大部分研究都是基于某个地区（国家）的整体经济层次，尚没有关于开放型海洋经济评价指标体系的研究，因此，本文在借鉴前人研究的基础上，结合青烟威三市开放型海洋经济的发展现状，设立了"海洋经济开放基础""经贸规模""开放质量与效益""科研技术水平"4个一级指标、19个二级指标，并采用熵值法对其进行加权处理，构建开放型海洋经济评价指标体系（见表3）。

表3　　　　　　　青烟威三市开放型海洋经济评价指标权重

一级指标	二级指标	指标计算	权重
海洋经济开放基础	渔业产值（万元）	渔业生产总值	0.011238
	渔业增加值（万元）	渔业增加值	0.011293
	水产品产量（吨）	水产品总产量	0.030355
	海洋交通货运量（万吨）	海洋交通货运量	0.024645
	人均港口货物吞吐量（吨/人）	港口货物吞吐量/总人口	0.054830
经贸规模	进出口贸易额（亿元）	出口总额+进口总额	0.063219
	对外贸易依存度（%）	对外贸易额/GDP	0.002914
	外商直接投资额（亿美元）	实际使用外资	0.089605
	外资依存度（%）	FDI/GDP	0.015639
	对外经济合作比重（%）	对外承包和劳务合作营业额/GDP	0.077439
开放质量与效益	旅游开放度（%）	国际旅游外汇收入/GDP	0.020759
	高新技术产品出口额比重（%）	高新技术产品出口额/出口总额	0.029042
	机电产品出口占比（%）	机电产品出口额/出口总额	0.008162
	外资企业出口占比（%）	外资企业出口额/出口总额	0.013327

续表

一级指标	二级指标	指标计算	权重
科研技术水平	发明专利授权量（件）	发明专利授权量	0.196319
	R&D 经费支出（亿元）	R&D 经费内部支出额	0.071136
	高新技术企业个数（个）	高新技术企业个数	0.148547
	R&D 从业人数（人）	R&D 人员数	0.079813
	高等教育在校人数（人）	高等教育在校人数	0.051718

（二）评价结果与比较

本文的数据来源于《威海统计年鉴2019》《青岛统计年鉴2019》《烟台统计年鉴2019》《山东统计年鉴2019》等，通过熵值法赋予表3中各个指标权重，并测算三地区各项指标的得分，由于测算结果数值较小，为了便于观察在最终得分上乘以10，并保留两位小数，最后得到威海、青岛和烟台三市的开放型海洋经济发展评价结果（见表4）。威海的总得分为7.82分，排名第三；青岛为16.97分，排名第一；烟台为15.21分，排名第二。通过最终的定量结果不难发现，威海海洋经济对外开放发展水平与青岛、烟台相比还存在明显的差距，在海洋经济开放基础、经贸规模、开放质量与效益和科研技术水平四项一级指标得分中，威海均位列第三位。特别是在经贸规模和科研技术水平两项指标中，威海的得分分别为1.37和1.30，这与青岛的5.80和5.49相差甚远，这同时也反映出威海对外经贸体量小、科研技术水平存在短板的问题。要想提高海洋经济对外发展水平，务必进一步加深与日韩以及其他国家的经济合作和贸易往来，扩大对外经济贸易规模，从而带动地区内相关产业的升级发展。科研技术水平的滞后一直是制约威海经济发展的重要原因之一，如何在将来借助山东自贸区这一契机引进更多的高素质专业人才，是关系到威海科研技术水平能否快速提高和海洋经济能否突破发展的关键一环。

表4　　　　　　　　　开放型海洋经济三市得分及排名情况

城市	海洋经济开放基础	经贸规模	开放质量与效益	科研技术水平	总分	排名
青岛	2.81	5.80	2.87	5.49	16.97	1
烟台	4.73	2.83	4.44	3.21	15.21	2
威海	2.46	1.37	2.68	1.30	7.82	3

五、威海海洋经济发展存在的问题

(一) 对外开放水平较低，开放质量效益不佳

通过开放型海洋经济评价指标权重表内海洋经济开放基础指标评分的对比，可以得出威海市对外开放基础低。与邻近的青岛、烟台相比，威海市基础偏低的开放状态与基础偏低的海洋经济之间难以相互促进提高，致使威海对外开放的整体发展步伐缓慢。而且，能够有效驱动发展的科研技术水平始终不高，因此威海市对外开放更加受限。除此，威海市的开放质量与效益不理想。虽然海洋生产总值中第二、第三产业产值占比逐渐提升，但传统海洋产业仍占据海洋经济的主导地位，就海洋经济而言，丰富良好的海洋资源并没有高效结合起技术水平，生产出大量优质多种的海洋产品，没有带来更高的价值收益。另外，开放质量也是造成威海市经贸规模较小的重要因素之一，经贸体量又是评价对外开放发展水平的重要指标。综上所述，多种条件相互影响，制约了威海市的开放发展水平。

(二) 海洋经济仍以传统产业为主，支撑产业附加值低

一直以来，威海市海洋新兴产业发展水平较低，近几年第二、第三产业产值的提升仍未改变海洋渔业、海洋船舶工业等传统产业的主导地位，而起

支撑作用的海洋渔业被定位成粗放型。其中，主要在渔业发展位置、养殖业、水产品方面存在较多问题：多数的近海捕捞致使远洋渔业发展不足；养殖业发展除品种单一的限制外，方式的传统落后更使境况不容乐观；水产品加工转化程度不足以及其较低的增值率，都表现出提高水产品的精深加工能力的必要性；另外在产品运输流通方面，威海市主要采取传统分销，其效率远远低于水产品交易集散中心这种具有辐射力的方式（翟莉莉，2014）。久而久之，这种以传统产业为主、支撑产业附加值低的境况造成的后果就是威海市对外经贸体量小，不能充分利用资源吸引外资，并且难以快速发展壮大。

（三）海洋产业结构不合理，产品附加值低

目前，威海海洋产业结构不够合理。如在海洋食品、药品、保健品行列内的"四多四少"问题，短线产品多于长线产品、平销产品多于畅销产品、低档产品高于高档产品、初级粗加工产品多于精深加工产品（王明德、李敏，2013）。对应产品发展不均衡，很大程度地制约了威海海洋经济整体的开放发展。除此，威海市由于品牌效应挖掘不足、具有影响力的品牌较少，海洋产品的附加值低。比较典型的是以原料型产品生产为主的海珍品养殖业，精深开发研究不足导致海珍品本身价值难以挖掘、加工产品附加值低，是海珍品养殖业这一类海洋渔业发展层次持续偏低的主要原因。多类产品的低附加值导致威海海洋经济对外合作的吸引力远低于青岛、烟台。

（四）海洋科技支撑不足、创新能力低

作为海洋大市，威海的科技力量难以匹配其丰富的资源优势，科技支撑远远不够。以初级加工为主的海产品科技含量低；技术发展起步晚、尚未形成具有规模的产业开发群；作业工具传统、没有普遍机械化等多种现象，都显示出因科研开发创新能力低造成的粗放式海洋资源开发利用（宋鹏程，2011）。科技能力较弱的原因，就人才方面而言，缺乏高层次的海洋科技人员与高素质劳动队伍是主要原因，海洋新兴产业人才稀缺使海洋科技创新能力

难以满足海洋产业转型升级的需要。同时，威海市为数不多的相关科研院所、高校往往缺少对生产技术实践的探索与关注，难以有效解决的技术难题更是长期存在。

六、威海海洋经济开放发展的对策建议

（一）主动融入自贸区，全面提升经济开放水平

面对山东自贸区建设带来的机遇和挑战，威海必须立足于实际，充分为未来借助山东自贸区获得更广大的发展空间做好准备。威海必须积极主动地融入自贸区，充分利用"溢出"效应带来的正外部经济作用，规避"虹吸"效应带来的负面影响。威海市可以利用毗邻青岛、烟台的优势地理位置，积极主动承接青烟地区"挤出"的优质产业，加强经济对外开放程度，使"溢出"效应达到效益最大化。同时，在参与青岛烟台产业建设的同时，威海也可以借鉴自贸区的先进制度，在立足于自身实际的情况下，适当地"复制"自贸区的优惠政策，尽量减弱山东自贸区在短时间内所形成的"虹吸效应"，特别是针对其海洋渔业附加值低、滨海旅游业特色不突出等问题，为威海的改革开放提供可借鉴的经验。值得一提的是，威海作为山东地区距日本、韩国最近的城市，近几年与日韩的经济合作取得了显著的效果，在确定了"建设承接辽东、渤海湾、对接韩国和日本的物流枢纽，全面参与世界一流港口建设"的定位后，威海下一步应该着力于提升与日韩合作的深度和广度，强化优势互补，探索共同开拓第三方市场，加强与日韩海关间"经认证的经营者（AEO）"互认合作，构建新型贸易合作模式，全面提升对外经济开放水平。

（二）营造良好的融资环境，推动海洋产业升级转型

威海市需要加快产业结构优化，尤其在海洋产业方面，更需要加速升级

转型。威海市应该利用好西接烟台、邻近青岛的区位优势，积极主动承接青烟地区的产业转移，逐步打造区域次金融中心，高效吸引外资、提高开放水平。由于威海市传统海洋产业占比较大，可考虑作为青烟高端海洋产业的上游产业，主动寻求与自贸区的合作、形成对应的产业链条，三市共同推进山东省海洋创新产业体系的构建。另外，在做强传统产业的同时，威海市必须提高新兴产业的发展质量，增加高端生产型服务企业的数量。其中，最主要的措施便是完善信用体系、引进外来投资，通过提供金融、研发、设计等方面的专业性服务，带动服务业进一步优化发展，这也将有助于培养高附加值的产业。当然，这要求威海市采取提高基础设施、缩小营商环境差异、推进开放改革等有助于营造良好融资环境的系列政策。只要威海内部市场可容性增强，招商引资就会更加趋于理想状态，威海市也将大大加快整体产业优化升级的步伐。

（三）积极实现错位竞争，做强海洋特色产业

威海市应加强对山东自贸区政策解读的研究力度，把握自贸区发展的"风向标"，实行错位竞争的发展策略、降低与青烟地区海洋产业的相似度，以减弱自贸区建设产生的"虹吸效应"对威海海洋经济的威胁。威海在强化海洋传统产业升级转型的同时，着力培养自己的特色产业，打造长久持续发展机制。例如在港口运输方面，威海港并入青岛港后，应该细分进出口的产品种类，做好与青岛港的分工对接工作，避免重复性竞争。威海市三面环海，海岸线长，滨海旅游业是威海海洋经济的特色产业之一，但这一行业远没有达到饱和的程度。下一步应该加强滨海地区旅游娱乐设施的建设，加大在旅游业的研发投入，融入高科技元素与时俱进，创新滨海旅游的模式，打造让游客流连忘返的威海形象。

（四）大力引进高素质专业人才，提高科研技术水平

威海市需要大力引进、培养高素质人才。尤其是在青烟地区新兴高科技

海洋产业发展迅速的情况下,威海想要加速产业升级转型、提高海洋经济开放发展水平,更需要高素质专业人才作为支撑力量。高素质人才不仅在提高科技水平、创新能力方面扮演主要角色,在企业管理、政策制定等服务行业中更是不可替代。虽然自贸区的"虹吸效应"使威海市面临的巨大挑战和压力,但威海更应该充分利用好自贸区这个涉及方面更广泛、政策制度更灵活的就业平台,引入国内外优秀人才。威海市政府也可以制订更多人才引进计划,针对高素质人才在本市就业提供相应的优惠补贴。除此,位于威海市的高校和科研机构应该注意培养起融入企业的意识。对于威海市现有的人才团队,培养、更新其思想理念也十分有必要,比如定期邀请专家来威海举办座谈,走到青烟等较发达地区学习等。提高科研技术水平、做好高素质人才引进、培养,将有效助力威海市缩小与青烟地区之间的差异、持续推进经济高速开放发展。

参 考 文 献

[1] 杨林、温馨:《环境规制促进海洋产业结构转型升级了吗?——基于海洋环境规制工具的选择》,载于《经济与管理评论》2021年第1期。

[2] 周小川:《走向开放型经济》,载于《经济社会体制比较》1992年第5期。

[3] 李邦君:《论我国发展开放型经济的机遇和挑战》,载于《国际商务研究》1994年第5期。

[4] 李明武、袁玉琢:《外向型经济与开放型经济辨析》,载于《生产力研究》2011年第1期。

[5] 杨金森:《发展海洋经济必须实行统筹兼顾的方针——中国海洋经济研究》,海洋出版社1984年版。

[6] 国家海洋局:《海洋及相关产业分类 GB/T 20794—2006》,中国标准出版社2006年版。

[7] 苏丹丹:《天津自贸区对河北经济的影响——基于扩散效应和极化

效应分析》，载于《广西质量监督导报》2019年第8期。

[8] 曹维娜：《福建自贸区对南平经济发展的影响》，载于《市场研究》2017年第6期。

[9] 陈越、王琤、鲍莉芳、张馨予、王勇：《上海自贸区对宁波经济的影响》，载于《浙江万里学院学报》2016年第6期。

[10] 吴华美：上海自贸区对江苏经济的虹吸效应和溢出效应分析》，载于《太原城市职业技术学院学报》2019年第12期。

[11] 孙敬水、林晓炜：《开放型经济的评价体系研究进展》，载于《国际经贸探索》2016年第2期。

[12] 仇燕苹、张纪凤：《连云港市开放型经济发展水平评价指标体系构建》，载于《淮海工学院学报（人文社会科学版）》2017年第10期。

[13] 王文胜、宋家辉：《浙江省开放型经济指标体系及评价研究》，载于《杭州电子科技大学学报（社会科学版）》2019年第6期。

[14] 翟莉莉：《威海市海洋产业发展战略研究》，载于《时代金融》2014年第12期。

[15] 王明德、李敏、邓基科：《关于推进威海市海洋经济创新发展区域示范工作的思考》，载于《农村财政与财务》2013年第11期。

[16] 宋鹏程：《威海市发展蓝色经济的思考与建议》，载于《北方经济》2011年第12期。

山东自贸试验区建设框架下胶东半岛海洋经济一体化发展障碍与突破

▶孟楚翘* 杨婧雯**

摘要: 在区域建设一体化的背景下,为提高沿海地区城市发展的主要竞争力,海洋空间和海洋资源逐渐成为区域竞争的主要焦点。胶东半岛作为山东半岛"蓝色经济区"的核心区域,天然良港众多,海洋自然资源丰富。但近年来,由于地方行政干预、产业逐渐趋同等原因,胶东半岛海洋经济发展一体化进程一度出现停滞现象。2019年,国务院印发了《中国(山东)自由贸易试验区总体方案》;2020年9月,《胶东五市海洋经济一体化发展合作协议》签订,胶东半岛海洋经济发展迎来新的机遇。本文将以山东省自贸试验区建设为框架,以胶东半岛为地域研究单元,研究胶东半岛海洋经济一体化发展的现状与障碍,并提出相应的发展意见,以期能在山东半岛自贸试验区建设机遇下为胶东半岛海洋经济一体化发展带来突破。

关键词: 山东自贸区 胶东半岛 海洋经济 一体化

一、引 言

2021年3月11日,十三届全国人大四次会议表决通过了《关于国民经济和社会发展第十四个五年规划和2035年远景目标纲要》(以下简称"'十四五'规划")的决议,海洋经济发展作为单独一章出现在规划当中,阐明我国海洋发展新坐标,为我国海洋强国建设提供基本遵循与行动指南。山东

---

* 孟楚翘,山东大学自贸区研究院研究助理。
** 杨婧雯,山东大学自贸区研究院研究助理。

作为海洋大省，积极落实海洋强国建设的使命号召，提出建设海洋强省战略，扎实推进山东省海洋经济高质量发展。胶东半岛作为山东省的重要组成部分，其优越的地理位置决定了其在实施海洋经济一体化发展战略中的重要意义。同时，"十四五"政策布局也为胶东半岛破除现有障碍、进一步推进海洋经济一体化发展带来新的机遇。

从理论层面来看，自荷兰经济学家丁伯根首次提出"经济一体化发展"概念以来，学者们便从理论和实践视角对经济一体化课题展开了一系列卓有成效的探索，并逐步延伸到海洋经济领域。近年来，因山东省海洋经济陷入发展困境，有关山东"海洋经济一体化发展"的研究问题日益受到人们的关注，对其发展情况的研究不断增多。目前国内对于海洋经济一体化的研究主要体现在两个方面：一是从定性的角度研究海洋经济一体化发展的概念沿革、理论依据以及政策支持等（张逍，2008；向云波、彭秀芬等，2010；李娜，2014）；二是从定量的角度，结合耦合性、矩阵、建模等数据分析方法对海洋经济一体化发展提出可操作性更强的建议（于丽丽、孟德友，2017；李博、田闯等，2020）。但值得提出的是，自长三角、珠三角海域综合实力崛起以来，国内学者对于胶东半岛海洋经济发展的研究逐渐搁置，相关的理论研究与数据分析较为欠缺，对胶东半岛海洋经济一体化发展现存情况与未来前景的研究尚缺乏广度与深度。

总之，国内外海洋经济研究为本文奠定了良好的研究基础，但总体上看目前对胶东半岛地区海洋经济一体化的研究还不够深入。区域海洋经济发展是多层次复合系统，需要综合考虑产业基础、区域协调、现实障碍等多重因素。本文基于"十四五"规划时期山东海洋强省建设的新要求，对胶东半岛海洋经济一体化发展的现有基础、现实障碍与未来形势进行分析，并提出针对胶东半岛海洋经济一体化建设，应注重形成新发展机制，推动半岛城市群建设，提升海洋科技一体化水平并推动海洋生态共治的新观点。

二、胶东半岛海洋经济一体化发展的基础

(一) 胶东半岛海洋经济的基本情况

1. 青岛市

近年来,青岛市海洋经济发展迅猛,处于新旧动能转换关键时期,海洋生产总值逐年上升,并成为拉动胶东半岛地区海洋经济发展的重要引擎。2015~2020年,青岛市海洋生产总值保持逐年稳定增长,对青岛GDP的贡献率逐年增加。如图1所示,2015年,青岛全市实现海洋生产总值2093亿元,同比增长15.1%。与此同时,海洋生产总值占全市GDP比重达到22.5%。2016年,青岛全市实现海洋生产总值2515亿元,同比增长15.7%;海洋生产总值增速高于GDP增速7.8个百分点;海洋生产总值占全市GDP比重达到25.1%,较上年同期提升2.6个百分点。2017年,青岛全市实现海洋生产总值2909亿元,同比增长15.7%,占全市GDP比重达到26.4%,比上年同期提升1.7个百分点。海洋经济总量占全省比重20.8%,比上年同期提升1.5个百分点。海洋经济拉动GDP增长3.9个百分点,比2016年提升0.4个百分点。2018年,青岛全市海洋生产总值3327亿元,同比增长15.6%,海洋生产总值占全市GDP比重为27.7%。2019年,青岛全市海洋生产总值约3374亿元,同比增长11.2%,对全市GDP的贡献率再创新高,占比达到28.7%。[①] 在疫情条件下,2020年全市海洋生产总值仍实现3581亿元,占全市GDP比重达到28.9%,同比增长6.1%,在胶东半岛海洋经济一体化发展的大趋势下,作为地区海洋经济的龙头城市,青岛市未来海洋经济发

---

① 《关于青岛市政协十三届四次会议第378号提案的答复意见》,青岛市海洋发展局,http://ocean.qingdao.gov.cn/n12479801/n12480042/n31588801/201222181636972115.html。

展前景广阔。①

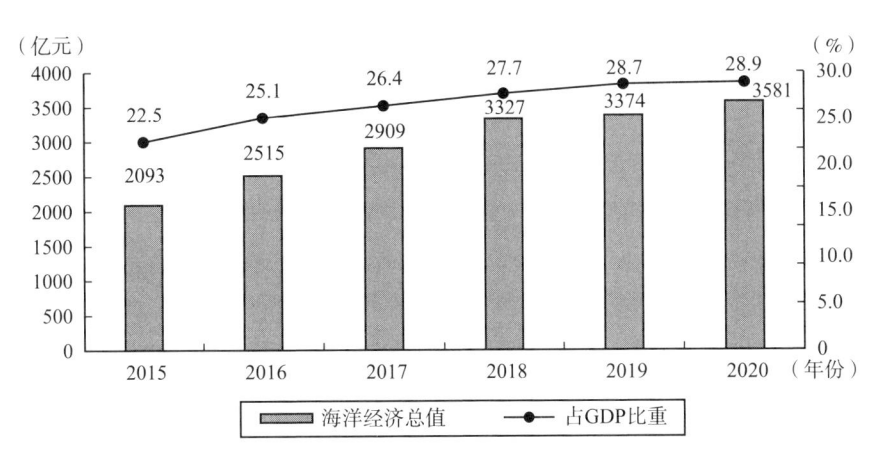

图1 2015~2020年青岛市海洋生产总值及其占GDP比重

资料来源：青岛市统计局，http://qdtj.qingdao.gov.cn/n28356045/n32561056/n32561071/n32562217/index_3.html。

在海洋经济高质量发展的要求下，青岛市海洋经济也面临着产业结构调整的转型要求。自2015年以来，青岛市海洋第二、第三产业比重逐年增加（见图2），在海洋经济发展中发挥着日益重要的作用。

2015年，青岛市海洋第一产业实现增加值96.7亿元，同比增长2.8%；海洋第二产业实现增加值1031.7亿元，同比增长19.2%；海洋第三产业实现增加值965亿元，同比增长12.3%。② 2016年，海洋第一产业增加值105亿元，同比增长5.2%；海洋第二产业增加值1287亿元，同比增长17.5%；海洋第三产业增加值1123亿元，同比增长13.7%。③ 2017年，青岛市海洋第一产业增加值106亿元，同比增长1.1%；海洋第二产业增加值1513亿元，同比增长17.6%；海洋第三产业增加值1290亿元，同比增长14.8%；海洋

---

① 《关于对〈青岛市海洋经济发展"十四五"规划（征求意见稿）〉公开征求意见的通知》，青岛政务网，http://www.qingdao.gov.cn/zwgk/zdgk/jcygk/zjdc/202111/t20211112_3816138.shtml。
② 《海洋经济："十二五"青岛发展的新动力》，青岛市统计局网，http://qdtj.qingdao.gov.cn/n28356045/n32561056/n32561071/n32562217/index.html。
③ 《聚焦深蓝 助推经济发展实现新跨越》，青岛统计局网，http://qdtj.qingdao.gov.cn/n28356045/n32561056/n32561071/n32562217/180324170039415166.html。

三次产业比例3.6∶52∶44.4。① 2018年,海洋第一产业增加值110亿元,同比增长5.1%;第二产业增加值1766亿元,同比增长18%;第三产业增加值1451亿元,同比增长13.7%。②

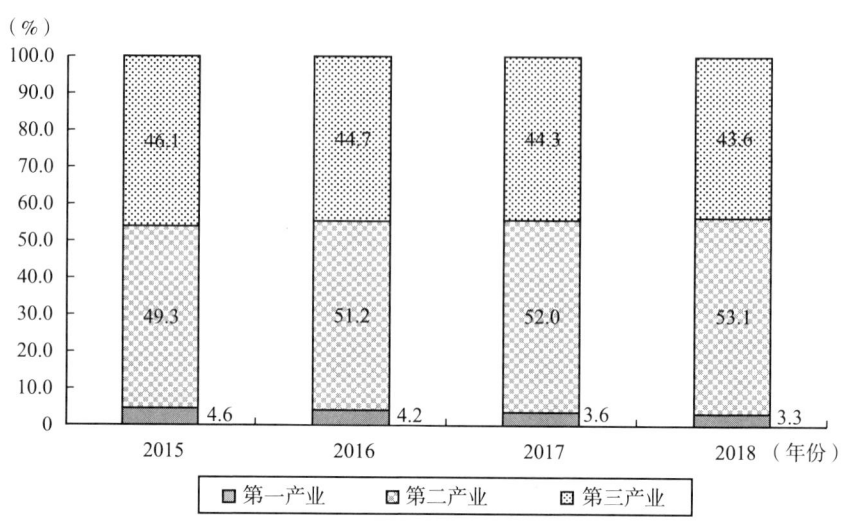

图2 2015~2018年青岛市海洋三产业比重

资料来源:青岛市统计局,http：//qdtj.qingdao.gov.cn/n28356045/n32561056/n32561071/n32562217/index_3.html。

2. 烟台市

2015~2019年,烟台市主要海洋产业产值由3100亿元迈过4000亿元大关,稳居山东省第二位,年均增速近9%。海洋经济,成为烟台经济发展的重要增长极。③

2016年,烟台全市海洋生产总值1730亿元,占全市GDP的25%。④

---

① 《2017年青岛市海洋经济运行情况分析》,青岛统计局网,http：//qdtj.qingdao.gov.cn/n28356045/n32561056/n32561071/n32562217/181211171530885362.html。
② 《2018年全市海洋经济运行总体向好》,青岛统计局网,http：//qdtj.qingdao.gov.cn/n28356045/n32561056/n32561071/n32562217/190322090440050444.html。
③ 《海洋经济成烟台经济发展重要增长极》,烟台新闻网,http：//news.shm.com.cn/2020-12/20/content_5183311.htm。
④ 《烟台海洋经济这么牛!未来将打造成为海洋强市》,大众网,http：//yantai.dzwww.com/xinwen/ytxw/ytjj/201711/t20171116_16256645.htm。

2017年，烟台全市海洋生产总值达到2009亿元，居全国地级市首位，占全市GDP的27.4%。[①] 2018年，烟台全市全市实现海洋生产总值2241亿元，增长11.5%，占全市GDP的28.4%。[②] 到2019年，烟台全市实现海洋生产总值1808亿元，位居全省第2位，占全市GDP的23.6%（见图3）。[③]

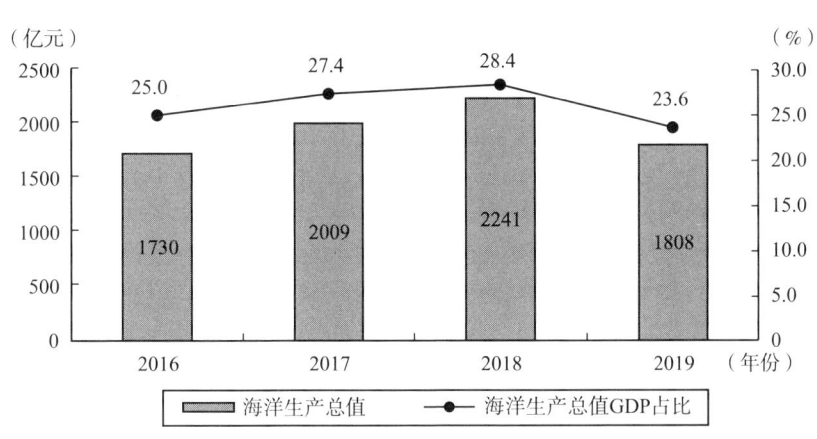

图3 2016~2019年烟台市海洋生产总值及其占GDP比重

总的来说，即使受全省经济形势和产业结构调整的影响，烟台市海洋经济在2019年有所下滑，但其地位仍居全省第2位，居全国沿海地级市前列。烟台市作为全国首批海洋高技术产业基地试点城市、全国首批海洋经济创新发展示范城市、全国海洋生态文明建设示范区，具有良好的海洋经济发展前景。

3. 威海市

自2015年以来，威海全市海洋生产总值年均增长9.3%，发展态势较好。虽然威海市在2017~2018年海洋经济发展遇到"瓶颈"，但在2019年逐

[①] 《向蓝的战略 烟台向着海洋经济大市的目标跨步迈进》，齐鲁网，http://news.iqilu.com/shandong/shandonggedi/20181217/4139461.shtml。
[②] 《烟台市打造海洋牧场示范之城努力建设海洋经济大市》，烟台市人民政府网，http://www.yantai.gov.cn/art/2019/2/28/art_20316_2377605.html。
[③] 《1808亿！"十三五"期间烟台海洋经济居全国沿海地级市前列》，烟台市人民政府网，http://www.yantai.gov.cn/art/2020/12/17/art_43376_2919949.html。

步回暖，2020年渐入佳境，说明威海市海洋经济的自身发展具有较强的弹性和较好的恢复性，发展潜力大，并逐渐成为拉动经济发展的重要引擎。

如图4所示，2015年，威海全市海洋生产总值达1010亿元，占全市GDP比重的33%。2016年，威海全市海洋生产总值达1124亿元，占全市GDP比重达到35%。2017年，威海全市海洋生产总值840亿元，较前年有所下滑，占全市GDP比重的26%，处于平稳过渡阶段。2018年，威海全市海洋生产总值为898亿元，同比增长6.9%，占全年GDP比重的25%。2019年，威海全市实现海洋生产总值980亿元，同比增长9.1%，占全市GDP比重的33%。2020年，威海市海洋经济进入高质量发展阶段，实现海洋生产总值1027.2亿元，较前年增速明显，占全市GDP比重的34%。

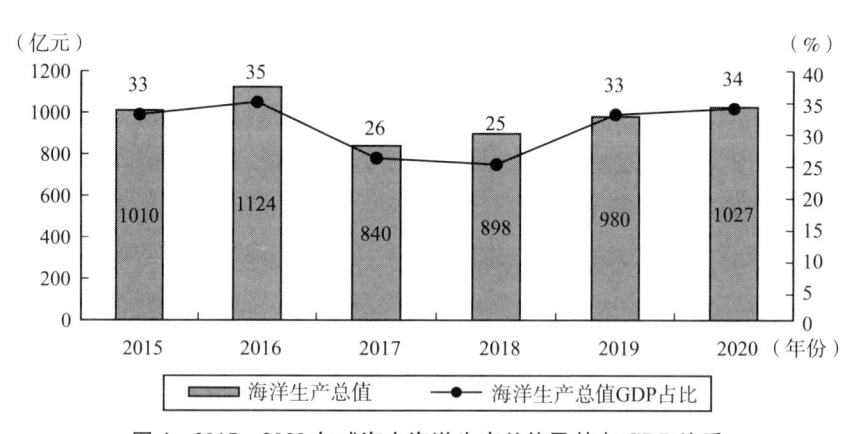

图4 2015～2020年威海市海洋生产总值及其占GDP比重

资料来源：根据威海市海洋发展局网站相关资料整理，http://data.weihai.gov.cn/weihai/catalog/index?Q=%E6%B5%B7%E6%B4%8B%E4%BA%A7%E4%B8%9A&filterParam=org_code&filterParamCode=1137100000435966XK&from=index&page=1。

此外，威海市的海洋产业结构不断优化，高附加值的第三产业发展迅速，比重提高近5个百分点（见图5）。2015年，威海海洋三次产业比例为23.8∶39∶37.2。2016年，威海市海洋三产比重分别为24.1∶37∶38.9。2017年，威海海洋三次产业比例为21.6∶37.3∶40.3，处于平稳过渡阶段。2018年，海洋三次产业比例为21.5∶36.9∶41.6。2019年，威海市海洋三产比重分别为

21.2∶36.5∶42。到2020年，威海海洋三产业比例优化为21.4∶35.7∶42.8，第三产业优势逐渐凸显。

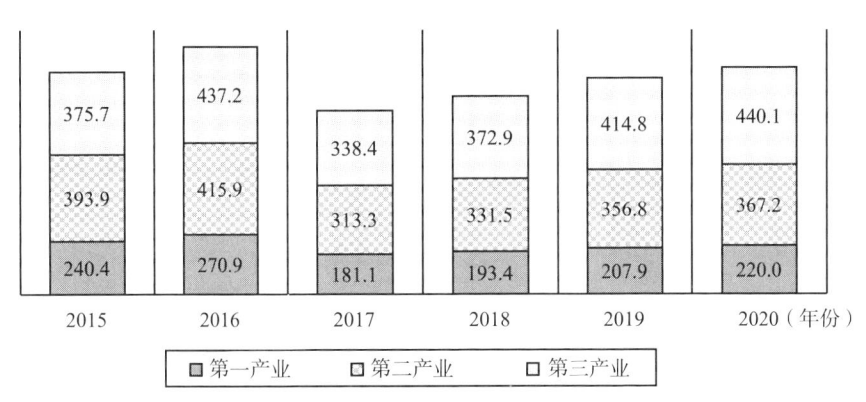

图5 2015～2020年威海市海洋三产业比重

资料来源：根据威海市海洋发展局网站相关资料整理，http：//data.weihai.gov.cn/weihai/catalog/index？Q=%E6%B5%B7%E6%B4%8B%E4%BA%A7%E4%B8%9A&filterParam=org_code&filterParamCode=1137100000435966XK&from=index&page=1。

4. 潍坊市

近年来，潍坊市为加快海洋经济高质量发展，出台了海洋强市建设行动方案，重点实施海洋科技创新引领、海洋新兴产业培育、海洋现代服务业快速崛起等"八大工程"，加快发展"七大主要海洋产业"，培育"十大海洋特色园区"，推进"百个涉海重点项目"，处于新旧动能转换的关键期。

2017年潍坊全市实现海洋生产总值1200亿元，占全市GDP的比重达到20.5%。[①] 2018年潍坊全市海洋生产总值达到1156亿元，占全市GDP的18.8%，特别是在海洋动力装备领域成果突出。[②] 2019年，潍坊全市海洋生

---

① 《潍坊海洋强市建设行动方案》，潍坊市发改委网，http：//fgw.weifang.gov.cn/tzgg/201808/t20180808_5266707.html。
② 《关于我市北部沿海地区高质量发展海洋产业的建议》，潍坊新闻网，http：//www.wfnews.com.cn/subject/2020-11/17/content_2310192.htm。

产总值1013亿元，占全市GDP比重的17.8%（见图6）。[①] 潍坊市2017～2019年三年来海洋生产总值整体呈下降趋势，海洋经济正处于高质量发展过程中的阵痛期，亟待突破发展瓶颈。

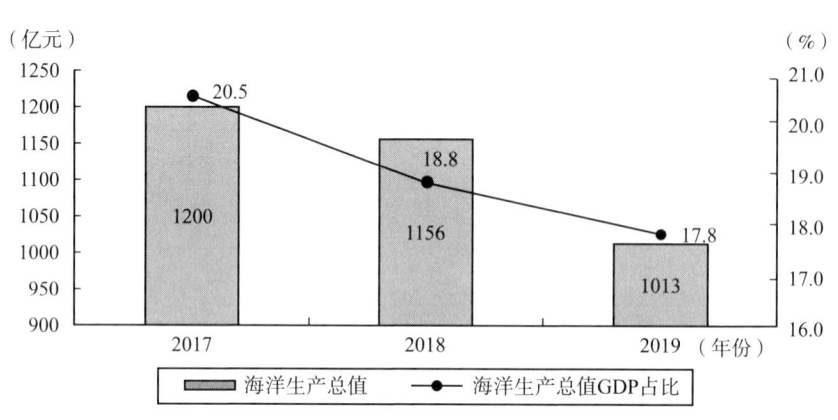

图6 2017～2019年潍坊市海洋生产总值及其与GDP比重

5. 日照市

近年来，日照市结合自身优势，打造海洋经济体制机制创新、海洋产业聚集、陆海统筹发展、海洋生态文明等区域性海洋功能平台，海洋生产总值逐年稳步提升，海洋经济发展质量效益持续增加，海洋经济地位不断上升。2018年日照全市实现海洋生产总值500亿元，占全市GDP比重的22.7%。2019年日照全市实现海洋生产总值557亿元，较前一年增长明显，于GDP占比也有所增加，占全市占GDP比重的28.6%。2020年即使受新冠肺炎疫情影响，日照市海洋生产总值仍增长明显，总计600亿元，占全市GDP比重达到29.9%，海洋经济持续向好发展（见图7）。

[①] 《我市全力打响"潍坊国际海洋动力城"品牌》，潍坊投资促进网，http://cjj.weifang.gov.cn/zsdt/202009/t20200911_5702236.html。

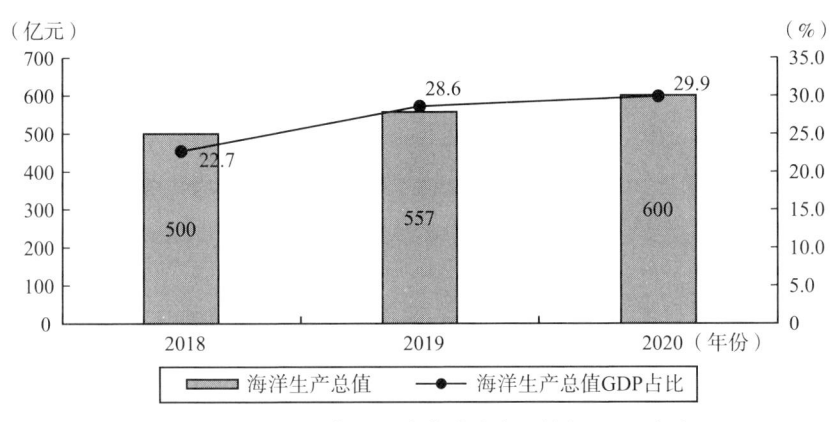

图7 2018~2020年日照市海洋生产总值与GDP占比

（二）胶东半岛优势海洋产业的发展情况

1. 青岛市

青岛海洋产业在海洋交通运输、滨海旅游业、海洋装备制造业和涉海产品材料制造业方面优势突出。2018年，海洋交通运输业、滨海旅游业、海洋装备制造业和涉海产品及材料制造业4个支柱产业共实现增加值2025亿元，占海洋经济比重60.9%。[1] 作为国家"一带一路"建设规划中定位为"新亚欧大陆桥经济走廊主要节点城市"和"海上合作战略支点"的城市，青岛航运价值在全国范围内举足轻重。2019年，山东港口集团在青岛挂牌成立，青岛港在A股上市，全球领先集装箱自动化码头建成投产，生产效率位列沿海集装箱港口第一位。[2] 2020年青岛港集团完成货物总吞吐量5.4亿吨，较上年同期增长4.5%，完成集装箱吞吐量2201万标准箱，较上年同期增长4.7%，并且跻身全球港口前十名。[3] 青岛滨海旅游业作为传统优势产业，在

---

[1] 《2018年青岛市国民经济和社会发展统计公报》，青岛市统计局网，http://qdtj.qingdao.gov.cn/n28356045/n32561056/n32561072/190319133354050380.html。
[2] 《青岛：汇聚海洋创新要素 构建特色海洋产业体系》，中国工业信息网，http://www.cinn.cn/dfgy/202012/t20201231_237314.html。
[3] 《青岛港2020年报发布 集装箱吞吐量首超韩国金山港》，经济观察网，http://www.eeo.com.cn/2021/0401/483499.shtml。

257

海洋经济中的比重仅次于海洋交通运输业，位居第二。2018 年，青岛接待国内外游客超过 1 亿人次，增长 15%，实现旅游消费总额 1867.1 亿元，增长 13.8%，足以见青岛市滨海旅游业发展迅猛。[1] 在海洋装备制造业，2019 年青岛共投资 2520 亿元，有 124 个重点项目开工建设，开工率达 79%，大部分涉及船舶与设备制造[2]；国家深海基地全力打造"六龙一宫"深海探测网络体系，服务国家海洋战略。[3] 同时，在涉海产品材料制作方面，青岛积极推进蓝谷涉海新材料研发、青岛西海岸国家海洋新材料高新技术产业化基地、崂山海洋生物产业园、莱西石墨烯新材料产业园建设，重点发展海洋防腐防污材料、生物质纤维材料等高端材料系列产品。

2. 烟台市

烟台在海洋工程装备方面优势突出。依托海洋资源条件和产业基础，烟台大力发展海洋工程装备产业，于 2019 年实现产业总值 650 亿元，同比增长 10% 左右；以中集来福士、杰瑞集团、中柏京鲁船业、蓬莱巨涛重工、大宇造船为龙头企业，形成领先于国内同行业的特种船舶、海工装备等产业优势。[4] 烟台市船舶及海工装备基地是全球四大深水半潜式平台建造基地之一、全国五大海洋工程装备建造基地之一，国内交付的半潜式钻井平台有 80% 在烟台制造，烟台制造的"蓝鲸 1 号""蓝鲸 2 号"在南海顺利完成两轮可燃冰试采任务，将我国深水油气勘探开发能力带入世界先进行列；为挪威建造的全球最大最先进的三文鱼深水养殖工船交付使用，达到全球最严格的挪威石油标准化组织标准。[5]

---

[1]《2018 年青岛市国民经济和社会发展统计公报》，青岛统计局，http://qdtj.qingdao.gov.cn/n28356045/n32561056/n32561072/190319133354050380.html。
[2]《青岛市海洋发展局对市政协十三届三次会议第 206 号提案的答复》，青岛政务网，http://www.qingdao.gov.cn/zwgk/xxgk/hyfz/gkml/gwfg/202010/t20201018_404045.shtml。
[3]《"国字号"平台引领青岛创新》，青岛政务网，http://www.qingdao.gov.cn/n172/n1530/n32936/180409085958748188.html。
[4]《烟台高质量发展这一年 | 海工装备产业实现产值 650 亿元》，大众网，https://sd.dzwww.com/sdnews/202001/d20200106_4628267.htm。
[5]《"要在发展海洋经济上闯出新路！"烟台十四五规划谋划向海蓝图》，烟台市人民政府网，http://www.yantai.gov.cn/art/2021/2/26/art_20316_2928099.html。

3. 威海市

威海海洋优势产业主要为海洋水产品加工、海洋旅游业和海洋渔业。2020年，威海市上述三大支柱产业分别占海洋生产总值的18.94%、27.64%和27.79%。[①] 在海洋水产品加工方面，威海市正处于从粗加工到精深加工的转型阶段，拟扭转以卖原材料为主的低附加值局面，大力发展技术含量高的以海洋药品、海洋保健品、海洋化妆品、海洋新材料等海洋"高端精产品"为主的海产品精深加工。在海洋旅游业方面，"十三五"期间，威海市A级景区数量创历史新高，全市达到50家，其中5A级景区2家，数量居全省第一，游客接待人数大幅提升，由2016年接待3861.46万人次，上升到2019年接待5151.6万人次，旅游消费总额占全市GDP比重由2016年的16.17%提高到2019年的23.37%。[②] 在海洋牧场方面，近年来，威海市把海洋牧场作为建设创新型国际海洋强市的重要突破口，全方位提升海洋牧场建设水平，创建了31个省级海洋牧场示范项目，11个国家级海洋牧场示范区，海洋牧场面积达到120万亩，产量超过170万吨，威海市推进以海洋牧场产品为原料的海产品精深加工，年加工量达363万吨，占省的54%、全国的16%，成为全国最大的海产品精深加工物流基地，养殖产品加工平均增值3.5倍，年增产值200多亿元。[③]

4. 潍坊市[④]

潍坊海洋优势产业主要体现在以盐化工、精细化工的海洋化工方面。在海洋化工方面，由于"蓝色"基础较好，原盐、纯碱、溴素产量分别占全国的1/4、1/6、9/10。在海洋装备制造项目建设上，立足产业基础，潍坊市组

[①] 根据威海市海洋发展局和威海公共数据开放网资料整理，http://data.weihai.gov.cn/weihai/catalog/index? Q = % E6% B5% B7% E6% B4% 8B% E4% BA% A7% E4% B8% 9A&filterParam = org_code&filterParamCode = 1137100000435966XK&from = index&page = 1。
[②] 《威海市"十三五"期间文化和旅游发展情况新闻发布会》，威海新闻网，http://fabuhui.whnews.cn/fbh/195.html。
[③] 《威海：120万亩海洋牧场"耕海牧渔"》，光明网，https://m.gmw.cn/2020 - 08/28/content_1301504520.htm。
[④] 《潍坊，了不得》，大众网，https://sd.dzwww.com/sdnews/202102/t20210222_7920151.htm。

织实施了总投资1500多亿元的112个涉海重点项目，初步形成了以潍柴、豪迈等为骨干的海洋动力装备产业集群，滨海现代海洋化工优势产业集群成功入选省"十强"产业"雁阵形"集群库。2020年，潍坊市港口发展持续发力，全面推动港产城融合发展，与山东省港口集团签署战略合作协议，渤海湾港口集团总部正式落户潍坊，确立了潍坊港在黄三角港口群的中心地位。

5. 日照市[①]

日照海洋产业优势体现在水产品精深加工方面。2015年10月15日，由40家企业、科研院所、服务机构组成的山东半岛蓝区海洋水产品精深加工产业联盟在日照成立，成为山东半岛蓝色经济区第6家产业联盟。作为山东的重要渔区和水产品增养殖基地，日照市水产加工产值占全市主要海洋产业的65%，日照海洋水产品精深产业加工基础雄厚，在国内国际市场上占居重要地位。以日照市企业为主体，组建全省海产品加工产业联盟，可以实现龙头企业的强强联合、抱团发展，可以进一步提升海洋产业发展水平。近年来，日照市不断延伸产业链、提高附加值，逐步实现海洋产业高端高质发展。

三、胶东半岛海洋经济一体化发展的必要性与推进情况

（一）胶东半岛海洋经济一体化发展的必要性

1. 胶东半岛海洋经济一体化发展是实现海洋经济高质量发展的必然要求

"十四五"规划的决议中，海洋经济发展作为单独一章出现在规划当中，这使海洋经济未来的发展趋势逐渐明晰。胶东半岛作为山东半岛"蓝色经济区"的核心区域，天然良港众多，海洋自然资源丰富，为我国的五大外贸口

[①] 《山东半岛蓝色经济区第6家产业联盟在日照成立》，大众网，http://rizhao.dzwww.com/rzsh/201510/t20151021_13210878.html.

岸之一，是拓展我国海洋经济发展空间，推进海洋经济高质量发展的必然要求。2020年胶东五市在青岛签署《胶东五市海洋经济一体化发展合作协议》，并揭牌成立了国内第一家非营利性区域海洋经济团体联盟组织——山东海洋经济团体联盟，以期秉承着共商、共建、共享的原则，进一步构建合作机制完善、要素流动高效、发展活力强劲、辐射作用显著的区域高质量发展海洋经济发展共同体。

2. 胶东半岛海洋经济一体化发展是建设海洋强省的重要保障

经过多年"海上山东"的建设，山东东部蓝色海洋经济隆起，逐渐成为海洋强国战略实施的主战场，并大力加强"海洋强省"建设。"十四五"规划中明确指出，要坚持陆海统筹，协同推进海洋生态保护、海洋经济发展和海洋权益维护，以沿海经济带为支撑，全面提高北部、东部、南部三大海洋经济圈发展水平，加快建设海洋强国。胶东半岛地区作为北部海洋经济圈的重要组成部分，实现一体化发展对于深化与周边国家涉海合作，优化区域经济布局，促进区域协调发展，加快山东海洋强省建设起到重要保障作用。

3. 胶东半岛海洋经济一体化发展是构建现代化海洋产业体系的重要途径

"十四五"规划对于海洋工程装备、海洋生物医药、海洋旅游、海洋渔业等产业的发展提出新要求，提出建设一批高质量海洋经济发展示范区和特色化海洋产业集群，构建现代化海洋产业体系，努力打造高质量发展、产业影响力强的区域海洋经济品牌。胶东半岛各市海洋产业各具特色，一体化发展能够实现优势互补，培育壮大产业发展新动能，协助建立现代化海洋经济体系。

（二）胶东半岛海洋经济一体化发展的基本条件

1. 产业条件

尽管胶东五市在海洋经济规模方面存在较大差异，但天生的滨海优势，使各市都分别形成了丰厚且各具特色的海洋优势产业,并逐步转型升级。从产业规模上来看,胶东地区经济集聚效应明显,现代渔业、交通运输业、海洋生物药、海洋新能源、海洋化工这五个海洋产业的产业规模位居全国首位,产业增加值、矿业、海洋工程、建筑、海洋科研、教育服务等在全国居第二位,海洋产业优势突出。此外,海洋新兴产业发展迅速。2018年,作为青岛市优势新兴产业的海洋生物产业年增长率到达12.4%,海洋装备制造业增长14.4%。① 同样,近年来烟台在海洋生物和海洋装备制造两个产业方面创新成果突出。经济结构方面,传统产业转型升级力度大,如潍坊市依靠其在海洋化工方面的产业优势,积极进行卤水资源开发,将化工产业与医药、海水等现有资源综合利用起来,逐步形成链条式发展。海洋装备产业优势地区包括烟台,威海,潍坊等,已形成配套的产业链集群。

2. 科技条件

近年来胶东半岛海洋科研机构数量逐渐增加,不断引进高层次的海洋科技人才,涉海高端平台位居全国、全球前列,海洋研究水平逐渐增强。青岛作为海洋科技城,聚集了全国30%以上的海洋教学、科研机构,拥有全国50%的涉海科研人员、70%的涉海高级专家和院士,19位院士、5000多名各类海洋专业技术人才,1个国家级、17个省级海洋类重点实验室。② 2017年,《国家海洋创新指数报告2016》通过专家评审,青岛作为老牌海洋强市,海洋科技投入产出综合效率平均值达到0.835,位居全国首位。③ 烟台高等院所集中,共有在校大学生20万人,其中,中科院海岸带研究所是全国唯一专门研究海岸带综合管理的研究所。海洋专业人才的集聚有利于为胶东半岛海洋经济的发展提供新的方向与方法。潍坊市于2019年建成省级海洋工程技术协同创新中心10家、科技兴海示范基地2个、海洋领域创新平台10家、技术

---

① 《2018年全市海洋经济运行总体向好》,青岛市统计局网,http://qdtj.qingdao.gov.cn/n28356045/n32561056/n32561071/n32562217/190322090440050444.html。
② 《2016中国海洋发展指数报告在青岛发布》,科学网,https://news.sciencenet.cn/htmlnews/2016/9/357366.shtm。
③ 《推动新旧动能转换 青岛深耕海洋产业》,大众网,http://www.dzwww.com/shandong/sdnews/201803/t20180306_17114727.htm。

创新联盟15家。① 日照市正逐步建立各类海洋相关培训基地、海洋教育专业建设示范点。截至2020年，全市共拥有博士后科研工作站、博士后创新实践基地16家。②

3. 基础设施条件

推进区域经济一体化发展，交通互联互通是基础。目前，胶东半岛高速铁路的规划建设正在快马加鞭，已经建成青盐铁路、青荣城际铁路、济青高速铁路等轨道交通。潍莱高铁和莱荣高铁作为胶东半岛中部的"脊柱"型要道，对胶东半岛中部的昌邑、平度、莱西、莱阳等县市的发展具有重要促进作用，是破题的关键工程，目前正稳步建设中。除了高铁之外，高速公路也是重中之重，即将开建的济青中线，就是推进胶东半岛一体化发展的重要工程。胶东五市在空运方面同样实力不凡，目前，胶东五市均建有机场，资源整合的思路也日渐清晰：胶东国际机场定位为东北亚航空枢纽，作为面向日韩的门户机场；烟台机场定位为区域性枢纽机场；威海机场定位为中小型国际中转机场，主要作为贯穿南北重要城市和中日韩空中交通中转站；日照机场定位是满足旅游业发展为主导的支线机场；潍坊南苑机场发展的一大亮点则是货邮专线。公共交通方面，烟台市交通运输局与其他四市交通运输局合作推广普及城市交通"一卡通"，通过大数据平台及信息共享等措施，拟在五市范围内实现交通出行"同城待遇"。

4. 社会条件

青岛、烟台、威海、潍坊、日照作为山东半岛五个主要沿海城市，地缘相接、人缘相亲、经济相融、文化相通，2020年初，由山东省规划组建成胶东经济圈。这一区域内以青岛市为龙头，共有3200多万人口，创造了3万亿元的经济总量。从2019年统计数据占全省比重看，胶东五市人口占31.6%，

---

① 《2019年潍坊市国民经济和社会发展统计公报》，潍坊市统计局网，http://tjj.weifang.gov.cn/TJYW/TJFX/TJGB/202003/t20200324_5577534.htm。
② 《日照博士后科研工作站增至7家》，光明网，https://m.gmw.cn/2020-12/01/content_1301855348.htm。

生产总值占 42.2%，对外贸易占 64%，利用外资占 67.3%；同时，这一区域也是黄河流域最便捷的出海口，胶东经济圈 GDP 在沿黄九省区占比超过 13%，货物进出口总额占比超过 33%。①

目前，中国南北方区域发展不平衡，北方经济迫切需要打造新的增长极和动力源。珠江流域的整体开放发展为珠三角经济圈所带动，长江流域的整体开放发展则由长三角经济圈所带动，而胶东经济圈作为山东半岛城市群的龙头、作为黄河流域经济的出海口以及东联日韩、西接亚欧国际物流大通道的"东方桥头堡"，是担当起推动活跃黄河流域乃至中国北方经济高质量发展重任的不二之选。

（三）胶东半岛海洋经济一体化发展的推进情况

加快胶东半岛经济圈包括青岛、烟台、威海、潍坊、日照等市的一体化发展是促进区域协调发展，完善区域政策体系，实现全省高质量发展的必要手段。胶东半岛地区正推动完善各地合作机制，逐步扫清一体化发展障碍，打造要素流动高效、发展活力强劲、辐射作用显著的区域发展共同体。

1. 政府协调推进一体化发展

2011 年，载于《山东半岛蓝色经济区发展规划》获批，这标志着山东半岛蓝色经济区正式成为国家海洋发展战略和区域协调发展战略的重要组成部分。2019 年 4 月，山东省委海洋发展委员会第二次全体会议召开，听取胶东五市专家意见建议，研究解决海洋一体化发展具体问题。2019 年 8 月，国务院印发《中国（山东）自由贸易试验区总体方案》，提出了加快发展海洋特色产业的举措，并对胶东半岛海洋经济一体化提出了新要求。2020 年 9 月，《胶东五市海洋经济一体化发展合作协议》签订，并成立了国内第一家非营利性区域海洋经济团体联盟组织——山东海洋经济团体联盟，这标志着胶东半岛海洋经济一体化发展进入新阶段。2021 年 4 月，胶东经济圈一体化发展

---

① 《胶东经济圈一体化推介大会 潮起胶东》，青岛政务网，http://www.qingdao.gov.cn/ywdt/zwyw/202012/t20201208_2759293.shtml。

推进会议召开，青岛、烟台、潍坊、威海、日照市主要负责同志对各自地市的海洋经济一体化推进工作作出发言。

2. 海洋产业一体化发展的推进情况

（1）航运业一体化发展。2019年8月，山东省港口集团有限公司在青岛正式成立，该港口集团是将青岛港、日照港、烟台港、渤海湾港相整合而形成的，有效推进了海洋装备智能化、业态高端化以及港城发展协同化。该集团与青岛市西海岸新区从贸易、产城融合、装备制造、海外发展四个板块展开合作，带动国内外知名企业落户新区，促进青岛港口业务发展。在与烟台市的合作中，集团总投资306亿元，从港口基础设施建设、物流、临港产业等多个领域的9个重点项目入手，助力烟台港口经济发展。在与潍坊市的合作中，通过将渤海湾港口集团落户潍坊高新区，为潍坊市税收、就业等方面注入新生血液，为潍坊市海洋经济发展培育强劲动力。

（2）滨海旅游业一体化发展。2020年5月，胶东五市联合签署发布《胶东经济圈文化旅游一体化高质量发展合作框架协议》并成立胶东经济圈文化旅游合作联盟，要求破除行政限制，进一步整合海洋文化旅游资源，共建滨海文旅融合示范区，这对胶东半岛滨海旅游业的融合发展作出新要求。2021年4月，胶东经济圈文化和旅游一体化合作联盟第二次工作会议在青岛召开，要求整合滨海旅游资源，推出特色路线与优质产品，进一步探讨"自驾胶东"——东方海岸线营销推广活动、胶东海洋童玩季主题活动等活动。

（3）海洋生物医药产业一体化发展。在海洋生物医药方面，胶东半岛在一体化进程中同时强调着各地的优势发展。青岛先后出台《青岛市海洋生物医药产业发展规划（2013-2020年）》和《支持"蓝色药库"开发计划的实施意见》，并设立50亿元"蓝色药库"计划基金，充分发挥"国家海洋生物医药科技领军城市"的优势；烟台发挥中国科学院上海药物研究所烟台分所和山东国际生物科技园等药物开发和服务平台功能，建设全国重要的医药健康产业聚集区；威海颁布《海洋生物产业"十三五"发展规划》，力争实现海洋生物医药的转型升级，加快南海新医药科技城建设；日照、潍坊坚持差异化发展思路，积极探索发展具有地区特色的海洋生物医药产业。胶东五市依托各地优势产业资源，因地制宜发展特色生物医药产业，共同致力于胶东半岛海洋生物医药产业链的一体化发展。

（4）海洋高端装备制造业与新兴产业。在船舶制造业方面，胶东半岛海洋高端装备制造业一体化进程中，通过各地招引、培育龙头企业，使造船产业集群初具规模，其中青岛市特色为散货船制造，威海市特色为客滚船制造，烟台市特色则是远洋捕捞渔业船制造。在海水淡化利用这一新兴产业方面，2020年12月，青岛水务集团与上海市政院联合体签订潍坊15万吨/日海水淡化工程技术支持服务项目，为该项目提供全过程技术服务。青岛、潍坊两地在海水淡化项目建设中深度合作，为推动胶东经济圈一体化发展再添新动能。

四、胶东海洋经济一体化发展的现实障碍

由于地理、资源和历史等原因，胶东半岛各地海洋经济在行政体制、基础设施建设、海洋科技创新和海洋生态保护方面仍存在诸多亟待解决的障碍，严重影响着胶东半岛海洋经济一体化发展战略的实施。

（一）存在行政壁垒和体制机制障碍，要素流动困难

任何都市圈、城市群都必然面临一个共同的难题——如何在区域内部之间实现相互沟通、密切协作、主动作为，把所属的各城市打造成为产业共同体、利益共同体、命运共同体，胶东半岛也不例外。调查研究表明，胶东经济圈海洋产业发展存在地方行政较大程度参与地区经济的问题，资源要素流动的成本较高。由于各市之间的利益发展问题，各市在一体化过程中往往存在着保护本地产业的倾向，再加上胶东五市原本存在产业发展趋同的问题，因此在协同建设的过程中各市往往不愿合作或者转让本地产业，从而存在较高的行政壁垒，影响着海洋经济一体化的长足发展。除此之外，胶东半岛各地区尚未完全打破信息封锁与阻碍，各市的商情和公共信息都还未做到完全

彻底的公开、透明，覆盖整个胶东半岛的信息网络平台以及区域信息交互、咨询服务平台还有待完善；这也使青岛作为胶东半岛城市群的核心城市，辐射带动功能相对偏弱。2018年青岛与本区域次中心城市经济总量之比为1.5，而上海、武汉在长三角和武汉都市圈分别达到2.3和6.5。

各市之间日益激烈的竞争也在无形之中增加着一体化发展的行政壁垒。近年来，身为计划单列市的青岛一直奋力向前，享受着政策的大力支持；但无论是上市公司数量还是区域发展均能与青岛相拼一二的烟台却相对来说受到了一定忽视，这使青岛与烟台的竞争日趋激烈。这是胶东半岛龙头城市之间的竞争。除此之外，威海、潍坊、日照三市也由于经济实力相当、海洋产业相似，在海洋经济方面也面临着日趋激烈的同质化竞争。胶东五市各自为己的竞争状态使得一体化面临着不小的挑战。

（二）基础设施一体化发展缓慢，协同机制差

胶东五市在交通运输等大型基础设施的建设与使用中存在缺少合作与交流、现有区域路网密度低、盲目规划建设等发展问题。从同比例尺下主要道路网密度对比可以发现，胶东半岛城市群地区的高速公路网密度4.5公里/百平方公里，远低于长三角城市群的6.7公里/百平方公里和珠三角城市群的10.3公里/百平方公里，由此也导致区域间经济联系松散，中心地区带动作用不显著。在进行胶东半岛一体化基础设施建设的过程中，主要存在以下障碍。

首先，在港口建设方面，胶东半岛城市各港口间盈利水平相差悬殊，难以统筹发展。相关数据显示，青岛港集团盈利水平遥遥领先于其他港口企业集团，日照港集团净利润仅为青岛港的1/3，烟台港集团净利润仅为青岛港的1/18，威海港集团从2016年才开始盈利，省内其他港口企业集团基本处于亏损状态。同时，省内港口在铁矿石、原油、煤炭以及装卸、储运等传统业务上，呈现出明显的同质化竞争，而且腹地交叉，难以通过错位发展形成合力，严重影响胶东半岛的基础设施建设协同发展。

其次，在铁路建设方面，由于以济南为核心的都市圈受京沪高铁、济青

高铁的带动，济南都市圈基本实现了"一小时经济圈"，但青岛作为铁路的末端城市，与环渤海地区、半岛南部、鲁中地区均没有高速（城际）铁路相连，铁路辐射能力较差。胶东半岛铁路建设特别是高速铁路建设滞后，目前铁路通车里程仅为922公里，与珠三角城市群的4200公里，长三角城市群的10180公里相差甚远。铁路建设滞后也使得胶东半岛城市群内部未形成网络，外部与周边地区缺少多通道联系，与城市群一体化、同城化发展有较大差距。

（三）海洋科技创新未形成合力，应用转化困难

胶东半岛三市虽各自均有一定数量和相当实力的涉海高等院校和海洋科研院所，具备良好的海洋科技研发基础。但由于重陆轻海传统观念的影响，加之各地区海洋科技资源整合不够，胶东半岛地区海洋战略性新兴产业发展较缓，尚未形成科技创新合力，主要表现在：一是跨区域海洋科技创新体系尚未形成。由于缺乏总体的相关政策引导，加之各地科技竞争日趋激烈，各类科技创新主体联系松散，还没有形成一体化紧密合作的海洋科技创新体系。二是缺少海洋科技成果转化平台。胶东半岛虽具有较强的海洋研发实力，但由于经济仍未发展到长三角、珠三角的规模，涉海企业数量有限，平台有限；同时，海洋科技研发人才大都从事基础研究，缺乏对终端产品的开发研究，致使一些技术、一些产品止步于实验室，并未得到有效转化。

（四）产业结构缺乏层次，雷同化突出

总的来看，胶东半岛地区海洋经济同质化竞争现象明显。主导海洋产业包括海洋渔业、海洋交通运输业、海洋旅游业，海洋船舶制造业等。这些主导产业胶东五市都具有，沿海水产养殖、近海捕捞还是渔民的主要生产方式；同时，青岛、烟台、威海船舶制造的比重也较大；滨海旅游业众多，如青岛崂山、烟台蓬莱的仙境海岸旅游，日照的海洋体育休闲旅游，威海的海岛休闲游等，这是相同的地方。与此同时，区域内海洋经济开发层次较低，传统产业的海洋水产业、海洋交通运输业在海洋产业体系中仍占主导地位；以劳

动密集型及资源开发型为主的海洋渔业、船舶制造业，虽规模较大，但多处于海洋类产品的初级阶段，产业附加值有待进一步提升；科技含量较高的海洋能、海洋生物医药等现代海洋产业发展相对缓慢，对海洋经济的贡献度较低，严重阻碍了传统海洋产业的转型升级。

五、胶东海洋经济进一步一体化发展的思路与对策

（一）协商形成突破传统体制的利益共享、责任共担的新机制

在解决一体化发展的行政壁垒方面，胶东五市应充分发挥胶东经济圈一体化发展联席会议办公室和山东海洋经济团体联盟的沟通协调作用，推动海洋经济方面"3+N"一体化发展工作机制的落实，建立以胶东五市党政主要负责同志组成的主要领导座谈会机制，讨论决定胶东半岛海洋经济的重大发展方向与政策，以减少海洋经济决策时间和信息壁垒，推动海洋经济的综合管理。同时，胶东五市可充分利用信息化时代的优势，建设航运大数据综合信息平台，解决航运业务信息不够公开透明的问题，以"数字半岛"助推海洋经济发展，实现业务透明、信息共享，推动胶东半岛海洋信息一体化建设。

此外，要素分配过程应当充分发挥市场机制的作用，用"看不见的手"引导胶东半岛区域内要素流动，完善产业合作、利益分配和激励机制，制定出健全组织机构、实施电子政务畅通工程、建立跨区域重大工程共建共营机制、探索多样化跨区域产业合作机制等方面的体制机制。

（二）构建内外联动的陆海交通网络，促进半岛城市群一体化

针对胶东半岛基础设施建设薄弱的现状，着眼胶东半岛城市群未来发展，在铁路方面，青岛的轨道交通也应加快与潍坊、日照、烟台、威海等区域一体化衔接，建立城际之间的空间利用链接，形成区域立体化、网络化、快捷

化的轨道交通网；在高速公路方面，要建设县（市、区）驻地和主要港口（港区）、运输机场、客运专线站等综合客货枢纽联通的高速公路网，进一步提升高速公路网密度，推进重要高速公路通道扩容升级，优化高速公路网布局，推动胶东五市形成高等级公路"一张网"；在港口建设方面，要统筹港口功能分工，合理进行资源配置。青岛港可以结合自身优势，重点发展集装箱干线运输和能源、原材料等大宗物资运输，相应发展液化天然气、商品运输和邮轮运输；烟台、日照等港口重点发展能源、原材料等大宗物资运输和集装箱支线运输，拓展临港工业、现代物流等综合服务功能，实现资源的优化配置和合理利用，形成区域港口发展合力。

（三）创新推动海洋科研服务一体化

针对胶东半岛地区海洋科技更新与转化效率低、海洋研究"各自为政"的现状，胶东半岛应加快构建以青岛市为海洋科技创新策源地，烟台、威海、潍坊、日照等市为支点的创新共同体。胶东半岛应充分利用各市优质的教育研究资源，推动青岛海洋科学与技术试点国家实验室尽快入列，建设中科院海洋大科学中心等一批重要海洋研究机构平台，力争将"透明海洋""蓝色药库"等专项列入国家重点研发计划。同时，为推动胶东半岛海洋研究的转化，胶东半岛应设立胶东五市产学研创新联盟，建立海洋研究信息共享平台和知识产权交易市场，提升胶东五市科技成果转移转化示范区建设水平，从而推动胶东半岛海洋科研的一体化发展，加快海洋经济的转型升级。

（四）推动海洋生态环境的共保联治

首先，胶东五市可制定统一的海洋生态环保标准，编制实施山东省海岸带综合保护与利用总体规划，实施陆海污染一体化治理，统筹全域海岸线、海岛、海湾等生态环境保护，全面推行"湾长制"，加快推进"岛长制"试点，打造海洋生态文明示范区。

同时，胶东五市要秉持"以海洋促进陆地发展、以陆地支持海洋开发"

的环保理念，严格控制近岸入海污染物总量，深入开展入海排污口溯源分析，研究制定入海排污口整治工作方案，全面清理非法和设置不合理的入海排污口，从源头上控制海洋污染物来源。胶东五市可由各市主要负责人形成代表海洋污染防治统一标准的"海洋污染巡查组"，对各市的海洋生态保护落实情况进行定期的检查，确保各市按照统一的防治标准进行治理。

此外，对于已经污染的海域，要加大综合整治修复力度，力争恢复"蓝色海湾"，要加强围填海问题整治，严格管控新增围填海项目。

参 考 文 献

[1] 王发明、李中东：《区域经济发展中的地方政府行为研究——以山东省胶东半岛制造业基地建设为例》，载于《工业技术经济》2007年第9期。

[2] 张春禹、张峰、宋永杰：《潍坊市海洋产业发展现状及对策研究》，载于《环渤海经济瞭望》2015年第11期。

[3] 张凯政：《"一带一路"背景下关于金融支持海洋经济的调查——以日照市为例》，载于《中国商论》2017年第25期。

[4] 蔡中堂：《发挥港口平台作用 打造海洋经济发展新高地》，载于《交通企业管理》2019年第5期。

[5] 唐仕升：《发展蓝色经济 做强新兴城市》，载于《中国海洋报》2016年11月16日。

[6] 向云波、彭秀芬、徐长乐：《长江三角洲海洋经济空间发展格局及其一体化发展策略》，载于《长江流域资源与环境》2010年第12期。

[7] 刘曙光、赵明、王百峰：《青岛市海洋产业结构分析及优化对策》，载于《海洋开发与管理》2007年第4期。

[8] 吕伟、王艳明：《烟台市海洋经济产业结构分析》，载于《山东工商学院报》2013年第2期。

[9] 于丽丽、孟德友：《中国海陆经济一体化的时空分异研究》，载于《经济经纬》2017年第2期。

［10］李娜：《基于区域一体化背景下的长三角海洋经济整合研究》，载于《上海经济研究》2014年第7期。

［11］李博、田闯、金翠、史钊源：《环渤海地区海洋经济增长质量空间溢出效应研究》，载于《地理科学》2020年第8期。

［12］刘万辉、李爱：《山东省"蓝色经济区"背景下，胶东半岛海洋经济发展比较分析——以烟台、青岛、威海三地区为例》，载于《科技经济市场》2014年第10期。

［13］高田义、常飞、高斯琪：《青岛海洋经济产业结构转型升级研究——基于科技创新效率的分析与评价》，载于《管理评论》2018年第12期。

［14］樊鑫、宋新刚、邓旭、刘璐：《国内外海洋高新技术产业发展分析及对威海的启示》，载于《国土资源情报》2019年第10期。

［15］庞云龙：《威海市海洋生态文明示范区建设效果初探》，载于《绿色科技》2020年第2期。

［16］商学立：《山东自贸试验区：打造对外开放新高地》，载于《走向世界》2020年第1期。

［17］张逍：《胶东半岛经济一体化研究》，青岛大学硕士学位论文，2008年。

［18］向云波、彭秀芬、徐长乐：《长江三角洲海洋经济空间发展格局及其一体化发展策略》，载于《长江流域资源与环境》2010年第12期。

自贸区建设背景下山东省特色海洋产业发展对策
——基于与广东、福建的比较

▶杨广勇[*]

摘要： 文章基于山东省海洋产业的发展现状，通过对比山东省与广东省、福建省海洋经济和海洋产业的发展状况，结合三省自贸区的建设，比较分析了山东省海洋运输业、海洋高端装备产业、海洋生物医药产业、海洋旅游业、海水淡化产业和海洋渔业等特色海洋产业存在的问题，并提出了针对性的发展对策。

关键词： 自贸区建设　特色海洋产业　比较分析

一、自贸区建设对于山东省海洋特色产业发展的要求与契机

中国（山东）自由贸易试验区获批，标志着继黄河三角洲高效生态经济区、山东半岛蓝色经济区进入国家战略之后，山东再次成为国家区域经济战略的一部分。《中国（山东）自由贸易试验区总体方案》（以下简称《总体方案》）突出海洋经济发展方式创新，依托山东特色海洋资源，围绕构建现代海洋产业体系和发展机制，进一步强化在海洋科技合作、航运服务等方面先行先试，为推进山东海洋经济高质量发展提供有力支撑。

---

* 杨广勇，山东理工大学经济学院讲师、山东大学自贸区研究院研究助理。

《总体方案》对进一步推动海工装备发展做出明确部署，这些政策将有力促进山东海工产业前端研发设计突破，形成整体方案解决能力，同时填补空白，提升核心技术和设备的国产化水平，创新新产品、新业态，进而形成完整的产业链，壮大产业集群，还将实现人才的培养和集聚，助力山东成为我国海洋产业的策源地。

正在引领海洋渔业变革新浪潮的山东，也将迎来自贸试验区的政策助力。山东自贸试验区简化、优化了海洋生物种质资源进口许可程序，支持探索高标准、高起点建设现代化海洋种业资源引进中转基地，加快优质水产苗种的检疫准入。这对山东发展优良海洋种质资源利用产业，做大做强特色渔业品牌，推动产业链条向高端延伸发挥重要作用。《总体方案》提出了"建设东北亚水产品加工及贸易中心"。这就要求山东省要通过发挥自贸试验区区位优势和水产品加工及贸易传统优势，推动自贸区试验深度融入东北亚水产品产业链、价值链、供应链，培育水产品加工及贸易国际竞争新优势。

在山东省的海洋生物医药方面，自贸区的到来对于山东省'蓝色药库'的发展无疑是前所未有的契机。据悉，在自贸试验区的建设框架下，山东省将整合省市资源共同推进"蓝色药库"开发，在项目支持、研发资助、平台建设、人才培育等方面，给予优先考虑。以海洋生物医药产业园为重要平台载体，汇聚国内外创新力量，持续扩大"蓝色药库"开发规模，真正推动海洋生物医药产业崛起，努力成为国际海洋生物医药产业发展的引擎。

高质量发展海洋经济，航运物流行业的提质增效至为关键。根据《总体方案》，作为港口资源大省，山东将努力建设航运大数据综合信息平台，这将实现港航信息互联互通，促进港航转型升级。乘着自贸试验区建设的东风，山东智慧码头建设也将进一步提速。近年来，融合了物联网、智能控制、信息管理、通信导航、大数据、云计算等先进技术的青岛港全自动化集装箱码头发展迅猛，成为全球首个5G智慧码头。

二、山东省海洋经济发展总体状况及与广东、福建的比较

(一) 海洋经济总体规模情况及与广东、福建的比较

山东省海洋生产总值常年保持在全国第二位,仅落后于广东省,但是名义增长速度落后于福建省和广东省,导致落后广东省的差距在扩大、领先福建省的优势在缩小(见表1)。根据2020年初步核算结果,山东省海洋生产总值实现1.32万亿元[1],仅领先福建省(1.05万亿元[2])0.27亿元,但落后于广东省(1.72万亿元[3])达0.4万亿。

表1　　　　2016~2019年三省海洋生产总值及其增速

省份及全国	海洋生产总值(亿元)				海洋生产总值增速(%)			
	2016年	2017年	2018年	2019年	2016年	2017年	2018年	2019年
山东	13280	14191	15502	14600	6.9	6.9	9.2	-5.8
福建	8000	9384	10660	12000	13.1	17.3	13.6	12.6
广东	15968	17725	19326	21059	10.6	11.0	9.0	9.0
全国	69694	76749	83415	89415	6.3	10.1	8.7	7.2

注:此表所涉及的海洋生产总值增速均为名义增速。
资料来源:2016~2018年数据来源于《中国海洋统计年鉴2017》、2018~2019年《中国海洋经济统计年鉴》,2019年数据为各省份海洋公开数据。

---

[1] 《解读〈2020年山东海洋经济统计公报〉》,山东省人民政府网,http://www.shandong.gov.cn/vipchat1/home/site/82/2861/article.html。
[2] 《福建省"十四五"海洋强省建设专项规划》,福建省海洋局网,http://hyyyj.fujian.gov.cn/xxgk/ghjh/202112/P020211209594310145690.pdf。
[3] 《广东海洋经济发展报告(2021)》,广东省自然资源厅网,http://nr.gd.gov.cn/zwgknew/sjfb/tjsj/content/post_3324494.html。

通过海洋生产总值占全国海洋生产总值的比重以及占地区GDP的比重等相对水平指标，可以进一步比较分析山东省、福建省和广东省（以下简称"三省"）海洋经济总体状况。从图1可以直观地发现，仅山东省海洋生产总值在全国的份额处在下降趋势，2019年仅有16.3%，较2016年下降了2.8个百分点；从图2可以发现，山东省海洋经济对地区GDP的贡献率保持在20%左右，小幅度领先于广东省，但大幅落后于福建省，高达8个百分点左右，表明山东省海洋经济仍有较大的提升空间。

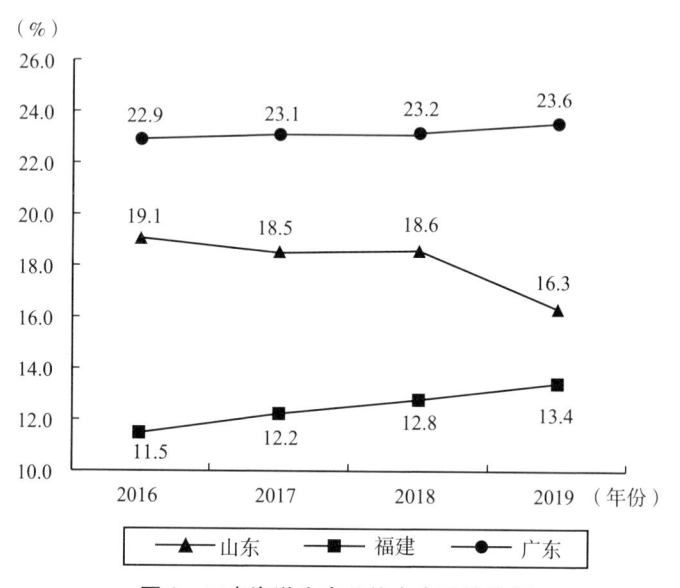

图1 三省海洋生产总值在全国的份额

资料来源：2016~2018年数据来源于《中国海洋统计年鉴2017》、2018~2019年《中国海洋经济统计年鉴》；2019年数据为各省公开数据，其中山东省数据来源于山东省海洋局网，http：//hyj.shandong.gov.cn/xwzx/mtjj/202012/t20201201_3471087.html，福建省数据来源于东南网，http：//fjnews.fjsen.com/2020-12/11/content_30572894.htm，广东省数据来源于广东省自然资源厅网，http：//nr.gd.gov.cn/zwgknew/sjfb/tjsj/content/post_3184385.html。

（二）海洋产业总体结构情况及与广东、福建的比较

首先，从三次产业结构观察比较三省海洋经济发展情况（见表2）。2018年，山东省海洋三次产业结构比为4.7∶42.6∶52.8，海洋第一产业比重较

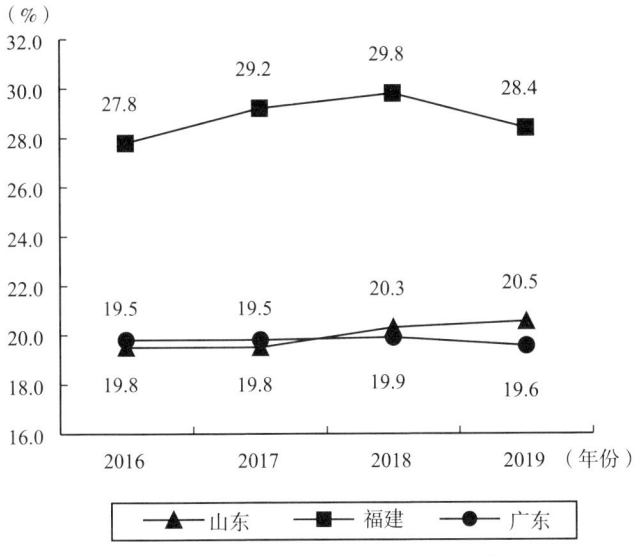

图2 三省海洋生产总值占当地GDP的比重

资料来源：2016~2018年数据来源于《中国海洋统计年鉴2017》、2018~2019年《中国海洋经济统计年鉴》；2019年数据为各省公开数据，其中山东省数据来源于山东省海洋局网，http://hyj.shandong.gov.cn/xwzx/mtjj/202012/t20201201_3471087.html，福建省数据来源于东南网，http://fjnews.fjsen.com/2020-12/11/content_30572894.htm，广东省数据来源于广东省自然资源厅网，http://nr.gd.gov.cn/zwgknew/sjfb/tjsj/content/post_3184385.html。

2016年下降1.1个百分点，海洋第二产业比重较2016年下降0.7个百分点，海洋第三产业比重较2016年上升1.8个百分点，海洋现代服务业在海洋经济发展中的贡献持续增强。然而，与福建省、广东省比较发现，山东省海洋第三产业比重是最低的，而且提升幅度也是最小的，2018年，福建省和广东省海洋第三产业比重均达到60%以上，且较2016年上升均超3个百分点，因此，山东省海洋现代服务业在海洋经济发展中的贡献有待进一步增强。

表2　　　　　近年来三省海洋三次产业构成及其变化情况　　　　　单位：%

省份及全国	第一产业			第二产业			第三产业		
	2016年	2017年	2018年	2016年	2017年	2018年	2016年	2017年	2018年
山东	5.8	5.1	4.7	43.2	42.6	42.5	51.0	52.3	52.8
福建	7.3	6.4	6.1	35.7	33.9	32.7	57.0	59.7	61.1

续表

省份及全国	第一产业 2016年	第一产业 2017年	第一产业 2018年	第二产业 2016年	第二产业 2017年	第二产业 2018年	第三产业 2016年	第三产业 2017年	第三产业 2018年
广东	1.7	1.8	1.7	40.7	38.2	37.1	57.6	60.0	61.2
全国	5.1	4.7	4.4	39.7	37.7	37	55.2	57.5	58.6

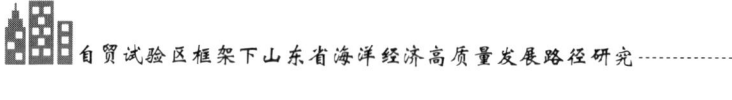

资料来源：《中国海洋统计年鉴2017》、2018~2019年《中国海洋经济统计年鉴》。

其次，从海洋生产总值构成观察比较三省海洋经济发展情况（见表3）。2018年，山东省主要海洋产业比重为40.4%，较2016年下降1.4个百分点，海洋科研教育管理服务业比重为20.2%，较2016年上升了0.9个百分点，海洋相关产业比重为39.4%，较2016年上升了0.5个百分点，海洋科研教育管理服务业在海洋经济发展中的贡献在增强，但仍是最少的。与福建、广东比较发现，山东省海洋科研教育管理服务业比重领先于福建省，但大幅落后于广东省，且提升幅度也不如广东省高，2018年，广东省海洋科研教育管理服务业比重均达到33.2%，较2016年上升4.3个百分点，因此，山东省海洋科研教育管理服务业在海洋经济发展中的贡献有待进一步增强。

表3　2016~2018年三省海洋生产总值构成及其变化情况　单位：%

省份及全国	主要海洋产业 2016年	主要海洋产业 2017年	主要海洋产业 2018年	海洋科研教育管理服务业 2016年	海洋科研教育管理服务业 2017年	海洋科研教育管理服务业 2018年	海洋相关产业 2016年	海洋相关产业 2017年	海洋相关产业 2018年
山东	41.8	41.1	40.4	19.3	20.2	20.2	38.9	38.7	39.4
福建	44.3	45.0	45.2	14.0	13.9	14.2	41.7	41.1	40.6
广东	35.1	34.2	33.8	28.9	31.6	33.2	36	34.2	33
全国	40.7	40.6	40.3	21	22.4	23.2	38.3	37	36.5

资料来源：《中国海洋统计年鉴2017》、2018~2019年《中国海洋经济统计年鉴》。

三、山东省特色海洋产业发展现状及与广东、福建的比较

(一)海洋运输业发展现状与存在问题

山东海岸线全长3345千米,大陆海岸线长度居全国第3位。[①] 经过70多年的建设与发展,沿海一大批深水、专业化、大型化泊位建设完成,尤其是"十三五"规划以来,山东省港口生产用码头建设速度明显加快,仅2017年新建成泊位222个,其中万吨级泊位新增了61个,生产用码头长度虽然仍落后广东省,但已超越福建省(见表4)。截至2020年底,山东全省沿海港口总泊位数达到607个,仍与广东省存在较大差距,但山东省当年新增万吨级以上深水泊位14个,累计达到340个,首次超越广东省(338个)。[②]

表4 　2016~2018年三省规模以上港口生产用码头泊位情况

省份	年份	码头长(米)	泊位个数	其中:万吨级泊位个数
山东省	2016	64261	261	208
	2017	95035	483	269
	2018	96867	487	273
福建省	2016	76250	492	168
	2017	78322	502	171
	2018	79895	482	181

[①] 《山东统计年鉴2020》,落后于广东省(4114公里)、福建省(3752公里)。
[②] 《2020年山东省国民经济和社会发展统计公报》,山东省统计局网,http://tjj.shandong.gov.cn/art/2021/2/28/art_6196_10285382.html;广东省相关数据来源于金羊网,http://news.ycwb.com/2021-01/15/content_1413748.htm。

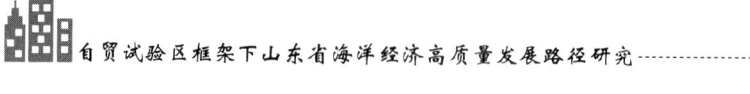

续表

省份	年份	码头长（米）	泊位个数	其中：万吨级泊位个数
广东省	2016	175329	1453	301
	2017	176208	1414	306
	2018	174601	1366	310

资料来源：《中国海洋统计年鉴2017》、2018~2019年《中国海洋经济统计年鉴》。

山东拥有青岛港、日照港、烟台港、威海港4个主要港口，目前形成了以青岛港为龙头，日照港和烟台港作为两翼，以半岛港口群为基础的东北亚国际航运中心。福建拥有福州港、厦门港、泉州港、湄洲湾港4个主要港口[1]，而广东省则拥有广州、湛江、深圳、珠海、东莞、汕头、惠州、江门、汕尾、中山、阳江、茂名12个规模以上港口，与广东省相比，山东省主要港口数量较少，但是货物吞吐量的差距并不大。从图3可以看出，"十三五"期间，山东省每年的货物吞吐总量保持在广东省的92%以上、福建省的2.7倍以上。其中：2019年，山东省沿海港口货物吞吐量居全国沿海省份第2位，实现16.11亿吨；2020年在疫情影响下，这一数据仍达到16.9亿吨，增长4.9%，是同期广东省的96.14%、福建省的2.72倍。

山东省海洋运输业出现的问题是：山东的海洋运输业中所用的船舶种类复杂，营运船舶老化现象严重，船龄多在十年以上。山东海运业主要运输的都是与国民经济息息相关的煤炭、原油、矿石等物资，致使运输效率低，营运成本增加；港口之间的无序竞争也是导致山东海运业发展缓慢的重要原因，相同功能码头的建设，导致各港口为了争夺货源竞相压价，整体竞争力过于分散，对国际班轮公司在山东开辟新航线缺乏吸引力。这些问题的出现，也会使得港口之间的无序竞争加剧、效益下降，一些区域产品的物流成本进一步提高。

---

[1] 2011年起，漳州港并到厦门港，宁德港并到福州港；2015年起，泉州市港口中的湄洲湾南岸港区并入湄洲湾港统计。

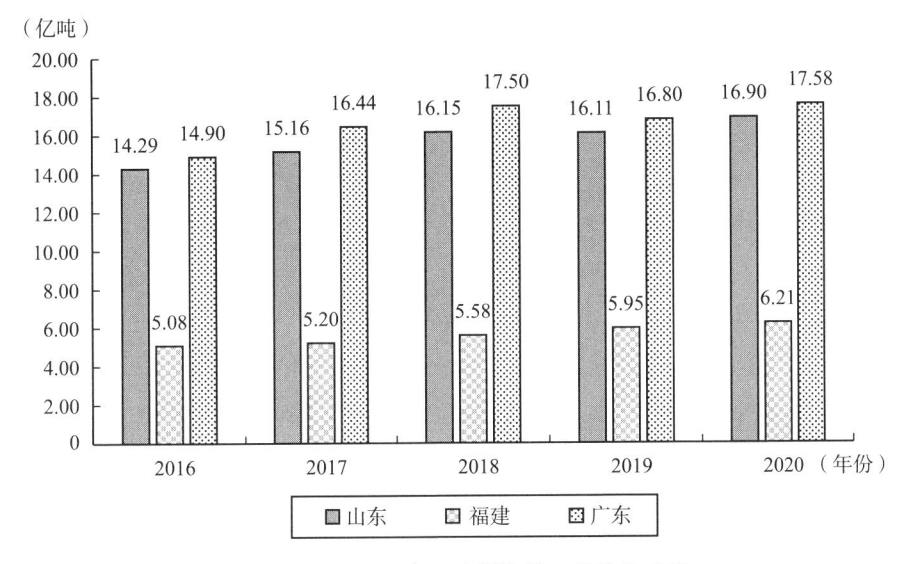

图3 2016~2020年三省沿海港口货物吞吐量

资料来源：2016~2019年数据分别来源于2017~2020年《山东统计年鉴》、2017~2020年《福建统计年鉴》和2017~2020年《广东统计年鉴》；2020年数据来源于交通运输部网，https://xxgk.mot.gov.cn/2020/jigou/zhghs/202101/t20210121_3517383.html。

（二）海洋高端装备产业发展现状与存在问题

山东海洋工程装备制造业与世界发达国家的发展水平差距较大，设计开发能力与国外差距较大，目前仅能自主设计部分浅海海洋工程装备，基本未涉足高端、新型装备设计建造领域，更不具备其核心技术研发能力。自主创新能力不强，基本是参照或直接引进国外技术，承接海洋工程产品订单，产品技术含量低。此外，省内甚至国内大多数船企未涉足过海洋工程市场，缺乏海洋工程建造和管理等相关经验，一定程度上制约了全省、全国海洋工程装备制造业的快速发展。

（三）海洋生物医药产业发展现状与存在问题

山东是海洋大省，为多种不同习性鱼、虾、蟹、贝、藻类的生长、栖息、繁殖和索饵提供了优越场所。丰富的海洋生物资源为全省海洋生物产业的发展提供了重要的物质基础。并且具有国家级人才队伍、科研装备和工业业绩，与福建省相比，山东省坐拥中国海洋大学，海洋人才密集程度居全国之首。山东的水产养殖产业一直处于全国领先地位，国家水产原良种审定委员会审定的前10个海水养殖新品种，全部源自山东。山东生物制药连续几年全国第一，也是因为优良的山东水产养殖业为海洋生物业和生物制药业的发展奠定了产业基础。

尽管山东省发展海洋生物医药具有很多优势，但在发展过程中也出现了不少问题。一是自主创新能力不足。山东省海洋生物产业的发展虽然居全国前列，但是与陆域生物产业发展相比，科研院所与企业的科技原创力存在明显差距。山东省高起点、高水准的海洋生物产业技术平台建设相对较弱，能跻身世界科技前沿、参与国际竞争力的科研中心数量更少。二是产业开发人才匮乏。山东省虽然拥有国家队水平的海洋科研队伍，可是这支队伍大多数的海洋科技人员从事公益性海洋调查和基础理论研究，缺乏高新技术产业化的领军人物，导致山东海洋高技术产业专业人才以及实用性、技能型人才比较缺乏。三是在自主创新能力不足的情况下，还存在科研成果转化难、转化率低的问题。究其原因就是没有为具有产业发展潜力的科研成果提供相应的配套设施、科研成果与市场需求脱节，"两张皮"的现象仍然十分严重。四是投资融资渠道不够完善。海洋生物产业作为高新技术产业的一个重要组成部分，是一项资金需求量大、研究周期长、开发风险高的领域。全省的海洋生物产业的海洋生物产业投融资渠道仍然比较单一，主要是靠政府和企业投资，这对于海洋生物产业尤其是海洋药物产业开发而言，无疑是杯水车薪。

（四）海洋旅游业发展现状与存在问题

山东省具有绵延的海岸线，具有奇特的海岸自然景观，为滨海旅游的大力发展提供了基础。山东省历史文化悠久，具有独特的海港渔人文景观，为发展具有特色的滨海旅游提供了基础，是提升山东省滨海旅游竞争力的核心内容。而随着"好客山东"品牌的树立，山东省传统的滨海旅游业得到较为充分的发展，旅游产品开始向多元化、高端化发展。尤其是随着"全域旅游"概念的提出,山东省滨海旅游资源得以更深入的拓展与更有效的开发。

山东拥有青岛、东营、烟台、潍坊、威海、日照、滨州七个沿海城市,滨海旅游业已成为山东旅游业的龙头。由表5数据可以看出,山东省2016~2019年沿海城市实现的入境旅游收入在逐年提高,达到26.51亿美元,其对全省的贡献率达到77.68%;从国内旅游指标来看,山东省沿海城市国内旅游收入也保持逐年提高的态势,至2019年,其对全省的贡献率首次实现过半,达到50.29%,可见,山东省的滨海地区旅游业在全省的旅游业中有着不可忽视的地位。

表5 2016~2019年三省沿海城市滨海旅游收入及对全省的贡献率

省份	年份	入境旅游收入（亿美元）沿海城市	入境旅游收入（亿美元）全省	国内旅游收入（亿元）沿海城市	国内旅游收入（亿元）全省	沿海城市对全省贡献率（%）入境旅游	沿海城市对全省贡献率（%）国内旅游
山东省	2016年	22.21	30.63	3696.07	7399.61	72.51	49.95
	2017年	23.15	31.74	4242.64	8491.46	72.92	49.96
	2018年	24.91	33.64	4762.07	9661.50	74.06	49.29
	2019年	26.51	34.13	5457.00	10851.33	77.68	50.29
	平均值	24.20	32.54	4539.45	9100.97	74.37	49.88
福建省	2016年	63.13	66.26	2642.29	3495.21	95.29	75.60
	2017年	71.41	75.88	3327.41	4570.77	94.10	72.80
	2018年	85.06	90.92	4312.63	6032.95	93.55	71.48
	2019年	95.62	102.43	5317.22	7393.43	93.35	71.92
	平均值	78.80	83.87	3899.89	5373.09	93.96	72.58
广东省	2016年	164.19	185.77	6990.64	9200.30	88.38	75.98
	2017年	173.87	196.63	8121.40	10667.14	88.43	76.13
	2018年	181.64	205.12	9369.72	12253.30	88.55	76.47
	2019年	187.79	205.21	10485.10	13740.02	91.51	76.31
	平均值	176.88	198.18	8741.72	11465.19	89.25	76.25

资料来源：根据相应年份各省统计年鉴、部分沿海城市统计年鉴及国民经济和社会发展统计公报相关数据整理。

尽管如此，山东省的滨海旅游业仍然存在着很多问题。山东省的沿海城市虽然在数量上比福建省多很多，全省海岸线长度相差无几，但是在吸引游客和创造的外汇收入的角度上来看，山东省的这一资源利用得并不是很好，无论是绝对规模还是相对规模（见表5），山东省入境旅游收入均大幅落后于福建省和广东省，从四年平均值来看，山东省入境旅游收入仅能达到福建省的三成左右、广东省的1/7左右水平，对全省的贡献率分别落后福建省和广东省19.59个百分点、14.88个百分点。从国内旅游指标来看，山东省国内旅游收入领先福建省，但领先规模在逐步缩小，四年间由1053.78亿元缩小至139.78亿元，对全省的贡献率均落后于福建省和广东省。另外，近年来，山东省出现了人为性破坏滨海环境、工业污染、缺乏区域统一协调机制等一系列问题，阻碍了旅游业特色化发展，降低了滨海旅游资源的价值。

（五）海水淡化产业发展现状与存在问题

山东省三面环海，北部毗邻中国渤海，南部被黄海环绕，海岸线达3345千米，占全国的1/8，拥有海湾200余处，使得山东省在海水资源总量上占绝对优势。山东省是科技大省，集聚大量海水淡化研究机构和科研人才，包括中国海洋大学、中科院海洋所、国家海洋局一所、中船重工725所等20多家海水淡化科研能力较强的院所。在国家有关部委的支持下，相继建成多项国家海水利用示范工程，以青岛、烟台、威海为主体的海水淡化产业集群已初见雏形。近年来，山东海水淡化产能呈现较快发展趋势。据脱盐协会统计，截至2017年底山东已建成海水淡化工程34个，产能27.81万吨/日，工程数量及淡化产能在全国均排名第二。同时，山东海水淡化装置规模趋于大型化，万吨以上海水淡化工程有4个，产能22.68万吨/日。海水淡化技术以反渗透为主，有31套装置，低温多效仅有3套装置。

对于山东省海水淡化产业出现的问题做一下总结。政策聚焦于海水淡化产业发展规模、海水淡化的关键技术、装备、材料的研发和制造发展目标，但没有明确的具体扶持政策。如促进海水淡化市场应用的强制政策，缓解企业赋税的补贴政策，培育技术创新的支持政策等；山东省海水淡化在技术研发、设备制造、工程建设和管理等方面都有很大的进步，基本能够满足实际的工程需要，但在某些核心技术和关键零部件方面与国际先进水平相比还存在很大差距；海水淡化排出的浓盐水含盐量高于海水1倍左右，如不经处理直接排放，必将影响海洋生态环境，海水水温的升高会使海水中的溶解氧含量降低，影响生物的新陈代谢，甚至使生物群落发生改变，破坏海洋生物栖息环境。

（六）海洋渔业发展现状与存在问题

从表6可以看出，山东省海水产品产量自2016年以来均在700万吨以上，且领先于福建省和广东省，但却一直处于下降趋势，至2019年首次被福建省超越，但仍领先于广东省；从占全国比重指标来看，三省海产品产量占全国比重稳定在一半以上，但与福建省和广东省不同的是，山东省海水产品产量占全国比重也处于下降趋势。

表6　　2016~2019年三省海水产品产量及其来源情况

省份	年份	海水产品产量 总量（万吨）	海水产品产量 占全国比重（%）	海水产品结构（%） 海水养殖	海水产品结构（%） 海洋捕捞	海水养殖情况 面积（千公顷）	海水养殖情况 占全国比重（%）	海水养殖情况 效率（吨/公顷）
山东省	2016	754.2	22.8	68.0	32.0	604.8	28.8	8.5
山东省	2017	737.2	22.2	70.4	29.6	610.4	29.3	8.5
山东省	2018	736.1	22.3	70.8	29.2	570.9	27.9	9.1
山东省	2019	706.2	21.5	70.4	29.6	561.5	28.2	8.9
山东省	平均值	733.4	22.2	69.9	30.1	586.9	28.6	8.7
福建省	2016	633.2	19.2	65.7	34.3	153.0	7.3	27.2
福建省	2017	662.5	19.9	67.2	32.8	155.7	7.5	28.6
福建省	2018	696.8	21.1	68.7	31.3	162.5	8.0	29.5
福建省	2019	723.5	22.0	70.6	29.4	163.7	8.2	31.2
福建省	平均值	679.0	20.6	68.1	31.9	158.7	7.7	29.1

续表

省份	年份	海水产品产量 总量（万吨）	海水产品产量 占全国比重（%）	海水产品结构（%）海水养殖	海水产品结构（%）海洋捕捞	海水养殖情况 面积（千公顷）	海水养殖情况 占全国比重（%）	海水养殖情况 效率（吨/公顷）
广东省	2016	441.5	13.4	65.8	34.2	166.2	7.9	17.5
	2017	451.8	13.6	67.0	33.0	161.7	7.8	18.7
	2018	449.2	13.6	70.5	29.5	165.6	8.1	19.1
	2019	455.5	13.9	72.3	27.7	165.0	8.3	19.9
	平均值	449.5	13.6	68.9	31.1	164.6	8.0	18.8

数据来源：根据历年《中国农村统计年鉴》相关数据整理而得。

从产品来源结构来看，海水养殖均是三省海水产品更为主要的方式，海洋养殖所占份额均有所提升且均接近七成水平，主要受到近年来愈加严格的海洋捕捞休渔禁渔政策影响，海洋渔业转型升级步伐加快，海洋捕捞得到有效控制，海水养殖实现较快发展。

进一步考察海洋养殖情况，发现山东省海水养殖面积规模最大，占全国近三成的比重，而福建省和广东省两省之和仅占全国的15%左右，但若以单位面积海水养殖产量来比较，山东省海水养殖效率却是最低的，四年均值仅有8.7吨/公顷，远落后于福建省（29.1吨/公顷）和广东省（18.8吨/公顷），表明山东省海洋渔业急需通过在技术改进和规模化管理等方面提高养殖效率。

进一步通过海水产品产值比较三省海洋渔业产值情况。从表7可以看出，山东省2016~2019年海水产品产值均领先于福建省和广东省，占渔业总产值的比重稳定在八成以上，大幅领先于广东省，但小幅落后于福建省。从变化趋势来看，山东省海水产品产值表现并不理想，无论是名义增速还是可比增速指标，山东省出现下降的年份是最多的，出现增长的个别年份，增幅也是较小的，而广东省均处于增长态势，福建省除了2017年，其余年份也均是保持增长的。以上表明，山东省海洋渔业发展势头有所放缓，其海水产品产值规模领先福建省和广东省的幅度在逐渐缩小。

表7　　　　　2016~2019年三省海水产品产值及其变化情况

省份	年份	总产值（亿元）	海水产品（亿元）	海水产品占比（%）	名义增速	可比增速
山东省	2016	1485.6	1201.2	80.9	-1.7	3.5
	2017	1476.0	1222.5	82.8	1.8	-3.7
	2018	1425.9	1178.9	82.7	-3.6	0.1
	2019	1397.4	1164.7	83.3	-1.2	-2.3
	平均值	1446.2	1191.8	82.4	—	—
福建省	2016	1235.5	1027.1	83.1	15.7	3.9
	2017	1202.1	1038.5	86.4	1.1	-4.4
	2018	1318.2	1132.3	85.9	9.0	5.0
	2019	1361.7	1161.7	85.3	2.6	4.2
	平均值	1279.4	1089.9	85.2	—	—
广东省	2016	1195.6	598.3	50.0	8.4	4.4
	2017	1276.1	706.5	55.4	18.1	11.7
	2018	1383.8	751.7	54.3	6.4	2.2
	2019	1524.8	789.8	51.8	5.1	1.8
	平均值	1345.1	711.6	52.9	—	—

资料来源：2017~2020年《中国农村统计年鉴》。

山东省的海洋渔业资源丰富，海洋渔业在山东省海洋产业中占有较大比重，全国海洋经济"十三五"规划将山东省定位为国际竞争力较强的海洋产业聚集区。因此，要想更好地促进山东省海洋产业的发展，使山东省的海洋渔业与其他省份之间拉开差距，打造"海上粮仓"是重中之重。

目前，山东省海洋渔业面临着资源衰退、近海环境污染严重等困境。随着现代科学技术在海洋渔业中的广泛应用，捕捞技术极大提高，滥捕、过捕现象普遍存在。加上近海污染强度的加剧，生态环境的恶化，近海渔业资源衰退，甚至枯竭，渔业捕获量持续下降；山东海洋环境特别是港口、海湾、河口及靠近城市的海域，污染特别严重。

尽管山东省海洋渔业面临的资源、环境状况并不乐观，但是作为山东海洋经济支柱产业之一的渔业经济，近年来的发展一直呈现良好的态势。渔业经济的快速增长，渔业产业结构日益合理。在渔业的捕捞管理方面，相关法律法规也逐渐完善。

四、山东省高质量发展特色海洋产业的对策建议

（一）海洋运输业

1. 适当增设港口数量

与福建省和广东省相比，山东省在港口的数量上并不占优势，然而，港口作为海上运输的窗口，他在山东省发挥自贸区优势，发展海洋特色产业等方面发挥着不可替代的作用，因此，为了外向型经济的发展，山东省应该在适当位置增设新的港口。

2. 港口布局系统化

另外，港口的数量并不是越多越好，港口数量多但是如果设置不够系统化，就会使山东省的海洋运输业越来越杂乱无章、效率低下，以致适得其反。因此，增设港口的同时，也应该考虑到港口设置的系统化。例如：重点建设青岛港，把青岛港建设成一个在全省发挥主导作用的综合大港，其他港口综合考量自身优劣势，选择好自身的功能定位。

3. 利用区位优势，发展日韩贸易

福建省海洋运输业的对外贸易国家主要是中国南部的一些国家，与福建省相比，山东省在地理位置上离日韩近得多，但是，在2018年的统计数据

中，山东省与日韩两国的进出口总额分别为 2227170 万美元、2933845 万美元，而福建省与日本的进出口总额则为 4279884 万美元（未找到韩国的数据）。由此可见，山东省的这一区位优势并没有完全发挥出来，因此，山东省要抓住机遇，努力发挥中日韩交流的桥头堡这一重要优势，利用海洋运输业积极地与日韩进行交流，这不仅可以带动省内海洋运输业的发展，而且在全国经济增长、中日、中韩的友好往来中也发挥着一定的作用。

4. 降低海运价格

以往，海运的优势主要表现在价格便宜这一方面，但是随着我国陆运、空运的进一步发展，使得海运逐渐失去了这一优势，进而导致海运业逐渐萎缩。因此，山东省应该提高运输效率、降低成本，这样才能降低价格，继续发挥这一优势。例如：改造升级船舶，减少货物在海上的运输时间，规范化港口内的运作，减少货物在港口停留的时间，或者扩大港口规模，形成规模效益。这不光是给山东省海洋运输业的发展建议，而是全国都应该考虑的。

（二）海洋高端装备产业

1. 促进不同类型企业之间的联合

推进陆上装备制造企业与造船及海洋工程装备制造企业的战略合作，形成以海带陆、以陆促海、陆海结合的产业格局，实现联动发展。推进海洋工程装备制造与上下游产业的战略合作，建立行业间以重点产品或关联的关键技术为纽带的合作同盟，协调解决产业合作中的各种问题，形成相关产业既有专业化分工、又能协作共赢的良性合作格局。推进海洋工程装备制造与相关配套企业的战略合作，强化供需双方在技术、新产品研发等领域的交流与协作，加快建立协作加工、区域配送等社会化服务体系，根据各方的需求进行交流沟通、统筹协作，以实现双方的良性可持续发展。

2. 加强对海洋工程装备领域国际前沿问题的研究

积极开展世界海洋工程装备市场的跟踪与研究，建立专业数据库，加强产业和技术发展趋势的研究，紧密跟踪欧美龙头企业和日韩骨干企业等国际先进企业在海洋工程装备产业发展战略、经营策略、产品和技术研发等方面的动向，研究相关国家在产业扶持和创新模式方面的经验与启示，为政府制定相关政策提供支撑和帮助，为我国海洋工程装备产业发展提供指导。

3. 完善金融支撑体系

海洋装备业属于技术密集型和资金密集型产业，其生产行业和技术行业的发展都需要强大的资金作为支持。从目前山东海洋装备业来看，企业融资能力受到明显的制约。在很多领域尤其是技术开发领域更是缺乏资金，科研投入较少，研发队伍不强，设计能力薄弱，产品研发能力不足。所以，资金不足对山东船舶与海洋工程技术产业的发展也是一个很大的制约因素。为了解决这一问题，山东省应为海洋工程装备业建立独特的融资渠道，加大全省的资金往这一行业的流动，为这一行业做好支撑。

（三）海洋生物医药产业

1. 加强海洋生态保护

加强海洋生物自然保护区的建设和管理，编制科学合理的海洋开发总体规划，制定相关产业政策，限制污染严重和破坏生态平衡的海洋产业发展，严格控制入海污染物的排放，对山东省各个港口近岸海域污染严重地区进行整治，加强海洋保护意识，防止海洋生态护环境进一步恶化，促进生态海洋的发展。禁止非法捕鱼，引导渔民往远洋渔业、养殖业、水产品加工业等方向转产转业。

2. 建设海洋科技人才队伍

山东省应当加大在海洋方面的投入，重点支持中国海洋大学、山东大学等高校及科研所在海洋生物、海洋食品、医药等领域的科研项目立项、实验室建设等，进一步扩大应用型海洋生物医药方面的人才规模。并且在政策上制定更具吸引力的人才引进策略、吸引并留住人才，进而有利于人才向成果的转化。

3. 壮大与海洋生物医药相关的产业

海洋渔业、水产品加工业、药品、保健品、化妆品等行业都对海洋生物医药产业起着重要的支撑作用，壮大这些产业也等于壮大海洋生物医药产业。具体的对策在上方的"海洋渔业"里提到过。

4. 培育市场需求

积极引导科研机构和企业根据市场实际需求研究和生产适销对路的海洋生物医药产品。例如：根据我国人口老龄化趋势研发心脑血管方面的药物。另外，积极宣传海洋生物医药的优势，加强与其他材料制成的药物的对比，提高人们对海洋生物医药的认识，使越来越多的人接受海洋生物医药。为了促进海洋生物医药的使用，政府应当出台相关的优惠政策。例如：减少企业税收、加大政府补贴等，进而让生产商降低成本，以此来达到降低海洋生物医药价格的目的。

（四）海洋旅游业

1. 大力发展沿海城市的交通

众所周知，便利的交通能够很好地促进一个地区经济的发展。通过山东省与福建省在交通方面的对比可以看出，山东省在这一方面做得明显不如福建省好，这当然也是制约山东滨海旅游的一个重要因素。为了更好地发展山东的滨海旅游业，山东省应当重视交通工具在数量、质量等多方面的升级，并将各个沿海城市之间利用公路、铁路、水路等方式紧密连接起来，不仅能解决滨海旅游区内部通达性问题，也能解决各旅游区之间的对接问题。

2. 发展特色旅游文化

每个省都有自己独特的文化，福建省有自己的特色文化，山东也有。山东省应当将海洋旅游与山东文化相结合，从景点到服务赋予其深厚的齐鲁文化底蕴，与其他海滨城市的旅游业区别开来，因地制宜，塑造大型民俗旅游活动，并加大对自己旅游特色的宣传。例如：东营地区可以与石油资源相结合，建造人工沙滩，打造"海上石油城堡"，发展旅游和观光；青岛地区围绕自己的独一无二的啤酒文化，开发特色娱乐项目；潍坊则应该改良自己的风筝文化，将风筝文化与滨海文化结合，打造属于自己且旁人难以复制的娱乐、参观项目，进而吸引各地游客前来参观体验……

3. 加强滨海旅游业与其他产业之间的融合

加强海洋经济产业间的融合、集成发展，以海洋渔业为例，传统的渔业以养殖、捕捞为主，但是如果把传统渔业的养殖和捕捞与旅游业相融合，在海岛、港湾等地方发展滨海休闲垂钓、捕捞、娱乐垂钓、捕捞等休闲渔业，让游客亲身体验渔民生活文化，在体验中找到休闲娱乐旅游的乐趣。这样既增加了渔民的收入，又丰富了滨海旅游的乐趣，另外还可以实现游艇业、大型游览船、帆船、海上运动和滨海旅游业的融合。以往山东的滨海观光旅游一直停留在登山观海、立岸观海的观光路线，如今，山东省应考虑游览方式的转变。例如：可以开发海上茶馆、海上咖啡厅、海上戏剧院等项目，以此达到海上观山、海上观城的另一种视角观光效果，真正实现由游山观山到游山玩水的转变。

（五）海水淡化产业

淡水资源的连年紧缺使得海水利用业被作为重点产业发展，山东作为沿海经济大省，有着独特的海水利用优势，但是要想大量把海水转化成淡水，在目前的科技水平上是很难实现的。为了实现这一新技术突破，山东省应大力发展此方面的高新技术，积极培育人才、吸引人才、留住人才。当有了一定的技术突破后，先在部分地区搞试点起示范作用，引导居民将海水作为生活用水来使用。等到技术足够成熟后，再逐渐推广至各个地区乃至全省、全国。在政策方面同样也要有所倾斜，鼓励此类工业企业的建设。

（六）海洋渔业

1. 海洋渔业捕捞规模化、机械化

海洋渔业当前的现状是：捕捞不集中、过度分散、工厂化程度低、散户数量多。为了提高海产品的产出效率，便于集中管理，山东省应当将各个地区的捕鱼业规模化，建设大型捕鱼场。当捕鱼场规模化后，就会便于实行机械化的操作、机械化的产品加工。

2. 发展海洋高新技术

山东省要加强海洋方面的人才引进，让工厂合理有序的运作，避免出现过度捕捞、管理混乱等问题，并且要将工程技术、生物技术、信息技术、监控仪表等高新技术应用于渔业资源的保护、恢复、生产以及利用中，同时积极培育海产品的优良品种，进一步提高海产品的质量与产出率。

3. 将海洋渔业与服务业结合

当前，我国服务业快速发展，服务业也可以拉动其他产业的增长。将海洋渔业与服务业结合，大力发展休闲垂钓、文化民俗游览、渔家乐、水族观赏、"放鱼养水"为一体的休闲渔业，这样不仅促进了海洋渔业的发展，还为山东省的滨海旅游业增添了一大特色，促进了该地区滨海旅游业的发展，这两个结果最终都会很好地促进山东省特色海洋产业的发展。

4. 加强污染控制，减少海洋污染

山东近海属于环渤海区，环渤海地区的产业以工业为主，工厂每天都会往海里排放大量的废水、有毒气体等工业污染物。为了减少这一污染，一方面相关部门必须出台具体的法律法规，严格控制污水的排放，做好监督管理工作；另一方面要对这些工业企业给予技术和资金的支持，从源头做好环保工作，以确保海洋渔业的可持续发展。

参考文献

[1] 张哲、郑国富、丁兰、蔡文鸿、魏盛军、陈思源：《福建省海洋工程装备产业现状与发展对策探讨》，载于《海洋开发与管理》2018年第5期。

[2] 周德田、郭小军：《山东海洋主导产业选择及升级的实证分析》，载于《河南科学》2017年第11期。

[3] 张更庆：《提升山东滨海旅游业竞争力的分析》，载于《江苏商论》2015年第12期。

[4] 王震、李宜良、赵鹏：《环渤海地区海洋渔业经济可持续发展对策研究》，载于《中国渔业经济》2015年第1期。

[5] 杨涛：《山东省海洋渔业发展问题及对策研究》，载于《现代商业》2013年第11期。

[6] 杜利楠、姜昳芃：《我国海洋工程装备制造业的发展对策研究》，载于《海洋开发与管理》2013年第3期。

[7] 孟庆武、郝艳萍：《山东海洋装备业发展对策研究》，载于《海洋开发与管理》2012年第11期。

[8] 翁毅、朱竑、储德平：《转型升级背景下的福建滨海旅游市场的开发》，载于《旅游论坛》2012年第4期。

[9] 谭晓岚：《加快山东滨海旅游业发展之路研究》，载于《海洋开发与管理》2009年第10期。

[10] 王萍：《山东滨海旅游资源及产业发展研究》，载于《中国海洋经济》2018年第2期。

[11] 张更庆：《提升山东滨海旅游业竞争力的分析》，载于《江苏商论》2015年第12期。

[12] 许路路：《旅游交通对山东滨海城市旅游业发展的影响》，载于《旅游纵览（下半月）》2014年第11期。

[13] 孟庆武、赵斌：《山东海洋渔业现状及发展潜力分析》，载于《齐

鲁渔业》2009年第6期。

［14］李攻：《山东自贸区：面朝大海　春暖花开》，载于《山东国资》2019年第9期。

［15］李黄庭、易瑞灶：《福建省海洋生物医药产业发展研究》，载于《海洋开发与管理》2017年第10期。

［16］黄立业、李莎、史筱飞、刘洁：《山东省海水淡化产业发展对策研究》，载于《工业水处理》2019年第8期。

［17］马哲、姜勇、曲茜：《山东省海水淡化产业发展对策研究》，载于《水利规划与设计》2019年第1期。

山东省东北亚地区水产品加工及贸易问题研究

▶柳俊燕[*]

摘要： 水产品加工及贸易是山东省海洋经济发展的重要支撑。随着区域经济一体化的发展，山东省与东北亚地区间的水产品贸易往来愈加频繁，东北亚地区成为山东省水产品加工贸易的重要伙伴。通过对山东省与东北亚地区间水产品贸易往来的现状分析发现，山东省的水产品出口主要以加工贸易为主，且面临一定的贸易壁垒，产品附加值较低且质量参差不齐。因此，加强政府宏观调控、增强企业自主创新能力、加强产品质量监管、优化营商环境是现阶段优化东北亚地区水产品加工及贸易的重要路径选择。

关键词： 山东自贸区　东北亚　水产品加工及贸易

一、引　　言

发展海洋经济是山东自由贸易试验区的独特使命，水产品加工及贸易则是海洋经济发展的传统产业之一。山东省的渔业生产具有明显的区位优势，水产品生产量和出口量连续多年位于全国前列，水产品加工及贸易对山东省的经济发展具有举足轻重的影响作用，是山东省自贸区海洋经济建设的重要组成部分。长期以来，水产品贸易在中国对外贸易中占有重要地位，加入WTO后，中国在2002年首度成为世界第一大水产品出口国，此后连续十余年一直保持领先地位。《中国渔业统计年鉴2019》的数据显示，中国水产品贸易主要集中在山东、福建、广东、辽宁、浙江等沿

---

[*] 柳俊燕，山东大学自贸区研究院研究助理。

海省份，其中山东省是水产品贸易大省，2018年山东省水产品贸易规模达到831477.55万美元，占到全国水产品贸易总额的22.36%，山东省的水产品贸易规模位居全国前列。

由于地缘关系，东北亚地区的区域贸易由来已久，随着双边贸易的不断推进，东北亚地区已经成为当今世界经济贸易发展最为活跃的区域之一，水产品加工及贸易方面往来频繁。据统计，水产品贸易约占该地区农产品贸易额的45%，是农产品中贸易量最大、贸易额最高、产业内贸易最活跃的一类产品。山东省作为中国东北沿海的经济大省，应充分借助在东北亚经济圈中享有的独特地理优势，并发挥好海洋大省的经济优势，加深与东北亚地区间的水产品贸易往来。尤其是在2019年8月公布的《中国（山东）自由贸易试验区总体方案》中明确要求建设东北亚水产品加工及贸易中心，将会极大地推动东北亚地区水产品加工贸易的发展。因此，在山东省自由贸易试验区建设的政策背景下，结合创新发展海洋经济、打造海洋经济建设新高地的新形势，研究山东省与东北亚地区间的水产品加工及贸易问题具有重要的现实意义。

水产品加工贸易行业的发展由来已久，改革开放后水产品进出口加工贸易取得了较大的成就，学术界对其也进行了大量的研究。早期学者的研究主要集中于对我国水产品出口的国际竞争力、水产品贸易的影响因素、水产品贸易结构等方面。如孙琛和李金明（2002）基于国际比较优势理论，分析研究了我国水产品国际竞争力的现状及发展趋势。刘向东和韩立民（2003）结合入世以来我国水产品出口受阻的现实问题，提出了提高我国水产品国际竞争力的对策。拉森和刘雅丹（2004）对水产品贸易风险进行分析，张玫等（2006）又进一步细化对水产品出口贸易存在的结构性风险进行了评价分析。胡求光和霍学喜（2007）基于比较优势理论，通过测算资源禀赋系数和显示性比较优势指数对我国水产品的贸易结构和比较优势进行了分析。孙琛和车斌（2007）认为，出口大幅增长所导致的国际水产品贸易格局发生变化，是中国水产品出口受阻的原因之一。高强和史磊（2008）采用联合国贸易组织的相关统计数据测算了我国加入WTO后水产品出口的CMS和CA指数，发现国际市场对水产品需求的增加是促使中国水产品出口高速增长的主要原因，我国水产品出口虽然具有一定的竞争优势，但其国际竞争力呈现逐步减弱的趋势。李焱等（2013）进一步提出出口结构的集中、中国渔业经济总产值、外币对人民币汇率、水产品价格和进口国国内生产总值是影响我国水产品贸易的主要因素。韩丽娜（2014）研究发现贸易壁垒是我国水产品出口贸易发展的重要阻力。李燕娥（2016）也得出了同样的结论。施新平（2020）从进口国和中国水产品企业自身两个角度分析了中国水产品出口遭遇技术壁垒的原因，并有针对性地提出了应对策略。

近年来，随着区域经济的发展，学者们更加聚焦于区域间的水产品贸易发展研究。杨静雅和黄硕琳（2014）回顾了中日水产品的发展历程并发现，中日间的水产品贸易主要受生产量与消费量、加工技术、食品安全标准等因素的影响。焦云涛（2019）分析了日本实施的技术性贸易壁垒对中国水产品出口日本的影响，研究发现技术性贸易措施在增加出口企业生产成本的同时也对国内水产业的发展起到良好的促进作用，有利于国内企业改进自身生产模式中存在的不足。赵旭（2019）分析了中韩FTA对韩国水产品海外出口的影响，并针对提升韩国水产品海外出口效益提出了相应的建议。胡玥和刘晓轩（2020）分析了中美贸易摩擦以来，双方加征关税及美国提升技术贸易壁垒对中美水产品贸易的影响，并提出了新形势下中国应继续加强与美国的水产贸易谈判，加速推进渔业转型升级等应对策略。

综上所述，学者们在我国水产品国际竞争力分析、水产品出口的影响因素、区域间水产品加工及贸易的现状、山东省水产品加工及贸易等方面的研究已较为全面，但尚未发现有基于山东省立场研究东北亚间水产品加工及贸易情况的研究。而且随着政策背景的变化，水产品加工及贸易的形势也发生了相应的变化，相应的发展策略也应有所区别。为此，本文拟基于山东省自贸区建设的背景，分析山东省与东北亚地区间的水产品贸易往来情况，并探讨山东省应如何抓住自贸区建设的契机，加快水产品加工及贸易的发展，推进海洋经济的高质量发展。

二、东北亚地区水产品加工及贸易总体情况分析

(一) 全国层面的东北亚水产品加工及贸易规模分析

从水产品贸易总量来看（见图1），2008~2018年，中国与东北亚地区的水产品贸易呈波动性上升趋势，进口额和出口额都有增加，但贸易顺差不断扩大。2008年，中国从东北亚地区进口水产品达159350万美元，出口达204802万美元，贸易顺差为45451.94万美元。2018年，进口增加至203577.10万美元，而出口跃升至360823.30万美元，贸易顺差扩大到157246.40万美元。

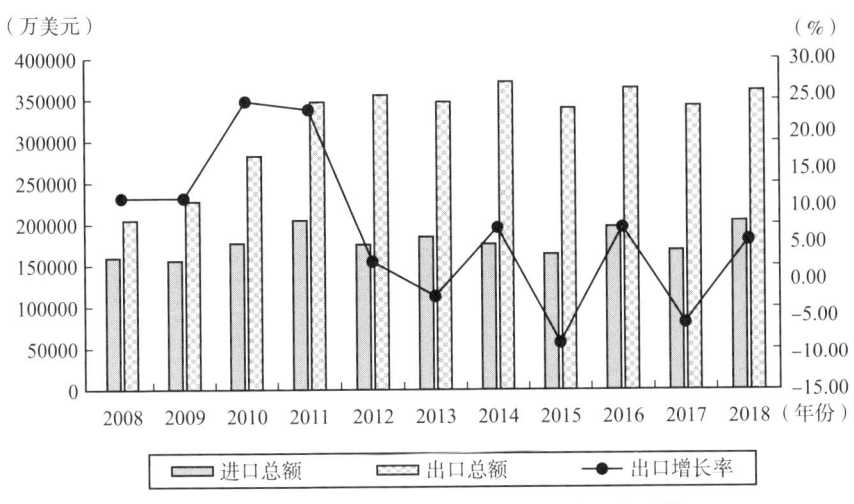

图1 2008~2018年我国与东北亚地区水产品贸易情况

资料来源：根据联合国商品贸易统计数据库（UN Comtrade Database）的数据整理所得。

我国虽与198个国家和地区间存在水产品贸易往来，但仅与东北亚五国的贸易量就占据我国进出口的10%~20%左右。东北亚地区的水产品加工及

贸易发展情况对我国整个水产品行业的发展影响巨大。但从发展趋势上来说，我国与东北亚地区间的贸易往来呈现下滑趋势，自2008年以来，与东北亚的出口占比呈现不断下降的趋势（见图2）。

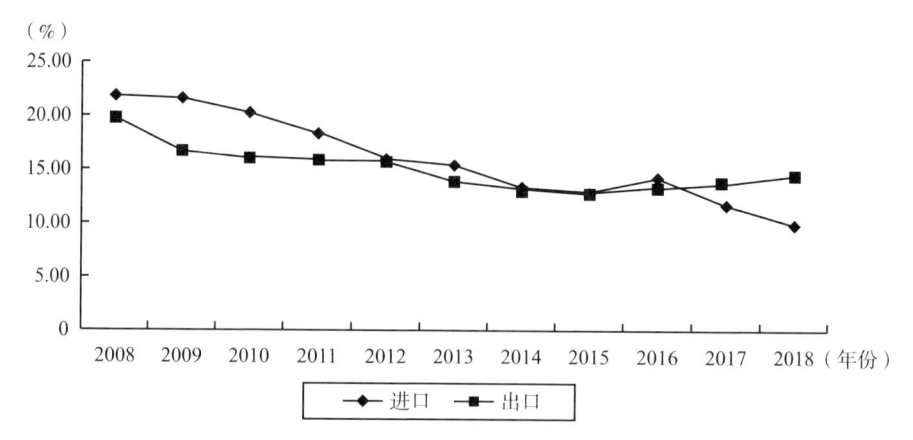

图2 2008~2018年我国与东北亚水产品贸易比重

资料来源：根据联合国商品贸易统计数据库（UN Comtrade Database）的数据整理所得。

单就山东省与东北亚地区水产品贸易情况来看，山东省是中国对东北亚地区水产品贸易贡献度最大的省份，仅山东一省份与东北亚地区的水产品进出口贸易额就占到全国的40%左右。结合中国与东北亚地区水产品贸易情况来看，山东省与东北亚地区间的水产品贸易对于中国水产品贸易的发展而言至关重要。

（二）山东省层面的东北亚水产品贸易结构分析

张曙宵（2003）在其《中国对外贸易结构论》一书中将贸易结构划分为商品结构、方式结构、模式结构和区域结构。本文进一步将区域结构细分为外部区域结构和内部区域结构两个方面，主要用于分析出口货物的国外目的地和国内的生产省份。结合东北亚地区的实际情况，并受限于山东省内各市公开的进出口数据，故本文仅从商品结构、方式结构和外部区域结构三个方面对东北亚地区水产品贸易结构进行分析。

1. 东北亚地区水产品贸易商品结构分析

水产品的商品结构是指不同种类的水产品在整个水产品出口中所占的比重或地位,可以反映出我国水产业的技术发展水平、产业结构状况及资源状况等。根据表1中2017~2019年山东省对东北亚地区其余五个国家各类水产品[协调编码制度(HS)中的03类]的进出口额占比可以看出,山东省对东北亚地区的水产品进口类型较为集中,主要以冻鱼为主,单项占比在80%左右。出口主要以鲜、冷、冻鱼片及其他鱼肉,软体动物,冻鱼,甲壳动物为主,四类产品合计占比高达95%。

表1　　　　2017~2019年中国与东北亚各国水产品贸易结构

HS编码	产品描述	2017年 进口	2017年 出口	2018年 进口	2018年 出口	2019年 进口	2019年 出口
0301	活鱼	0.00	1.10	0.00	0.97	0.00	1.13
0302	鲜、冷鱼	0.22	0.19	0.27	0.28	0.78	0.32
0303	冻鱼	76.21	15.90	83.00	14.25	81.18	15.34
0304	鲜、冷、冻鱼片及其他鱼肉	0.70	41.21	0.49	37.17	0.64	39.92
0305	熏鱼及盐腌鱼	0.02	3.73	0.03	2.81	0.03	3.09
0306	甲壳动物	4.46	10.76	4.47	10.42	5.80	9.96
0307	软体动物	18.19	26.75	11.58	33.84	10.59	30.00
0308	无脊椎动物	0.19	0.36	0.16	0.26	0.97	0.23

资料来源:根据海关统计数据在线查询平台的数据整理所得,下同。

根据产品加工深度和层次,可以将水产品划分为初级加工产品(低附加值产品)和精深加工产品(高附加值产品)两类(杜军、鄢波,2016),分别对应的产品是0301-0305、0306-0308。根据图3可以看出,山东对东北亚地区的水产品出口以初级加工产品(低附加值产品)为主,2018年稍有下降,但在2019年迅速回升。从进口层面来看,山东从东北亚地区的进口主要以初级加工产品为主,2018年初级加工产品的进口比例达到了83.79%。相应地,精深加工产品的进口比例下降到了16.21%。综合进出口的水产品贸易结构来看,山东与东北亚地区间的水产品贸易主要是低档产品和低附加值的劳动密集型制成产品,精深加工产品的贸易还有待进一步增强。

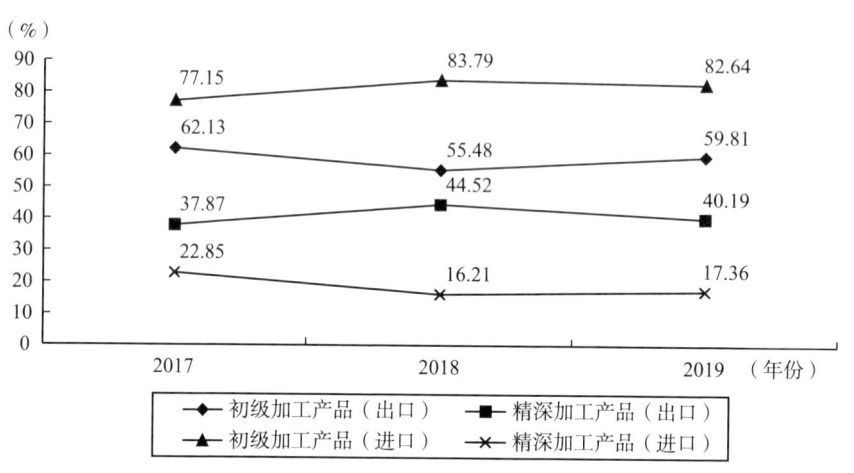

图3 2014~2018年山东省与东北亚地区水产品贸易结构

资料来源:根据海关统计数据在线查询平台的数据整理所得。

2. 东北亚地区水产品贸易方式结构分析

贸易方式是指买卖双方在对外交易过程中采取的贸易手段、方法与模式。所有的贸易活动均需要通过贸易方式来开展。就山东省而言,其与东北亚地区间贸易往来采用的贸易方式主要有一般贸易、保税监管场所进出境货物、海关特殊监管区域物流货物、来料加工贸易和进料加工贸易。根据大类划分,前三者可以统一归为一般贸易方式,后两者统称为加工贸易方式。按照此分类方式对山东与东北亚地区间的贸易方式进行分析,结果如图4所示。可以看出山东省对东北亚地区的水产品贸易主要以加工贸易为主,2017年加工贸易占比为60.91%。2019年一般贸易占比虽有所增加,但仍未明显扭转加工贸易主导的趋势。

[图：两个饼图，2017年 一般贸易39.09%、加工贸易60.91%；2019年 一般贸易43.13%、加工贸易56.87%]

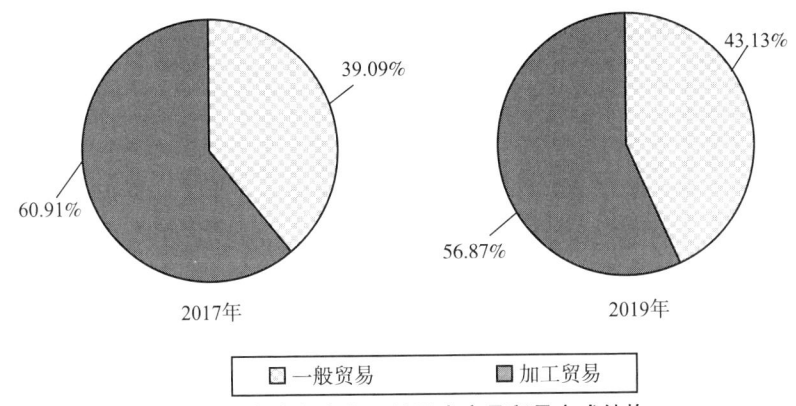

图4 山东省与东北亚地区水产品贸易方式结构

资料来源：根据海关统计数据在线查询平台的数据整理所得。

3. 东北亚地区水产品贸易区域结构分析

贸易外部区域结构分析主要是指出口的目的地分析，对东北亚地区水产品贸易外部区域结构的分析有助于识别山东省水产品在各个市场上的竞争地位。2017~2019年，山东省对东北亚地区的水产品出口目的地主要集中在日本、韩国和俄罗斯出口至朝鲜和蒙古国不到1%。通过图5可以看出，山东省60%以上的水产品流向了日本，30%左右流向了韩国，出口至俄罗斯的比例在3%

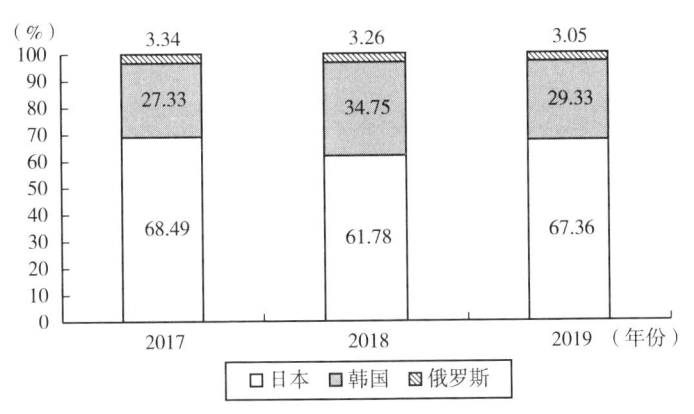

[图：堆积柱状图，2017年 日本68.49、韩国27.33、俄罗斯3.34；2018年 日本61.78、韩国34.75、俄罗斯3.26；2019年 日本67.36、韩国29.33、俄罗斯3.05]

图5 山东省水产品出口市场分布

资料来源：根据海关统计数据在线查询平台的数据整理所得。

左右。日本是我国水产品出口的最大的市场,其次是韩国,初步判断我国水产品在俄罗斯、蒙古国、朝鲜三国市场中缺乏一定的竞争能力。

三、东北亚地区水产品加工贸易存在的问题

(一)加工贸易占比过高,不利于水产品出口的可持续发展

山东省对东北亚地区的水产品出口主要以劳动密集型产品加工贸易为主体,在加工贸易中,水产品加工企业利用本国或进口的原料,按照外商提供的工艺技术和产品要求进行加工生产。而在水产品的产业链中加工环节所能产生的经济增加值极小,加工企业仅是在为外商"做嫁衣"。加工企业提供了廉价丰富的劳动力,甚至以牺牲环境和能源消耗为代价,但最终仅能获得加工环节的微薄利润,更多的增加值完全由外商企业享有。虽然这种贸易方式在过去尤其是改革开放后,凭借人口红利优势极大地带动了中国经济的发展,并解决了劳动力的就业问题。但随着中国经济形势的改变及人口红利的消退,过度依赖于劳动与资源要素投入的简单低质量的发展模式受到制约。一方面,在后人口红利时代,劳动力成本上涨,水产品加工贸易的利润空间被压缩。根据《中国区域经济统计年鉴》的相关数据显示,2018年山东省城镇居民人均可支配收入为39549元,与2002年的7615元相比,年均增长10.85%。农村居民家庭人均可支配收入也由2002年的2955元增加至16297元,年均增长率为11.26%。职工平均工资也呈现逐年增加趋势,仅十年间就由2002年的11374元增加至2012年的41904元,增加了3.68倍,年均增长率13.93%。劳动力成本的飞速上涨,水产品加工企业的生存空间有限。另一方面,简单低质量的发展模式已不符合现阶段高质量发展的要求。高质量发展就是要用最低的能耗带来最大的产出,水产品加工环节的高能耗与低增加值的发展模式明显已经不符合要求,发展模式亟待转变。另外,水产品贸易长期以加工贸易模式为主,缺乏研发及技术创新的投入,难以形成自己的品牌及核心技术优势,不利于培养本土企业在国际贸易中的核心竞争力,

从而不利于山东省水产业的长远可持续发展。

（二）商品结构不合理，低附加值产品比重较高

山东省水产品出口主要是以低附加值的初级加工产品为主，高附加值的精深加工产品比例不高，出口水产品的科技含量和附加值比较低。虽然近年来，精深加工产品占比有所提高，但尚未形成一定规模优势。高附加值产品一般较容易实现产品的差异化，市场中的可替代性产品相对较少，且具有较高的需求收入弹性，因此提高高附加值产品在出口贸易中的比重，有助于培育水产品出口的核心竞争力。然而从现实来看，山东省水产品加工企业大多以中小企业为主，大部分设备简单、生产技术落后，对水产品加工的科技开发和设备改造积极性不高，导致目前山东省的出口仍然是以初级加工产品为主，没有对加工原料实现充分的开发和利用，水产品精深加工的能力还有待进一步加强。

（三）出口市场高度集中，降低了行业的风险承受能力

山东省的水产品出口集中于日韩市场，约占对东北亚地区出口量的96%以上，而对于其余三国的出口很少，甚至2017~2019年连续三年对蒙古国的水产品出口量为零。高度集中的市场分布，导致山东省的水产品贸易应对国际政治风险的能力较差，极易受到国际关系的干扰。根据联合国商品贸易统计数据库中朝鲜、蒙古国、俄罗斯三国的进口数据，除朝鲜近几年无水产品进口外，俄罗斯和蒙古国每年均有大量的水产品进口，2018年蒙古国水产品进口累计183.03万美元，俄罗斯水产品进口则高达355198.81万美元。这一数据表明，蒙古国和俄罗斯两国并非没有水产品进口需求，而是山东省的水产品在蒙古国、俄罗斯两国缺乏市场。

（四）水产品加工贸易行业缺乏行业监管，水产品存在质量安全隐患

近年来随着全国环境污染问题的加重，山东省沿海地区水域污染也日益

严重，水产品病虫害时有发生。加之山东省水产品加工生产企业较为分散，多为小型企业，技术水平不高，水产品质量观念也比较薄弱。此外，目前山东省尚未形成系统有效的质量监督管理体系。首先，制度衔接存在漏洞。以2020年"3·15"晚会曝光的青岛市即墨区海参违规使用敌敌畏事件为例，根据水产养殖领域的相关规定，敌敌畏不在禁用名单中的药物可以使用；而在农业领域按照《农药管理条例》则明确要求农药不准扩大使用范围。不同部门间制度规定的不一致导致养殖户对能否使用含混不清，监管人员在工作中也缺乏明确的指导，最终的结果就是监管的混乱。其次，政府部门间的职责分工不合理、不清晰。如目前水产养殖过程中使用渔药、鱼饲料等投入品的生产、销售等按照《兽药管理条例》的相关规定执行，由畜牧部门负责渔药等的生产、销售审批与监管，而渔业行政管理部门则仅对生产过程中的使用环节进行监管，无权干涉渔药等的生产和销售环节。不合理、不清晰的多头管理乱象给各部门的职责履行带来困难，也导致个别政府部门相互扯皮、互相推诿。最后，行政监管力度不足，惩处力度较弱。目前全省尚未建立完善的水产品质量安全标准体系，给行政监管工作的开展带来了难度。监管方式也主要以事后监管为主，而且受限于人力物力的制约，水产品检测主要以简单抽检的方式，无法对水产品质量安全进行全面有效的监督，相关企业和个人存在侥幸心理。再加之现有的法律法规的效力不足，惩罚力度较弱，犯错成本较低，助长了相关人员的违法行为，严重制约了我国水产品质量水平的提高。

（五）出口企业面临较高的贸易壁垒，营商环境有待进一步完善

近年来，越来越多的国家纷纷采取"技术壁垒"，实施以食品质量安全为主要内容的贸易保护手段以维护本国利益，如对我国水产品出口企业实施卫生注册、提高检测标准、增加检测项目等。山东省水产品出口企业为满足进口国的食品质量安全的要求而不得不花费大量的费用用于监测评估、认证申请，增加了企业的出口成本，削弱了其在国际市场中的价格优势。此外，部分水产品对运输时间要求较高，国家间复杂的进出口海关审批流程及运输

效率极大地降低了水产品出口的质量。

四、山东省东北亚地区水产品加工及贸易的优化路径

东北亚地区水产品加工及贸易的发展必须要转变水产品出口贸易方式，推动向一般贸易发展；鼓励精深加工，提高高附加值产品的出口比重；加强区域间的交流与合作，增强市场渗透和市场开发能力；加强质量监管力度，为水产品加工及贸易提供一系列的基础设施支撑等。具体而言可从以下几个方面着手。

（一）加大政府对于水产品出口的宏观调控

第一，优化水产品出口产业的空间布局。充分利用青岛、烟台、威海、淄博、日照等市的临海区位优势，加快沿海地区重点水产品加工园区的建设。在房租、动力费等方面给予企业一定的优惠，吸引水产品生产加工企业向园区内聚集，提高园区的产业集中度。既有利于发挥企业间的协同效应、实现规模经济，还便于政府对其进行监管，降低协调成本。还应加强交通运输网络的整合与优化，提高运输效率，从而可以探索将部分水产品加工企业向临近内陆地区迁移，充分利用内陆地区的生产要素，进一步增强水产品的生产能力。

第二，优化水产品出口产业的结构布局。一方面，政府可通过强制性措施，适当控制加工贸易的出口比例。另一方面，可通过政策引导等激励性措施推动水产品出口企业积极转变水产品出口结构。首先，深化水产品加工业的供给侧结构性改革，推动传统水产品加工产业升级改造，改进生产设备，提高水产加工业的产品技术含量，增强产品在国际市场中的创新力和竞争力。其次，出口优惠政策进一步向精深加工产品倾斜，促进企业水产品出口向精深化发展。最后，利用税收优惠政策引导水产品行业的自主创新，优化产品出口结构。在现有的税收优惠政策的基础上，进一步给予水产品出口企业的

生产设备投入、研发创新等一定的税收优惠,如先进生产设备免征增值税、设备购置额可直接抵缴所得税、研发费用准予在现行基础上进一步提高等优惠政策,激励水产品企业自主创新,向精深化产品发展。

(二) 增强水产品出口企业的自主创新能力

水产品出口企业要自觉加大对科技创新的投资力度,不断提高自身的技术装备水平,努力把握现代水产品出口精深加工的方向。企业必须要增强风险意识,清醒认识当下的经济形势发生的变革,深刻领会百年未有之大变局的要义。过去的低成本、小作坊式的生产方式正在被逐渐淘汰,必须要依靠技术创新提高自己的核心竞争力,从而在市场上占有一席之地。首先,要大力提升水产品的深加工水平,提高出口水产品的技术含量和产品档次以促进出口水产品从低附加值的初级产品向高附加值的精深产品转变,提高产品的差异性。其次,要加大对于新产品研发的投入力度。加大对于新品的改良和研制,结合市场需求并充分利用山东省海洋大省的先天优势,开发医疗、海洋生物方向等的海洋生物产品。再次,要积极研发保鲜新技术。水产品对于保鲜时间具有较高的要求,保鲜技术水平对于出口产品的质量具有重要的作用。先进的保鲜技术不仅可以保证出口产品的等级和质量,还可以实现水产品的远距离运输,为开拓市场创造条件。最后,要加强企业间的技术交流与合作,推进相关技术与装备的成果转化和推广应用。通过共享技术信息资源获得协同效应,实现共同发展。

(三) 加大对产品质量的监管力度

第一,加强水产品行业监管的顶层设计。一是要尽快建立健全水产品行业质量监管相关的法律法规。重新梳理各项制度规定,对发现的制度衔接漏洞、陈旧过时的相关政策尽快予以修订和完善。二是要加重违反相关法律制度规定的处罚力度,提高水产品生产企业及个人的犯错成本,以降低质量安全隐患事件的发生。三是要加快水产品领域的行政体制改革,尽快理清各部门间的权责关系，明确各部门的管辖范围。尽快将与水产品生产、加工、销售的全链条相关的监管职权从其他部门中分离出来，由渔业行政管理部门对水产品全链条进行监管，提高监管效率。四是要加快产品标准化体系的建设，为水产品质量监管提供便利。探索建立统一的产品标准化体系并与国际标准尤其是与东北亚地区的标准对接，强化对水产品原料、产成品的检测，建立健全加工生产全过程的质量安全检验检测体系。

第二，要强化质量监督能力建设。一是要建立水产品加工业的质量安全监测标准、技术规范和管理规范，求每种水产品的生产都有标可依、有标必依。二是要建立水产品出口追溯机制，将水产品生产加工的全过程纳入产品监督范围中，从源头规范水产品的生产和加工。一经发现产品质量不合理问题，建立责任倒查机制，严格溯及所有当事人，并予以重处。三是要加大对水产品监管的投入力度。水产品的质量是决定水产品出口竞争力的关键，山东省水产品若想赢得东北亚地区的认可，必须要提高其水产品出口质量。只有把控好"国门关"，才能保证水产品在国际市场中的竞争地位。因此要加大对水产品监管的资源投入，引进先进的检测设备，组建专业的监管队伍，加强对水产品的质量监管，必要时可将部分检验监管服务外包给具有资质的专业机构，以提高监管效率和监管质量。同时也要提高利用大数据等新兴技术手段对水产品出口的风险预警能力，分析出口水产品安全卫生质量状况和整个生产加工过程中可能存在的风险点，并对其进行重点监管并采取紧急防范控制措施，增强对风险的控制和能力。

第三，加大水产品生产知识的宣传力度。只有每个水产品生产和加工的参与者时刻保持科学养殖、科学生产的理念，严格遵循水产品养殖生产流程，才能真正保证水产品的质量安全，维持水产品出口的长久竞争力，实现水产品加工及贸易的可持续发展。要加大对水产品养殖户、生产企业员工的生产知识普及教育力度，定期组织水产品生产知识学习活动，向生产人员普及最新的相关政策及科学生产的知识和技术。同时也要加强对相关法律知识的宣传和教育，针对典型案例进行深度的学习，增强渔业生产经营者的法制意识和安全意识。

（四）持续改善和优化营商环境

营商环境创新是各个自由贸易试验区的重要任务之一，山东也不例外。在《中国（山东）自由贸易试验区总体方案》中已经明确指出，山东自贸区的主要任务就是要进行营商环境创新、中日韩区域合作模式创新。山东省在中国（山东）自由贸易试验区和中日韩自贸区政策的叠加下，应把握好发展的机遇，借此契机打造良好的营商环境，为水产品加工及贸易的发展提供软支撑。

第一，促进产学研深度融合，营造良好的科技创新氛围。坚持"科技兴渔"的道路，充分调动全省甚至全国高校及科研机构的科研力量参与到水产品的技术创新中来，鼓励加工企业与科研机构、院校等建立战略合作关系，双方共享信息和资源，合作开发新技术，促进产学研的深入融合，加快新技术、新成果在水产品产业领域的应用，推动水产品贸易向一般贸易、精深加工贸易转换。

第二，建立健全人才引进与培养机制，激发创新活力。人才队伍建设是经济发展的基础。山东省要重视对多层次专业人才的培养，加大对水产品养殖与生产、产业管理等相关专业人才队伍特别是青年科技人员的培养力度。目前山东省已经出台了一系列人才引进政策，比如给予"留青""留济"的高层次人才租房补助或交通补助，《山东省柔性引进人才办法》的出台支持用人单位采取立案创新基地、挂职兼职等多种方式，灵活引进省外人才。《山东省人才发展促进条例》要求探索建立并完善高层次人才临时周转编制专户制度，在人才引进方面给予各级行政事业单位较大的自主权等。在引进人才的同时还要重视创新人才管理机制，不仅要引进人才更要长久地留住人才。下一步要继续坚持现有的制度优势，并积极进行制度创新，加强对教育、医疗、住房等基础设施的投入，加强公共服务建设，以吸引更多的高层次专业人才为山东自贸区的建设贡献智慧。

第三，加大金融支持力度，助力产业结构的调整。水产品生产加工企业的转型、生产设备升级、新产品研发等活动需要大量的资金支持。金融部门要切实服务好实体经济的发展，加大对水产品精深加工企业的融资、担保支持，以更好地为水产品企业的发展融通资金。同时大力拓展水产品企业的投融资渠道，积极推进山东省内的龙头企业上市，吸纳社会资金，鼓励多层次、多形式、多种经济成分共同发展水产加工业。

第四，坚持制度创新，推进贸易便利化。一是要简化进出口的审批检验流程，为企业的绿色通关提供便利条件。设立冻品鲜活品"绿色通道"，为水产品提供预约通关服务，优先办理该类产品的保管、查验等放行手续，实现水产品入境申报、货物现场查验、实验室检测等一站式直通服务，货物到港后"即查即检"，未被抽样检测的冰鲜水产品"即报即放"，提高进出口审批效率。二是要加强国家间的交流与协作，提高企业的通关效率。进一步扩大"经认证的经营者"互认合作的范围，积极与日本、韩国等国家构建信息互换、监管互认、执法互助以及检验检疫、保准计量等方面高效顺畅的合作机制，提高企业的通关效率，降低企业的通关成本。三是要优化涉外营商环境。秉持"最多跑一次"的理念持续深化涉外行政审批事项改革，为进境水产品实现检疫审批全程电子化，进口商事项"零跑腿、无纸化、信息化"检疫审批。开展资本项目收入支付便利化改革，企业可以不事前交单证、不用跑多次，缩短办理流程，快速便捷地完成资本项目收入结汇支付。山东省有关部门加强对水产品出口贸易的管理与服务，成立专门的机构服务于水产品出口贸易。向进出口企业及时宣传最新的双边贸易政策、指导企业积极利用WTO通报咨询机制等途径应对技术性贸易壁垒、帮助企业解决进出口贸易争端等，保障好进出口企业的合法权益。

第五，构建多式联运的交通网络，为水产品出口提供基础设施支撑。目前山东省的水产品出口企业主要集中在沿海地区，主要以水运方式运送至出口国。但对于蒙古国、俄罗斯等远距离运输的国家水运方式的便利性相对较低。建立以"一单制"为核心的多式联运服务体系，完善山东省中欧班列运营平台，构建东联日韩、西接欧亚大陆的东西互联互通大通道，构建海陆双向联动、公铁水空多种运输方式互联互动的区域一体化交通网络，提高货物的运输时效。此外，利用信息手段整合港口、航运、铁路等多式联运信息，完善标准化数据交换体系，打造一体化信息共享平台，提高多式联运智能化水平，提升运输效率，降低物流成本。

第六，加强区域合作，开拓东北亚市场。国家间政治关系是影响国际贸易发展的重要因素。今年来美国实行的贸易保护主义政策给各国经济带来了一定的消极影响。在世界经济前景不明朗的情况下，各国通过推动区域经济一体化的发展以保护自身的经济安全。随着中日韩自贸区谈判的顺利进行，也给双方水产品贸易规模的扩大带来巨大的优势。山东省要紧紧抓住中日韩区域合作的机会，进一步增加与日韩间的水产品贸易往来。同时也要清醒地认识到与俄罗斯、蒙古国、朝鲜三国的水产品贸易面临的严峻挑战。2019年12月，东北亚地区地方政府联合会海洋与渔业专门委员在第六届年会暨现代海洋产业论坛上宣布，将东北亚地区水产品交易中心落户威海，打造东北亚水产品经贸合作平台，共同促进东北亚地区水产品的发展。山东省要借此契机，加深与俄罗斯等国的交流，积极开展区域合作，深入调研市场需求并针对性地改进和完善产品，进一步开拓水产品出口市场。

参 考 文 献

［1］孙琛、李金明：《我国水产品国际竞争力分析及发展对策》，载于《海洋渔业》2002年第3期。

［2］刘向东、韩立民：《努力打造我国水产品国际竞争力》，载于《中国渔业经济》2003年第3期。

［3］拉森、刘雅丹：《风险分析和国际水产品贸易》，载于《中国渔业经济》2004年第4期。

［4］张玫、霍增辉、易法海：《中国水产品出口贸易结构性风险分析》，载于《中国渔业经济》2006年第6期。

［5］胡求光、霍学喜：《基于比较优势的水产品贸易结构分析》，载于《农业经济问题》2007年第12期。

［6］孙琛、车斌：《国际水产品贸易格局变化对中国水产品出口的影响》，载于《世界农业》2007年第5期。

[7] 高强、史磊：《我国水产品出口增长的影响因素及国际竞争力分析》，载于《中国渔业经济》2008 年第 4 期。

[8] 李焱、王孟孟、黄庆波：《中国水产品出口贸易的影响因素及潜力测度——基于扩展引力模型的分析》，载于《价格月刊》2013 年第 4 期。

[9] 韩丽娜：《中国水产品出口竞争力及发展策略研究》，载于《世界农业》2014 年第 7 期。

[10] 李燕娥：《绿色贸易壁垒对我国农产品出口的影响及对策研究》，载于《农业经济》2016 年第 4 期。

[11] 施新平：《中国水产品出口遭遇技术壁垒的原因及解决措施》，载于《对外经贸实务》2020 年第 4 期。

[12] 杨静雅、黄硕琳：《中日水产品贸易的变化及我国的应对措施》，载于《上海海洋大学学报》2014 年第 6 期。

[13] 焦云涛：《技术性贸易壁垒对我国水产品出口日本的影响》，载于《对外经贸实务》2019 年第 12 期。

[14] 赵旭：《中韩 FTA 对韩国水产品海外出口的影响》，载于《金融经济》2019 年第 4 期。

[15] 胡玥、刘晓轩：《贸易摩擦背景下中美水产品贸易展望及应对策略》，载于《对外经贸实务》2020 年第 7 期。

[16] 张曙霄：《中国对外贸易结构论》，中国经济出版社 2003 年版。

[17] 杜军、鄢波：《港口基础设施建设对中国—东盟贸易的影响路径与作用机理——来自水产品贸易的经验证据》，载于《中国流通经济》2016 年第 6 期。

IV 环境篇

山东省自贸区海洋生态环境现状、问题与对策

▶ 郝新亚[*]

摘要： 山东省海洋生态环境持续改善，但依然存在近海海洋资源开发利用已接近饱和、海洋生态环境保护形势严峻、综合治理力度不足等问题。主要原因包括海洋资源开发利用缺乏科学管理、陆源污染超标排放、相关法律法规与执法体制不健全、海洋环境监测预报能力不足等。合理开发利用海洋资源，加强陆海统筹，推进环境治理，进行海洋生态修复和生态补偿，强化科技创新支撑，完善海洋环境保护法制体系建设，坚持开放合作等措施，是山东省实现海洋生态环境高质量发展的政策着力点。

关键词： 海洋生态环境保护　海洋环境治理　陆海统筹　海洋经济高质量发展

一、山东省海洋生态环境现状

山东省濒临黄海和渤海，海岸线北起漳卫新河，南至日照市绣针河，全长3345千米，占全国海岸线的1/6[①]，居全国前列。近海海域总面积15.96万平方公里[②]，与山东省陆地面积大致相等。沿岸有黄河等河流入注，低盐水体充沛，营养物质丰富，生物资源多样。然而，近几年的监测结果显示，黄河口、渤海湾、胶州湾、莱州湾的海洋生态系统均呈亚健康状态。环境污染、人为破坏、资源的不合理利用等生态压力逐渐超出生态系统的承载能力。

---

[*] 郝新亚，山东大学自贸区研究院研究助理。
[①] 《山东统计年鉴2020》。
[②] 《山东省人民政府关于印发山东省现代化海洋牧场建设综合试点方案的通知》，山东省人民政府网，http://www.shandong.gov.cn/art/2019/1/16/art_2259_30443.html。

人口增长、资源消耗、产业集聚以及城市建设的快速推进，使海洋生态压力逐渐超出生态系统的承载能力，影响了山东海洋经济高质量发展（李天生等，2019）。"十四五"规划期间，山东省出台了一系列的政策与举措以完成生态环境保护重点任务，贯彻落实习近平总书记关于"经略海洋"的指示、批示精神①，坚决打赢打好"渤海综合治理攻坚战"②，牢记"加快建设绿色可持续的海洋生态环境"的使命责任③，深化陆海统筹和综合治理。目前，山东省依旧面临着许多制约海洋经济健康发展的问题，统筹深化改革解决顽疾，是未来实现山东海洋经济高质量发展的必由之路。

（一）直排海污染源排放情况

近岸及近海是山东省陆海生态系统关联最密切、保护与开发矛盾最突出的区域。当前，山东省近海海域污染形势严峻。入海污染物的来源可以分为陆域污染源、海域污染源和大气污染源三类。其中，陆域污染源的污染物占据重要比例。根据《2020年中国海洋生态环境状况公报》显示，山东省监测的68个直排海污染源排口，废水量达到9.05亿吨，化学需氧量为2.61万吨，石油类为154.4吨，氨氮为583万吨，总氮为0.74万吨，总磷为0.015万吨，六价铬为1096.9千克，铅、汞、镉分别为6890.5千克、195.4千克和190.7千克。根据图1，从时间维度来看，山东省直排海的污染源和废水量与日俱增。化学需氧量、石油类、氨氮、总磷等污染物排放则呈现持续下降的趋势。

通过对入海河流国控断面监测发现（见表1），自2016年以来，山东省水质状况有所改善，Ⅰ~Ⅲ类水质断面比例上升19.4个百分点，劣Ⅴ类水质断面消失，化学需氧量为主要超标指标。

---

① 《习近平：要进一步关心海洋、认识海洋、经略海洋》，中国政府网，http://www.gov.cn/ldhd/2013-07/31/content_2459009.htm。

② 《生态环境部 发展改革委 自然资源部关于印发〈渤海综合治理攻坚战行动计划〉的通知》，中国政府网，http://www.gov.cn/zhengce/zhengceku/2018-12/31/content_5440027.htm。

③ 《习近平参加山东代表团审议》，中国日报网，https://baijiahao.baidu.com/s?id=1594380627085938482&wfr=spider&for=pc。

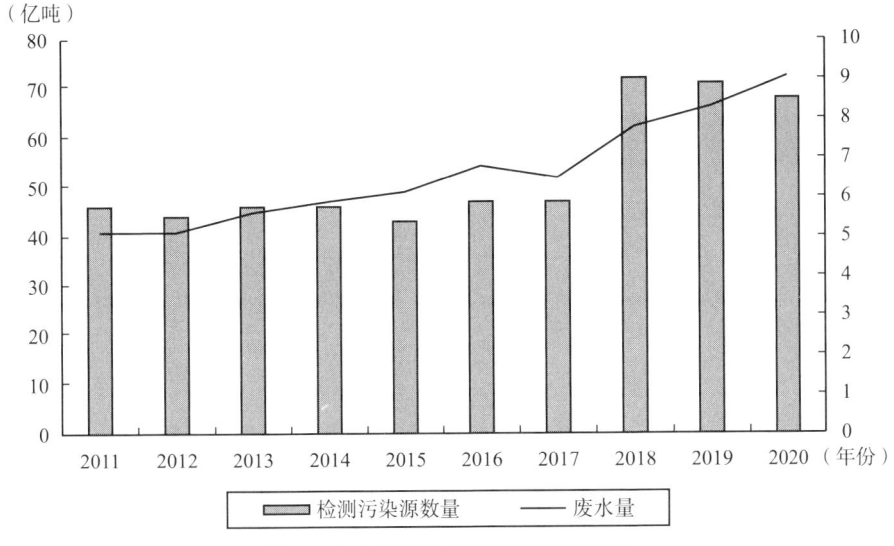

图1　山东省直排海污染源排放情况

资料来源：2018~2020年《中国海洋生态环境状况公报》、2011~2017年《中国近岸海域环境质量公报》。

表1　山东省入海河流断面水质类别比例及主要超标指标　　　　　单位：%

年份	水质状况	Ⅰ类	Ⅱ类	Ⅲ类	Ⅳ类	Ⅴ类	劣Ⅴ类	主要超标指标
2016	中度污染	0	7.4	11.1	25.9	37	18.5	化学需氧量、五日生化需氧量、高锰酸盐指数
2017	中度污染	0	27	66	48	13	41	化学需氧量、高锰酸盐指数、总磷
2018	轻度污染	0	40	49	52	24	29	化学需氧量、高锰酸盐指数、总磷
2019	轻度污染	0	37	66	62	17	8	化学需氧量、高锰酸盐指数、总磷
2020	轻度污染	0	13.8	24.1	55.2	6.9	0	化学需氧量、高锰酸盐指数、总磷

资料来源：2018~2020年《中国海洋生态环境状况公报》、2016~2017年《中国近岸海域环境质量公报》。

（二）海水质量与海洋沉积物质量

据《2020年山东省生态环境状况公报》显示，山东省海水环境质量状况总体良好，符合第一类海水水质标准的海域面积分别约占全省海域面积的92.2%、91.8%、87.4%和90.2%；劣于第四类海水水质标准的海域主要分布在渤海湾南部、莱州湾、乳山湾、丁字湾、胶州湾及日照近岸海域。其中，莱州湾海域水质污染严重，渔业资源退化，尤其是鱼卵、仔鱼数量持续下降（朱建峰，2020）。从年度比较来看，根据海水质量监测结果（见图2）显示，2012年以来山东省海域海水的水质总体表现良好，符合第一类海水水质标准的海域面积占比均在85%以上。

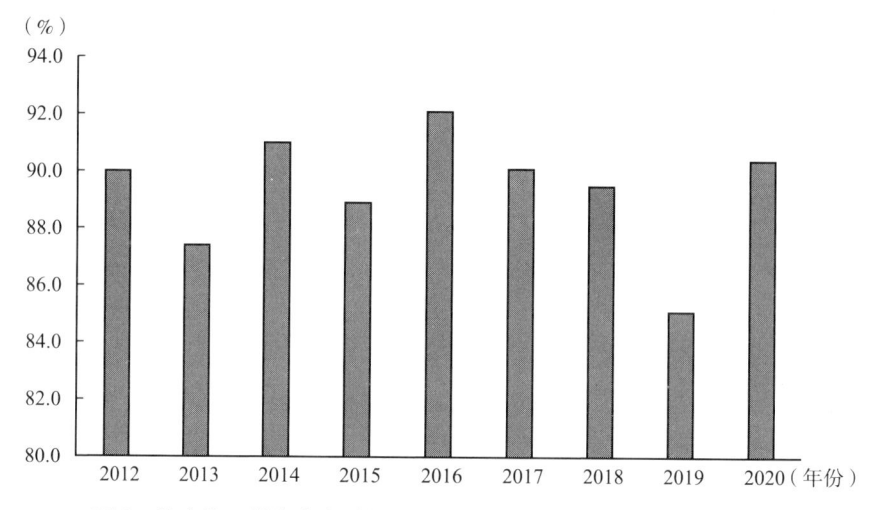

图2 符合第一类海水水质标准的海域面积占山东省省毗邻海域面积

资料来源：2012~2013年《山东省海洋环境公报》、2014~2017年《山东省海洋环境状况公报》、2018年《山东省海洋生态环境状况公报》、2019~2020年《山东省生态环境状况公报》。

2020年全省近岸海域沉积物质量状况总体良好，监测站位沉积物质量评价等级均为良好。自2012年以来，硫化物、有机碳、锌、铅、砷、六六六基本上均符合第一类海洋沉积物质量标准，部分年份的局部海域存在铬、铜、镉、汞、滴滴涕、石油类和多氯联苯含量超第一类海洋沉积物质量标准的站位。但沿海城乡工农业生产及生活污水大量入海，导致部分近岸海域污染严重，关键生态功能区自然环境遭到破坏，重点海湾生态系统功能退化。陆源污染问题尚未得到有效解决。

（三）生物多样性

在海洋生物多样性方面，据《2020年山东省生态环境状况公报》显示，全省近岸海域所获浮游植物125种，主要种类为硅藻，多样性指数平均为2.21；浮游动物包括105种，多样性指数平均为2.28。大型底栖生物有199种，多样性指数平均为2.83（见表2）。自2012年以来，伴随着山东省海域的海水质量逐渐好转，海洋生物多样性表现保持基本稳定，并伴有持续向好的趋势。

表2　　　　　　　　　2012~2020年山东省海洋生物多样性

年份	浮游植物 物种数	浮游植物 生物多样性指数	浮游动物 物种数	浮游动物 生物多样性指数	底栖生物 物种数	底栖生物 生物多样性指数
2012	150	—	70	—	218	—
2013	160	—	99	—	322	—
2014	169	—	120	—	338	—
2015	160	1.93	119	2.2	263	2.48
2016	133	2.39	80	2.31	225	2.67
2017	153	1.99	98	2.11	259	2.48
2018	125	2.19	92	2.11	243	2.48
2019	129	2.16	95	2.09	225	2.80
2020	125	2.21	105	2.28	199	2.83

资料来源：2012~2013年《山东省海洋环境公报》、2014~2017年《山东省海洋环境状况公报》、2018年《山东省海洋生态环境状况公报》、2019~2020年《山东省生态环境状况公报》。

在典型海洋生态系统方面，2020年，黄河口典型生态系统氮磷比失衡及海域富营养化状况依然存在；莱州湾典型生态系统无机氮超标情况有所缓解，氮磷比失衡及海域富营养化状况略有改善，小清河口邻近海域有机污染程度较上年略有加重；庙岛群岛典型生态系统海域水质状况良好，海洋生物多样性指数保持较高水平，但浮游动物数量有所减少。

（四）海洋环境灾害

海洋经济的快速发展和海洋开发活动的日益频繁致使海洋生态环境系统屡遭破坏，赤潮、绿潮等环境灾害事件也时常发生，对沿海的海水浴场、增养殖区、滨海旅游区等重要设施入水口海域造成较大的威胁。表3统计了黄海海域发生绿潮、山东省海域发生赤潮等海洋环境灾害事件的情况。可以发现，绿潮环境灾害在黄海海域的破坏程度有日趋严峻的趋势，赤潮环境灾害在山东省海域发生的次数则在逐渐降低并逐渐消失。

表3　　　　　　　　2010~2020年山东省海洋环境灾害事件

年份	赤潮次数	绿潮最大覆盖面积（平方千米）	绿潮最大分布面积（万平方千米）
2010	3	530	2.98
2011	1	560	2.64
2012	5	267	1.96
2013	3	790	2.97
2014	4	540	5.00
2015	0	594	5.27
2016	0	554	5.75
2017	1	821	2.93
2018	1	195	3.78
2019	2	507	5.55
2020	0	195	1.82

资料来源：2019~2020年《中国海洋生态环境状况公报》、2010~2018年《中国近岸海域环境质量公报》。

（五）重点海湾情况[①]

目前，莱州湾、渤海湾南部、胶州湾、丁字湾等近岸海域海水环境质量较差，无机氮含量严重超标，富营养化问题突出（陈斌等，2021）。莱州湾、胶州湾等重要海湾多是半封闭型海湾，各种海洋生物资源的繁衍富集区，沿海滩涂及淤泥底质海域广阔，但同时海水的交换动力条件不足，对污染物的交换和消化降解能力不强。

在渤海湾海域，2019年有51.7%的调查站次符合一、二类海水水质标准，14.5%的调查站次超四类海水水质标准。2020年，渤海湾海域冬季、春季、夏季和秋季良水质海域面积比例分别为19.1%、33.0%、65.1%和55.1%；劣于第四类海水水质主要分布在黄河、潮河、漳卫新河等入海河流等近岸海域。

在莱州湾海域，2019年有29.5%的调查站次符合一、二类海水水质标准，38.3%的调查站次超四类海水水质标准。2020年，莱州湾海域冬季、春季、夏季和秋季四个航次优良水质海域面积比例分别为72.4%、63.1%、80.6%和61.8%；劣于第四类海水水质的海域主要分布在湾西南部小清河口海域。

在套子湾海域，2019年所有站次均符合二类海水水质标准。2020年，套子湾海域水质较好，冬季、春季、夏季和秋季四个航次优良水质海域面积比例均为100%，不存在超标海域。

在丁字湾海域，2019年有36.4%的调查站次符合一、二类海水水质标准，27.3%的调查站次超四类海水水质标准。2020年，丁字湾海域冬季、春季、夏季和秋季四个航次优良水质海域面积比例分别为49.6%、99.5%、4.4%和13.3%；劣于第四类海水水质的海域主要分布在靠近河口的海域。

在胶州湾海域，2019年有70.6%的调查站次符合一、二类海水水质标准，5.9%的调查站次超四类海水水质标准。2020年，胶州湾海域冬季、春

---

① 本部分数据来源于《2019山东省生态环境状况公报》《2020山东省生态环境状况公报》。

季、夏季和秋季四个航次优良水质海域面积比例分别为 71.1%、51.4%、21.8%和 65.2%；劣于第四类海水水质的海域主要分布在湾东北部河口邻近海域。

二、山东省海洋生态环境问题

与陆域相比，海洋生态环境保护工作复杂性高、改善难度大、时间滞后性长、不可控因素多，海洋生态环境保护成效距离人民群众对美好生活的向往仍有较大差距，保护形势严峻（姚瑞华，2020）。虽然山东省十分重视海洋环境保护工作，也在保护海洋资源和环境方面做了大量卓有成效的工作，取得了一定成绩，但目前山东省海洋开发利用现状却存在着许多亟待解决的问题。一是近海海洋资源开发利用已接近饱和，甚至存在开发利用过度的现象；二是海洋生态环境整治修复的速度远小于生态环境遭受损害的速度，海洋生态环境保护形势依旧严峻；三是综合治理力度不足，尚未形成有效的海洋生态环境综合治理体系。

（一）海洋资源开发利用过度

在经济发展的同时，由于初始积累和高速增长时期的粗放式开发，一些地区忽视保护与开发并重原则，只顾经济效益不顾环境效益，过度开发利用海洋资源，山东省近岸海域承担了越来越重的资源环境压力，海洋经济发展与海洋空间资源储备、海洋环境保护的矛盾也越来越突出。目前，山东海洋产业大多仍是传统资源依赖型、劳动密集型和空间利用型产业，资源利用效率低、污染问题突出，海洋产业持续健康发展和海洋资源合理开发利用受到诸多制约。山东一些重要湾口和滩涂破坏严重，围海造地肆意进行，破坏了部分重要海域原有的自然属性。同时，尽管山东省逐渐加强对海洋资源的合理开发和利用，但是跟陆地资源相比，海洋开发和综合管理的科技储备不够以及产业结构不合理。如传统海洋产业的产能落后、技术水平低下、管理模式单一，大多用海单位采用资源利用程度偏低的渔业、工业或服务业单一粗放利用方式，极少采用高效的复合用海方式（彭勃等，2021），造成海洋资源的利用率低、浪费严重，甚至污染严重等问题。部分沿海地区为开发建设，肆意进行填海造地，造成开发活动无序、无度、无偿，争抢资源、盲目填海造地、盲目围垦乱用的短期行为普遍存在，加剧了资源过快消耗，导致生态环境恶化，破坏了旅游资源和生物资源。而在政府层面，由于前期基础调查及数据应用水平相对落后，监督机制不完善，复杂围填海项目后续开发效果缺乏跟踪评估，导致海洋资源利用效率长期处于低下水平，严重影响海洋资源开发质量。

（二）海洋环境污染形势严峻

由于环境变化、人为破坏、生物入侵等因素，山东省海域污染情况较为严重，海洋生物多样性锐减。海洋环境污染最主要的因素是人为破坏，其中陆地污染物排放到海水中是关键因素。山东近岸海域污染主要来自陆源，其次是船舶和海洋养殖。船舶海上溢油事故、船舶污水与港口污水处理设施匮乏、垃圾接收设备不配套等具有较大的生态环境风险；沿海养殖业的粗放发展导致海水养殖污染严重，海水养殖投放的饲料、激素药物及排泄物控制管理不当，海域养殖环境容量下降。此外，违章倾废和不合理采砂也导致海洋污染，破坏海洋生态环境。虽然山东在海洋环境污染源治理上做了大量工作，但海洋环境恶化的趋势却没有得到明显改善。

（三）综合治理力度不足

综合治理是海岸带陆海统筹的重点。陆源污染涉及入海河流、排污口等诸多方面，防控难度较大，需要协同治理工业污染、农业污染等诸多污染源。在开展区域、流域和海域水体污染综合防控时，应从源头上控制海洋污染，改善海域生态环境质量。目前，尽管政府已高度重视海洋生态环境，但仍缺乏科学的管理和规划，功能分区合理性与利用评估不足，部分重要生态功能区和脆弱区未得到有效保护，但部分海洋环境管控治理政策存在"一刀切"问题，相关法规规划落实不到位。

三、山东省海洋生态环境问题成因

（一）海洋资源开发利用缺乏科学管理

尽管山东省海域辽阔，海洋资源丰富，但真正具备可开发利用条件的浅海和近海以及近岸的海岛资源有限，加之近年来大规模开发以后，海洋资源储备已显现不足。海洋环境资源的开发和利用需要一个在维持生态系统稳定的环境资源结构范围内的科学规划，使被开发的环境资源的作用得到最高效的发挥。然而，山东省对海洋环境资源的开发利用尚未安排科学合理的规划，使得海洋资源开发过度、持续供给能力减弱，数量和自身的环境承载能力急速下降。同时，过度的海水养殖也是海洋环境污染的重要原因。养殖过程中，养殖饲料中含有的抗生素、石灰等药物以及化学消毒剂等都会进入海域，对海洋环境造成污染。由于滥用养殖饲料，使大量污染物影响海洋海水水质和沉积物质量，破坏了占用海域的自然属性和海洋生态环境，影响了海洋生物的生存环境。

（二）陆源污染超标排放形势严峻

山东省沿海地区城市生活用水量逐渐增加，农业生产中产生的氮、磷污染物对近岸海域环境的影响也在不断加大。境内主要入海河流多达40余条，多数河流携带的污染物超标严重，但河流污染并没有得到有效治理，入海排污口中有相当比例的排污口不符合标准。

同时，沿海旅游业的发展为沿海地区带来了可观的经济收入，促进了当地经济的发展，但是也带来了一系列环境问题：旅游活动中产生的生活污水直接或间接排海污染体；以燃油为能源的游艇产生的废气和漏油以及沿岸旅馆、饭店所排放的含油生活污水造成海水油类污染；为满足游客的需求，有些地区海产品过度捕捞和过度采集现象严重，某些水产资源遭到破坏，滨海生态平衡已受到严重干扰。

（三）相关法律法规与执法体制不健全

山东省的海洋环境保护法制建设仍然存在诸多需完善的问题，缺乏具有综合性的海洋环境污染防治的法律，存在立法滞后问题；一些海洋生态环境保护的规定缺乏可操作性，当遇到突发事件时，难以依照法律条文找到具体的处理办法（张兰婷等，2018）；海洋环境保护管理体制不理顺，管理主体混乱，职权交叉重叠；缺少海洋违法强制执行的法律依据，海洋环境保护执法权威性差，多头管理、推诿扯皮现象时有发生。这些问题的存在，制约了海洋环境保护工作的正常有效开展，必须适时出台行之有效的、有针对性的海洋环境保护法律规定、办法或标准。尽管山东省是开展海洋生态损失补偿工作最早的省份，但由于相关损害赔偿方法只是部门规章，没有上升为省政府规章，所以存在法律层次低、权威性差、法律效力不高的问题，在实际操作过程中存在执行难、追究难、惩罚难的现象。

（四）海洋环境监测预报能力不足

目前，山东省海洋环境监测、预报体系在逐步建立，但是从总体看，发展的速度相对迟缓。由于受编制限制，机构、人员配备不到位；在已建设的市级监测预报机构中，中高级以上人才缺乏，后备力量不足，尤其是关键岗位技术人员严重不足；县级监测机构处在起步阶段，机构、人员、设施设备十分缺乏。另外，沿海环境监测中心、站中普遍存在监测仪器设备不足、老化和落后等问题。现有监测经费不足，监测站点、监测项目有限，缺乏对重点污染源的在线监测。同时，海洋环境监测网络不够健全，存在监测数据不能共享，重复监测现象突出等问题。

四、山东自贸试验区建设下海洋生态环境高质量发展路径

(一) 合理开发利用海洋资源,促进海洋经济协调可持续

山东省各沿海城市间的海洋资源禀赋、经济发展基础存在明显差异。海洋空间资源开发利用质量与政府公共资源规划配置决策、资源使用者利用方式密切相关,为避免减少海洋资源的重复低水平开发,提高海洋资源的开发利用效率,应当加强顶层设计,从全局层面制定海洋空间规划与资源开发利用体系,引导各沿海城市科学合理地利用海洋资源,优化生产布局与产业结构,形成优势互补、有序竞争的海洋资源开发利用格局。此外,伴随着近岸海域资源开发趋于饱和,海洋生态环境日渐脆弱和恶化,海洋资源开发利用急需向深远海迈进,如海底矿产资源开发、深海油气资源开发、远洋渔业资源开发等。

(二) 陆海统筹推进环境治理,解决污染源问题

只有坚持统筹推进海陆污染治理,才能实现建设海洋强省、海洋经济高质量发展。海洋的自净能力有自然容量的客观限制,要坚持"防治兼顾、以防为主"的理念和政策导向,明确与近岸海域水质相关联的入海污染物排放指标调控方案,建立陆海一体的适应性管理机制,确定各沿海地区污染物排海种类、数量,并加强对陆源污染的监测与管控。建立陆海统筹的河长制、湾长制等流域污染治理模式,实现海洋环境污染的源头治理;加快编制胶州湾、莱州湾、丁字湾等重点海湾保护利用规划,严格实行污水处理达标排放,在线全程监测重点污染排放企业和污水处理厂,严禁污染物直接向海转移,提高污水排放达标率,提升临海企业、港口、船舶的污染废弃物管控与处理

能力；高度重视港口作业和船舶工业污染，有效提高船舶和港口码头防污设施配备率，禁止船舶和港口码头排放石油类、油性混合物、废弃物和其他有害物质；充分利用无人机、卫片解译等科技手段，深入排查整治海洋垃圾污染、污水直排入海、港口码头污染、船舶修造污染等严重影响近岸海域水质状况的突出海洋生态环境问题；严格控制填海造陆规模，推进海岸线与湿地修复，加大人工增殖放流力度，提升海洋生态环境的防卫能力与自净能力。

（三）进行海洋生态修复和生态补偿，促使生态系统良性循环发展

加强近海沿岸海洋生态修复建设。统筹推进"蓝色海湾""南红北柳""生态岛礁"三大生态修复工程，做好相关项目的实施和监管；积极建立生态系统环境总量评价体系，开展黄河口、莱州湾、芝罘湾、威海湾、靖海湾、乳山湾、胶州湾等重点海域生态环境调查研究，明确其环境承载量，细化环境管理目标；完善海洋生态环境实时监控体系，建设海洋生态环境敏感区、亚敏感区现场监测网络，开发遥感动态监测系统和海洋灾害预报减灾辅助系统，为整治、修复、保护海洋生态环境提供科学决策和严格执法依据；结合海洋生态文明示范区建设经验与现实需求，制定地方海洋环境治理标准，打造一套与海洋生态文明建设相匹配的海洋环境管理绩效评估标准体系。

加强海洋生态环境补偿和海洋工程环境监管。多渠道筹措资金，严格海洋生态补偿管理，规范海洋生态损失补偿费的评估和确认程序；明确海域使用金具体使用办法，根据海洋工程建设项目所在区域实施跟踪监测任务，建立"政府—市场—社会"多元化的海洋生态补偿机制；加强海洋工程建设项目环评核准的事中、事后监管，探索开展海洋工程建设项目（围填海）环保竣工验收工作；推进海洋生态补偿制度化和法制化，实行海洋生态环境损害终身问责制，建立海洋生态保护补偿试点示范。

（四）强化科技创新支撑，统筹推进现代海洋产业体系建设

创新循环经济模式，全面推进海洋产业绿色发展，紧密结合市场需求和市场拓展要求，推动传统海洋产业转型升级。大力发展新兴海洋产业，突出关键核心技术与装备自主研发和集成开发，推进创新链、产业链和价值链高度融合发展；积极发展现代海洋服务业，加强新技术、新模式、新业态开发应用，大力拓展产业发展链条，促进跨界融合发展，加快实现现代海洋服务业规模与内涵的同步提升；瞄准海洋产业链关键环节，以新技术应用、节能降耗和绿色发展为导向，加大技术创新投入力度，搭建海洋产业绿色化发展技术创新平台；吸收和引进先进成果和方法，推动涉海技术创新机构组建绿色技术创新联合体，以产学研联盟、公共创新平台建设为载体，开展联合攻关，突破制约相关技术产业化的瓶颈，加快传统海洋产业改造升级和海洋新兴产业培育壮大进程；制定海洋产业可持续发展路线，明确产业绿色化发展路径，设立绿色产业引导基金；鼓励海洋渔业、海洋新材料、海洋航运及海上旅游生态化发展，积极推广节能环保型的海盐化工、海洋水产品加工及海工装备制造技术，大力发展循环经济，推动临海产业园区向绿色低碳、循环经济园区转化，有效降低海洋产业发展与临海产业园区建设所产生的环境压力。

（五）完善海洋环境保护法制体系建设，合理规划涉海部门职责权限

尽快研究制订可操作性强的海洋环境保护法实施细则，构建完善的海洋环境保护法制体系，促使实现海洋生态环境保护从原则性规定到具体规定的转变。针对目前存在的立法滞后、现行法律规定下众多涉海管理部门职责权限划分不清、法律威慑力弱化等问题，加速海洋资源与管理的立法。从法律层面清楚定界定海岸工程、海洋工程，解决环保部门和海洋部门重复管理、交叉管理问题；针对不同类型的海洋工程分别制定相应的行政法规；出台污

染物排海总量控制制度，以明确的法律规定，限制陆上企业、海岸工程、海洋工程等项目向海洋排污总量，确保对海洋环境的污染物排放量在海洋生态环境和谐的允许范围内。

（六）加强海洋生态环境监视监测能力建设，实现应急监测评价

利用现代通信技术和网络技术，对现有网络进行升级改造，加强部门合作，建立完善的海洋环境监视监测网络。大力发展省、市、县（市、区）三级海洋监测业务体系，加强对所辖市县工作的监管，利用先进可靠的自动化监测技术，在山东近海和重点海域建设一个布局合理、装备先进、功能齐全、立体化、全天候的海洋水文气象和生态环境监测系统；对海洋工程特别是围填海项目实施动态监测，评估海洋生态环境变化，确定生态受损程度，为生态修复及补偿工作奠定基础；加强对赤潮（绿潮）、溢油及其他突发海洋环境事件应急监测评价，做好与地方应急工作的衔接。特别要健全对当地政府负责的海洋环境监测机构和人才队伍，使机构设置、人员配备与工作任务相适应，实施定期考核与评价；建立海洋环境监测经费政府财政投入机制，确保海洋环境监视监测工作正常开展。

（七）坚持开放合作，构建互利共赢的海洋命运共同体

海洋环境治理是全球治理的重要领域，也是国际社会的一种集体行动，完善全球海洋环境治理离不开以维护海洋生态文明为目标的海洋命运共同体的构建（刘惠荣等，2021）。依托于自贸区建设，应加强山东省与其他沿海国家和地区在海洋生态保护与修复、海洋濒危物种保护等领域的务实合作，推动建立长效合作机制，平衡海洋环境保护与资源的可持续利用，共建跨界海洋生态廊道。在海洋环境污染、海洋垃圾、海洋酸化、赤潮监测、污染应急等领域加强国际合作，推动建立海洋污染防治和应急协作机制，联合开展海洋环境评价，联合发布海洋环境状况报告；制定和完善广泛参与的海洋环境保护、海洋资源可持续利用管理等国际条约；落实"21世纪海上丝绸之

路"蓝碳计划,与沿线国家和地区共同开展海洋和海岸带蓝碳生态系统监测、标准规范与碳汇研究;联合发布"21世纪海上丝绸之路"蓝碳报告,推动建立国际蓝碳论坛与合作机制。

参 考 文 献

[1] 李天生、陈琳琳:《环渤海区域海洋生态环境特点及保护制度改革》,载于《山东大学学报(哲学社会科学版)》2019年第1期。

[2] 朱建峰:《推进山东海洋生态文明建设对策研究》,载于《中国海洋经济》2020年第1期。

[3] 陈斌、徐永臣、徐承芬、王琰、牟秀娟:《山东省海洋空间开发保护现状、问题及对策》,载于《海洋开发与管理》2021年第3期。

[4] 姚瑞华、王金南、王东:《国家海洋生态环境保护"十四五"战略路线图分析》,载于《中国环境管理》2020年第3期。

[5] 彭勃、王晓慧:《基于生态优先的海洋空间资源高质量开发利用对策研究》,载于《海洋开发与管理》2021年第3期。

[6] 张兰婷、史磊、韩立民:《山东半岛蓝色经济区建设的体制机制创新研究》,载于《中国海洋大学学报(社会科学版)》2018年第4期。

[7] 刘惠荣、齐雪薇:《全球海洋环境治理国际条约演变下构建海洋命运共同体的法治路径启示》,载于《环境保护》2021年第15期。

海洋塑料垃圾治理困境与实现机制研究

▶王馨缘* 杜钦钦** 刘粉粉***

摘要： 我国海洋垃圾以塑料类垃圾为主，对海洋生物、人类健康、船舶安全造成威胁。本文基于海洋环境的公共物品属性和海洋塑料垃圾的负外部性理论，分析海洋塑料垃圾治理机制，研究发现：海洋塑料垃圾治理存在塑料替代品缺乏，回收机制不健全，回收技术不成熟、技术效率低等问题，需从个人、企业、社会层面开展海洋塑料垃圾治理的联合行动。基于自贸区建设，应加强全球海洋塑料垃圾治理合作与协调，完善国际合作的协调机制和利益传导机制，制定法律法规约束相关企业承担责任。

关键词： 海洋塑料 垃圾治理 公共物品 公众参与

一、海洋塑料垃圾治理的必要性

海洋垃圾是指任何持久性的、人造的或加工过的并被丢弃、倾倒至海洋或海岸环境的垃圾。海洋垃圾主要由塑料垃圾和塑料废物组成。塑料是以单体为原料，通过加聚或缩聚反应聚合而成的高分子化合物，其抗形变能力中等，介于纤维和橡胶之间，由合成树脂及填料、增塑剂、稳定剂、润滑剂、色料等添加剂组成，主要成分是树脂即尚未和各种添加剂混合的高分子化合物。2018年9月在日内瓦召开的《巴塞尔公约》不限成员名额工作组第十一次会议议程提出将塑料废物明确纳入《巴塞尔公约》范围。塑料垃圾和塑料废物通过各种渠道进入海洋，对海洋环境和生态环境造成严重危害，最终形

---

* 王馨缘，山东大学自贸区研究院研究助理。
** 杜钦钦，山东大学自贸区研究院研究助理。
*** 刘粉粉，山东大学自贸区研究院研究助理。

成漂浮于海面或者沉于海底的海洋塑料垃圾。海洋塑料污染治理的体制机制研究已经成为当前学术热点，加强海洋塑料污染的治理研究已经成为关乎人类发展的一大问题。

国外学者对海洋塑料污染的研究比较广泛，学者们分别从全球合作的缺失、技术创新难以发展以及海洋塑料垃圾清理难度大等方面说明了目前海洋塑料污染治理面临的困境，并提出了多种策略治理、跨区域合作治理污染以及联合多方利益相关者等建议，这些研究都取得了一定的成果，对后人的研究起了一定的启发作用。阿拉比等（Arabi et al.，2020）着眼于南非地区的海洋塑料垃圾研究，提出海洋塑料碎片会影响生态系统服务的提供，从而对人类福祉、社会和经济产生影响，重要的是要从经济角度量化这些影响，以便能够为适当的政策反应提供基于证据的支持；需要进行更多的研究，以评估海洋碎片对人类健康和安全的风险，例如在消费方面的影响。埃里克森等（Ericksen et al.，2020）通过对北极地区海洋塑料垃圾丰度的研究，指出伴随着海洋活动以及人类活动，北极地区的海洋塑料垃圾污染形势正日趋严峻。他指出目前北极地区面临的海洋塑料污染治理困境主要有三个：其一是由于运输成本高，垃圾难以回收利用；其二是缺乏激励措施，当地社区对塑料垃圾的处理方式仍然很落后；其三是随着近些年来北极地区旅游热的兴起，游客们购买当地商品与服务产生的废物与日俱增，经济效益与生态效益产生矛盾。由此，他提出预防策略是北极地区最合适的策略，因为北极地区面临较脆弱的生态环境，建议当地社区采用新的废物管理和新的基础设施来管理可复制的废物，从而显著减少当地的排放。同时，针对旅游业采取材料管理战略，以适应更循环的经济。

国内学者研究发现，我国面临的海洋塑料垃圾治理困境主要包括来源复杂、规模巨大、难以控制，意识淡薄、制度不健全等方面。于海晴等（2018）提出，中国的治理面临两点困境：对微塑料的控制关注不足和对海洋垃圾与微塑料的控制仍集中在末端，对前端设计生产的关注不足。王菊英等（2018）提出海洋塑料垃圾入海通量不明，导致负面报道被动以及塑料垃圾来源及迁移路径不明的治理困境。李潇等（2019）指出，我国尚无国家层面的海洋垃圾战略，也尚未对塑料微珠形成相关限制和监管，没有形成海洋塑料垃圾的专门法律。杨越等（2020）通过对海洋塑料垃圾治理体系的研究，提出我国目前正面临的困境。海洋塑料污染形成机理复杂，管控情景多元。塑料垃圾迁移广泛，责任分担不明确。海洋塑料污染代际性损害严重，但治理动力不足。李道季（2019）通过对国际上海洋塑料垃圾污染相关公约的研究总结提出，进行海洋塑料垃圾治理，可以通过开展高关注度的治理行动在民间就海洋塑料垃圾和微塑料问题建立较为广泛的认识。同时提出治理海洋塑料垃圾应进行微塑料分类和潜在风险评估、制定强化相关政策、完善加强公共环境意识教育体系。

二、我国海洋塑料垃圾分布概况与危害

（一）我国海洋塑料垃圾分布概况

来自 2020 年《中国海洋生态环境状况公报》的监测结果显示，我国海洋垃圾从种类结构上看仍以塑料类垃圾为主，塑料类垃圾分别占海面漂浮垃圾、海滩垃圾、海底垃圾的 85.7%、84.6% 和 83.1%；从分布结构上看仍集中分布在旅游休闲娱乐区、农渔业区、港口航运区等人类生产生活较为丰富的海域及其邻近海域；监测区域表层水体微塑料平均密度为 0.27 个/立方米，最高为 1.41 个/立方米，以纤维、碎片、颗粒和线为主，成分为聚对苯二甲酸乙二醇酯（PET）、聚丙烯（PP）和聚乙烯（PE）。

（二）海洋塑料垃圾危害

1. 危害海洋生物

海洋塑料垃圾对海洋生物的危害是海洋塑料垃圾危害的主要表现。
第一，海洋生物可能会误食塑料垃圾。由于废弃的塑料在海水中数十年

才会分解，体积大的塑料一般都会先慢慢地变脆，然后再逐渐破裂成塑料碎片，海洋中这些小体积的塑料碎片和一些塑料小球因为其颜色、体积、形状与海洋生物的食物极为相像，因此常会被海鸟和海洋中的动物误食。

第二，海洋动物可能被塑料垃圾缠绕。一方面，海洋动物在游弋时可能会被海洋中的漂浮物如塑料渔网、大围网、塑料袋一类的塑料垃圾挂住并缠绕，尤其是海狗，被渔网缠绕的情况更为严重。另一方面，如果塑料废弃物的大小、形状、颜色与海洋动物的食物相似，且恰巧吸附在渔网上，极有可能引诱海洋动物前来捕食而导致被渔网缠绕。那些被缠绕的海洋动物可能被饿死、窒息死亡或者成为其他海洋动物的腹中食；有幸能逃脱的动物，也难免受伤，其在海洋中生存的概率也会大大降低。

第三，海洋生物因塑料垃圾导致缺氧死亡。大量的塑料垃圾漂浮、覆盖在海面上，影响空气中氧气溶入水中，遮蔽了阳光，阻碍了绿色水生植物的光合作用，造成的结果是海水中溶解氧大幅减少，水体变黑、发臭，最终会使海洋生物缺氧而大量死亡。

2. 损害人类健康

微塑料被海鸟、鱼类、底栖动物、浮游动物等不同营养级的海洋生物摄食后，所携带的有毒有害物质会进入海洋生物体内，造成生物死亡，从而导致食物链断裂。微塑料的潜在危害有些类似于重金属污染的沉积作用，浮游生物摄入微塑料后，微塑料会随着食物链物质能量的流动和转换，沿着食物链传递最终进入人体。尽管人类摄入的微塑料大部分会随粪便排出，但仍有少量微塑料会存留在体内，长期的蓄积对人体健康的影响不容忽视。

3. 威胁船舶安全

塑料垃圾会影响船舶的正常航行。因为塑料垃圾通常会缠绕船舶推进装置造成航海事故，漂浮的大片塑料垃圾会与船舶碰撞、遮挡浮标等，阻碍船舶正常航行。沉在海底的塑料垃圾到了一定程度很有可能逐渐形成浅滩，从而进一步影响航行安全。

三、海洋塑料垃圾治理机制的理论分析

(一) 海洋环境的公共物品属性

海洋是世界各国人民赖以生存的空间,是生命的发源地,是人类的资源库。人类的进化、人类文明的发展都离不开海洋环境,而海洋环境也被每个人的行为所影响。随着科技的进步、人类社会的不断发展,我们对于海洋环境、海洋资源的利用与影响也越来越显著,因此海洋环境的公共物品属性也逐渐显现出来。

根据参照范围的不同,海洋环境的物品属性也会发生一定程度的改变,具体表现在非排他性、非竞争性的改变。当参照范围定为某个国家或者地区时,相应地,海洋环境则是这个国家或地区的海域范围内的海洋环境,此时,海洋环境具有竞争性,物品属性为公共资源,只有当参照范围定为全世界时,海洋环境针对的对象就是全人类。而事实上海洋环境对于每个人类都有着至关重要的影响与作用,因此以全球为参照范围时,能更好地体现出海洋环境的特点,更加全面地体现出海洋与人类之间相互影响的关系,此时海洋环境具有非排他性和非竞争性,是纯公共物品。海洋环境这一公共物品属性也决定了政府干预的重要性,因此在海洋环境治理过程当中,政府发挥着十分关键、十分重要的作用。

(二) 海洋塑料垃圾的负外部性分析

海洋塑料垃圾的负外部性显著,其公共物品属性会导致"公地悲剧"。特别是在与其他国家或地区邻近的海域,负外部性的影响将更加明显:当这一海域邻近的某一国家或地区不重视海洋塑料垃圾的管理与治理,导致海洋环境污染加剧,由此产生的后果不仅会影响该国家或地区的海洋环境,其他

邻近该海域也会受到不同程度的影响。这种影响不仅带来海洋塑料垃圾对海域生态环境的污染，还会削减其他国家或地区管理塑料垃圾排放的意识与积极性，甚至陷入恶性循环，使得海洋塑料垃圾治理变得更加困难。

海洋塑料垃圾负外部性的产生，不仅仅是由于海洋环境的公共物品属性，也由于政府监管与治理力度的不足。反过来，海洋塑料垃圾的负外部性又会影响政府的治理效果，使得政府失灵。所以，我们必须重视政府在海洋塑料垃圾治理过程中的重要作用，以此减少海洋塑料垃圾的负外部性，从而保证相关治理措施的有效实行。

四、海洋塑料垃圾治理现实困境

（一）塑料替代品缺乏

20世纪70年代OPEC石油输出国组织为了对付西方发达国家，降低石油产量，大幅抬高油价，以美国为首的西方国家为此蒙受了巨大的经济损失。人们第一次认识到地球上的石油资源是有限的，总有一天会发生枯竭。之后，能源尤其是石油一直左右着世界经济的发展，人类对资源枯竭的恐慌与日俱增，开始寻找新的可替代能源或者生物合成材料，而不再单纯依赖石油这个"黑色黄金"。尽管科研人员在可替代能源方面做了很多努力，可是只有少数尝试获得了一定程度的进展。

原油价格的上涨也相应带动了塑料原材料颗粒的上涨，各国科学家开始研制可以作为塑料代替品的新型可持续材料。但成型的、可大规模生产的塑料代替品还没有问世，塑料代替品的研制还处在探索阶段。

（二）回收机制不健全

众所周知，塑料由于难以在自然环境中降解，往往通过焚烧发电或破碎后再生利用处理。目前公认的塑料回收方法包括了自上而下的四级回收。一是将塑料垃圾重新加工成性能与初始的塑料制品相似的产品；二是将塑料垃圾加工成性能不同于初始产品的塑料制品或者将塑料垃圾与新合成的塑料原料混合后加工成塑料制品；三是将塑料垃圾转化为燃料或者化工原材料；四是将塑料垃圾转化为能源。

目前我国缺乏塑料回收、运输、处置系统，没有形成完善的社会回收网络，给回收利用造成困难。超薄塑料购物袋容易破损，多数混在垃圾里，回收清理、清洗难度大，使用后容易被随意丢弃，成为"塑料废弃物污染"的主要来源。废弃塑料回收机制不健全，没有专门的废旧塑料处置中心、园区和上规模的回收企业，回收成本较高。无相应的鼓励回收优惠政策，无专门的处置中心，这使得塑料垃圾的回收利用变得更加困难。

（三）回收技术不成熟、技术效率低

塑料垃圾回收技术尚不成熟，现有技术包括污泥制备降解塑料的物理改性技术、分子闪解白色垃圾（塑料）和油泥资源化利用技术及装备、纸塑铝复合包装材料精准分质再生利用技术等。技术革新道路仍是任重道远。

塑料垃圾除减量和回收再利用之外，还有可降解塑料制品这个分支。不可否认的是，目前可生物降解塑料制品应用范围正在扩大，其相对于不可降解塑料的优越性是与生俱来的。但是，由于存在技术、成本、市场接受度等方面的问题，想要完全替代不可降解塑料，还需要很长的一段过渡期。

五、加强海洋塑料垃圾治理的对策建议

（一）个人层面

提高环保意识，增加对于海洋塑料垃圾危害的认识。增强海洋环保意识，

不随意向海洋抛弃垃圾，从源头上减少海洋垃圾的数量，以降低海洋垃圾对海洋生态环境产生的影响，共同呵护我们的"蓝色家园"。例如，滨海娱乐活动中不将垃圾随意弃置，杜绝不当或非法倾倒垃圾。

提高公众自身的环保素养和法律意识。从当前看来，涉及参与海洋环保活动的公众大部分文化素质不高，社会经验和生活习惯参差不齐，造成参与公众的文化水平差距明显，导致相关环保知识、环境观念都比较淡薄，所以很少去关注政府的相关政策和规划。加强环保素养和法律知识的培养，有利于公众从思想上重视海洋塑料垃圾问题。

减少使用塑料制品。在购物的时候，少用一次塑料袋；每天少点一次外卖；减少塑料制品的使用，并且关注塑料用品回收项目，坚决抵制使用一次性塑料品，如塑料瓶、塑胶袋和塑料吸管，用一些环保、可回收的替代品包装产品，从而减少排放到海洋中的塑料垃圾。

积极参与海洋塑料垃圾治理公益活动。海洋塑料垃圾治理公益活动有利于公众将理论知识与实践活动相结合，使公众在实践的过程中加深对海洋塑料垃圾现状的了解以及危害的认知，使塑料垃圾的危害深入人心，有利于海洋塑料垃圾的治理。

（二）企业层面

对于塑料制品使用企业而言，应减少塑料制品的使用。减少一次性塑料餐具和快递塑料包装的使用，在商场等推广使用环保布袋、纸袋等非塑制品和可降解购物袋。禁止生产销售超薄塑料购物袋、超薄聚乙烯农用地膜。禁止以医疗废物为原料制造塑料制品。企业应将包装和塑料可持续利用视为企业社会责任的一部分，加大力度改善包装材料和包装技术，以树立正面品牌形象。

对于塑料生产企业而言，应加快研究新型塑料制品或者替代品、可替代降解物。规范塑料废弃物的回收利用和处置。要推进可循环、易回收、可降解替代材料和产品的研发，推动企业绿色转型。在新型替代材料方面，要加大可降解材料等技术研发和应用，开展关键核心技术攻关和成果转化，提升产品性能，降低应用成本；完善可降解塑料相关标准，保障降解产物安全可控。除此之外，企业还要积极响应配合参与相关治理工作。

（三）社会层面

增加宣传力度，普及海洋塑料垃圾危害。加大对社会各方参与垃圾分类的支持力度，加强塑料垃圾的回收和资源化利用。推动公众参与，转变消费方式，减少使用一次性塑料制品。倡导海洋减塑、净塑、重塑，以宣传倡导、普及教育、参观体验等多种方式号召更多人共同守护海洋环境。让公众能高度重视塑料垃圾对于海洋生态的影响，对人类产生的塑料垃圾问题提出反思，能够重新梳理人、物、海洋、生态间的关系。

公益组织的活动。社会公益组织提供的活动在保护海洋环境方面非常有教育意义。曾经有公益组织通过不懈努力，成功促使多个跨国公司（如联合利华、强生等）宣布放弃在化妆品中使用微塑料。因此公益组织除了能组织净滩行动之外，还能做一些认知教育提升类活动，比如带领志愿者参与海滩沙子中微塑料的含量检测。

强化公众参与。积极推动公众参与海滩清扫活动，加强清洁海洋宣传教育，并以此为契机教育公众转变消费习惯，提倡减少一次性塑料用品的使用，增强公众海洋垃圾污染防治的意识。

（四）自贸区层面

1. 加强全球海洋塑料垃圾治理合作与协调

加强海洋塑料垃圾治理跨区域合作的联动性与相关性。跨区域合作机制逐渐成熟，有利于全球联合行动，推动国家和国际组织治理海洋塑料垃圾的举措与实践。针对海洋环境的公共物品属性，每个国家、每个地区、每个人都应该积极参加与配合海洋塑料垃圾的治理。目前已经有许多跨区域合作的成功先例。而山东省应依托于自贸区建设，秉持共建共商共享理念和原则，加强海上互联互通和各领域务实合作，构建灵活、多元的蓝色伙伴关系，助力形成海洋命运共同体。积极加强海洋塑料垃圾治理跨区域合作的联动性与相关性，以此来提高治理效率、优化治理结构。

2. 完善国际合作的协调机制和利益传导机制

由于不同国家和地区的地理位置、经济发展水平不尽相同，对于海洋塑料垃圾的治理应该采取因地制宜的方案，同时，为了提高政策措施的有效性，各国和各地区之间应该搭建海洋塑料垃圾治理信息共享平台。例如，东盟十国海洋塑料垃圾的国际联合治理，根据"曼谷宣言"，东盟成员国将在海洋垃圾治理方面实施联合行动，采取从陆地到海洋的相关合作措施，并加强执行相关法律，保持经常性的政策对话和信息共享，研究创新解决方案等。海洋塑料垃圾治理的联合行动需要各个国家和地区的相互协调、密切配合，保证治理工作的有效进行。由于跨区域的联合治理工作可能存在政策冲突、缺少科研能力、缺乏相关数据等问题，各个参与国应该重视协调与合作，在每一项工作上达到最大限度地配合，保证治理工作的有效实行。在合作协调工作发挥作用之后，再通过合适的利益传导机制，保证各个参与国和参与地区能够积极实行落实治理工作，同时保证治理工作不存在或者较少存在经济方面的困难。

3. 制定法律法规约束相关企业承担责任

海洋塑料垃圾的治理工作不能只靠国际间的合作，还要加强对相关企业的约束。与海洋塑料垃圾密切相关的企业有船舶业、海洋渔业、旅游业等。海洋渔业和旅游业的发展，前者依靠海洋生物，后者部分依靠海洋景观，如果对相关企业利用海洋资源不加以约束限制，将会加重海洋塑料垃圾污染。海洋渔业长期在海上进行活动，对于海洋的影响与船舶业相类似；而海洋临近地区的旅游业如不限制发展，将会带来大量的海滩垃圾，增大塑料垃圾处理成本。船舶业、旅游业等企业的繁荣发展，带动一国经济水平的发展，提高人们生活水平，但是对于海洋生态系统存在一定危害。在制定约束限制的法律法规的同时可以结合适当的激励政策。对于重视排入海洋的塑料垃圾治理的企业进行一定程度的奖励,以此来提高各个企业、社会公众的环保意识和参与海洋塑料垃圾治理的积极性。因此在相关企业的发展过程中,坚持可持续发展观,对于与海洋塑料垃圾密切相关的企业,可以采取征税、补贴等措施,提高企业对于海洋塑料垃圾治理的责任感。

参考文献

[1] Arabi S, Nahman A, Impacts of marine plastic on ecosystem services and economy: State of South African research. *South African Journal of Science*, Vol. 116, No. 5/6, May/June 2020, pp. 51 – 57.

[2] Ericksen M, Borgogno F, Villarrubia – Gómez P, Anderson E, Box C, Trenholm N, Mitigation strategies to reverse the rising trend of plastics in Polar Regions. *Environment International*, Vol. 139, No. 5, June 2020, pp. 2 – 6.

[3] 于海晴、梁迪隽、谭全银、李金惠:《海洋垃圾和微塑料污染问题及其国际进程》,载于《世界环境》2018 年第 2 期。

[4] 王菊英、林新珍:《应对塑料及微塑料污染的海洋治理体系浅析》,载于《太平洋学报》2018 第 4 期。

[5] 李潇、杨翼、杨璐、王晓莉、刘捷、陶以军:《欧盟及其成员国海洋塑料垃圾政策及对我国的启示》,载于《海洋通报》2019 年第 1 期。

[6] 杨越、陈玲、薛澜:《寻找全球问题的中国方案:海洋塑料垃圾及微塑料污染治理体系的问题与对策》,载于《中国人口·资源与环境》2020 年第 10 期。

[7] 李道季:《海洋塑料污染及应对》,载于《世界环境》2020 年第 1 期。

山东省自贸区海洋微塑料垃圾的协同治理研究

▶ 陈欣[*]

摘要： 微塑料污染防控工作逐渐在山东省环境治理工作体系中占据越来越重要的地位。本文研究发现山东省自贸区海洋微塑料垃圾治理存在技术短板、溯源困难、相关法律法规欠缺、执行力度差、各部门协同治理效果差、监测存在难点等问题。基于此，应加快形成预防为主的治理思想，扶持海洋微塑料处理技术创新与成果转化，推进陆海统筹治理模式，完善海洋微塑料治理的法律法规，构建多元主体参与的协同治理机制，加强对海洋微塑料的监测力度，以实现山东自贸区对海洋微塑料垃圾的有效治理。

关键词： 海洋微塑料　垃圾治理　协同治理

2004年，英国普利茅斯大学的科学家在《科学》（Science）杂志上发表了关于海洋水体和沉积物中塑料碎片的论文，首次提出了"微塑料"的概念（Thompson et al.，2004）。近年来，随着塑料对海洋生态系统潜在影响的报道增多，全社会对海洋塑料垃圾的研究和关注逐渐增加，微塑料污染引起全球的重视。海洋微塑料是指粒径很小的塑料颗粒，通常认为直径小于5毫米的塑料纤维、颗粒或者薄膜即为微塑料，而将直径小于2毫米的塑料颗粒定义为塑料微粒，又名塑料微珠或塑料柔珠（Frias et al.，2020）。实际上，很多微塑料可达微米乃至纳米级，肉眼是不可见的，因此也被形象地比作海洋中的"PM2.5"（Griet et al.，2015；Vianello et al.，2013）。相比其他各类废弃物而言，海洋塑料垃圾的可分解性更差、破坏性更大。研究山东省自贸区海洋微塑料垃圾的治理方案，形成预防为主的治理思想，有助于提升海洋环

---

[*] 陈欣，山东大学自贸区研究院研究员。

境管理能力，保护山东省海域的生态环境，并为其他海洋垃圾的治理提供参考策略。

一、海洋微塑料的来源

塑料是以单体为原料，通过加聚或缩聚反应聚合而成的高分子化合物，由合成树脂及填料、增塑剂、稳定剂、润滑剂、色料等添加剂组成。20世纪初，列奥·贝克兰发明了第一款合成塑料。因为轻便、耐用和低成本，塑料被广泛运用在各行各业，全球PE和PP（最常见的塑料材质）产量快速增长。然而，在享受塑料给我们的生产、生活带来诸多便利的同时，大量废弃塑料引发的"白色污染"给环境造成了巨大压力。

海洋微塑料根据来源可分为初生微塑料和次生微塑料两大类。初生微塑料是指经过河流、污水处理厂等而排入海洋环境中的塑料颗粒工业产品。一般来说，生活中已经广泛存在各式各样的塑料，如聚乙烯、聚苯乙烯等，这些化合物暴露在自然环境中被风吹日晒，虽不能被完全降解，但也是在逐渐变小，变成了比颗粒更小的微塑料。另外，在市政废水中，也含有大量的微塑料，这主要源于个人护理用品的使用和洗衣机排出的废水（Napper et al.，2015），如化妆品、牙膏、洗面奶等含有的微塑料颗粒或作为工业原料的塑料颗粒和树脂颗粒，悉尼大学沿海城市生态影响研究中心发现，人口稠密地区的海岸上发现了更多的微塑料，并且认定家用洗衣机排出的废水是重要源头：洗衣机洗衣时也能产生大量的微塑料纤维，据估计，每洗一件合成织物，可能产生1900个微塑料纤维，这些超细纤维难以过滤分离，其中一半以上会避开污水处理系统而进入河流、海洋。油漆喷涂、汽车轮胎磨损也会产生大量的微塑料颗粒（徐向荣等，2018；赵淑江等，2009）。

次生微塑料是由大型塑料垃圾经过物理、化学和生物过程造成分裂和体积减小而成的塑料颗粒，这部分包括陆地塑料垃圾、海洋旅游、海洋渔业以及船舶运输、海上钻井平台等海上作业带入。如暴风雨把陆地上掩埋的塑料垃圾冲进大海里；海运业中的少数人缺乏环境意识，将塑料垃圾倒入海中；

各种海损事故,如货船在海上遇到风暴,甲板上的集装箱掉到海里,其中的塑料制品就会成为海上"流浪者"。自20世纪50年代以来,人类的需求使塑料产量呈指数级增长,大量塑料涌入海洋,这些进入海洋中的塑料垃圾经过大自然的分解后会分散成为无数的塑料微粒。而那些海洋食物链底端的物种,就相当于一种载体,"负责"将塑料微粒层层运输。

二、海洋微塑料的危害

海洋微塑料的危害主要体现在对海洋环境的危害、对海洋生物的危害以及对人体健康的危害。

(一) 对海洋环境的危害

微塑料已成为海洋乃至全球环境的新兴污染源(Andrady,2017)。联合国环境规划署1995年提出关于海洋垃圾的定义,即在海洋和沿海环境中丢弃、处置或遗弃的任何持久性、制造或加工的固体材料。常见垃圾种类的相对持久性可以概括为:食物垃圾<纸<木<铁<塑料。海洋垃圾持久性越长,越难以分解,对自然环境的危害越大。世界自然基金会2019年发布了《通过问责制解决塑料污染问题》报告,该报告指出,由于塑料循环利用的不足与有效管理机制的欠缺,75%以上的塑料成为废弃物,其中1/3已经变成塑料垃圾流入自然环境中,对生态系统特别是海洋造成日益严峻的污染(Kane et al.,2020)。

海洋中的塑料垃圾有多个来源,塑料垃圾不仅造成视觉污染,还对海洋生态系统的健康有着致命的影响。英国曼彻斯特大学团队2020年的研究表明,微塑料在海底的累积量也相当惊人(Kane et al.,2020)。海底洋流可将微塑料携带至海底峡谷,随后通过"底层水流"在海底运输,最终形成大量沉积物。在地中海的科西嘉岛东南部海域,每1平方米海底含约190万个微塑料碎片。

塑料一旦进入海中，便永远不会消失（Vianello et al.，2013）。微塑料的高疏水特性以及高比表面积，使其更容易吸附水体中的污染物，如 PCBs、DDT、烃类、重金属等。如果海洋环境中存在多氯联苯、双酚 A 等持久性有机污染物，一旦微塑料和这些污染物相遇，则会聚集形成一个有机污染球体，在海洋环境中到处游荡，而全球海洋相互流通，某一区域的污染往往会扩散到周边，后期效应还可能波及全球（邵宗泽等，2019）。

（二）对海洋生物的危害

目前，我国海洋生物质量状况并不乐观，主要表现为：海洋生物结构失衡，珍稀濒危物种减少，主要经济生物体内有害物质残留量偏高（韩鹏磊，2012）；沿岸经济贝类卫生状况欠佳，这与大量的海洋塑料污染有很大关系。海洋中废弃的渔网有的长达几千米，被渔民们称为"鬼网"。在洋流的作用下，这些渔网绞在一起，成为海洋哺乳动物的"死亡陷阱"，它们每年会缠住和淹死数千只海豹、海狮和海豚等。这些海洋环境问题的产生与海洋中大量的塑料污染存在很大的关系（孙承君等，2016）。

在海洋里，小至浮游生物，大到鲸鱼，都不可避免地吃进过各种塑料。塑料制品易造成海洋动物进食器官的堵塞，对海洋生物产生物理损伤。例如海龟就特别喜欢吃酷似水母的塑料袋；海鸟则偏爱旧打火机和牙刷，因为它们的形状类似小鱼，可一旦它们将这些东西吐出来反哺幼鸟，弱小的幼鸟往往被噎死。另外，误食的塑料制品在动物体内无法消化和分解，误食后会引起胃部不适、行动异常，还会引起动物虚假的饱腹感，导致摄食率低。微塑料能进入动物血液、淋巴系统，造成肠道、生殖系统的损害，甚至死亡。

此外，在塑料降解的过程中，可向海洋环境中释放塑化剂。其中邻苯二甲酸盐和双酚 A 等塑化剂，就能够影响动物的繁殖。如损害甲壳类和端足类的发育，诱发遗传畸变（包木太等，2020）。联合国曾表示，如果放任海洋塑料污染的问题持续下去，预计到 2050 年，海洋中塑料的总重量将超过鱼类总和，全球 99% 的海鸟都会误食塑料制品，"最终损害的是人类和海洋"。

（三）对人体健康的危害

塑料污染对人体健康的影响主要是污染物通过食物链迁移、转化、富集进入人体，危害人体健康。目前，人体体液和组织中塑料颗粒的内部暴露测量仍处于初级阶段。针对美国饮食，科克斯等（Cox et al., 2019）评估了推荐食用食品中的微塑料摄入量，估计每年的微塑料消费量从39000到52000颗粒不等，具体取决于年龄和性别。如果考虑吸入，估计会增加到74000和121000颗粒。此外，仅通过瓶装水达到推荐水摄入量的人可能每年会额外摄入90000微塑料。而鉴于方法和数据的局限性，这些值还可能被低估了。一般来说，微塑料被认为是基于其某种特性来影响人类健康的，如化学成分、大小、形状和表面电荷又或是改变人体的内分泌功能、影响生殖与发育。虽然目前尚未证实微塑料对人体健康存在哪些确切的危害，不过类比PM2.5，不排除微米、纳米级的微塑料颗粒进入人体循环系统的可能，如果长期摄入微塑料，也可能会导致一些化学物质在人体集聚，不利于人体健康。当然，这目前还只是一种推测，关于微塑料对生态和人类健康的影响还有待进一步深入研究。

2021年1月，来自意大利的研究人员首次在胎盘中发现了微塑料。研究人员指出，塑料可为有害化学物质提供途径，破坏发育中胎儿的免疫系统。由于在支持胎儿发育以及在胎儿与外部环境之间的相互作用中，胎盘起着至关重要的作用，因此外源性和潜在有害塑料颗粒的存在，是一个需要严肃关注的问题。

三、山东省微塑料垃圾污染现状

塑料垃圾是海洋垃圾的主要品种。海洋微塑料污染防控是一项具有较强前沿性与专业性的课题，从全国范围看，仍处于研究和探索阶段。我国在2016年将海洋微塑料纳入海洋环境常规监测范围。2017年将海洋垃圾与微塑料监测工作首次从管辖海域拓展至南极、北极、太平洋和印度洋等公海关键海域。山东省微塑料污染防控工作正逐渐在环境治理工作体系中占据越来越重要的地位。山东省生态环境厅以监测、控制加宣传为主要模式开展了相关工作。首先，在7个沿海市开展近岸海域海洋垃圾监测，由省海洋环境监测中心、沿海市生态环境局分别按照《海洋垃圾监测与评价技术规程（试行）》组织实施。其次，依照《山东省渤海海洋垃圾污染防治（海上环卫）实施计划》，推动建立"海上环卫"工作机制，切实加强海洋垃圾污染防治。最后，通过新闻报道、生态文化产品建设、社会化活动等线上线下多种形式，加强海洋生态环境保护宣传教育，多角度、多视角增强全社会关爱海洋、保护海洋的意识。

《海洋垃圾监测与评价技术规程》中指出，海洋垃圾按切割物体形心的最大尺寸可分为：小块垃圾（尺寸<2.5厘米），中块垃圾（尺寸≥2.5厘米且≤10厘米），大块垃圾（尺寸>10厘米且≤1米），以及特大块垃圾（尺寸>1米）。按垃圾材料类型将海洋垃圾分为塑料类、聚苯乙烯泡沫塑料类、玻璃类、金属类、橡胶类、织物（布）类、木制品类、纸类和其他人造物品及无法辨识的材料。对于漂浮大块及特大块垃圾，采用样带法、样线法检测，对于漂浮小块及中块垃圾，采用拖网式；对于海滩垃圾，采用目视法、重量法检测；对于海底垃圾，采用拖网式、潜航式、潜水式方法监测。据《2019年山东省生态环境状况公报》显示，2019年，海滩垃圾以生活垃圾为主，种类有塑料类、玻璃类、金属类、木制品类、其他类、织物类、橡胶类和纸制品类等，其中塑料类最多。海滩垃圾平均数量63585个/平方千米，较2018年有所增加；平均质量697.7千克/平方千米，与2018年基本持平。海面漂浮垃圾主要种类为塑料类。大块和特大块海面漂浮垃圾总平均数量为75个/平方千米，中块和小块垃圾总平均数量为4117个/平方千米，总平均质量4.26千克/平方千米；数量密度高于2018年，质量密度远低于2018年。《2019年中国海洋环境状况公报》显示，2019年渤海监测断面海面漂浮微塑料密度为0.82个/立方米。漂浮微塑料主要为线、纤维和碎片，成分主要为聚乙烯、聚对苯二甲酸乙二醇酯和聚丙烯。

在山东省海滩存在大量的海洋微塑料污染。罗雅丹等（2019）利用表层现场采样、密度悬浮法分离、光学显微镜和荧光显微镜结合观察的方法,研究了青岛近岸四个典型海水浴场海水和沉积物中微塑料丰度分布,分析了各海水浴场微塑料的粒径范围、形状和化学成分。研究发现,微塑料在青岛近岸的海水浴场的沙滩沉积物和表层海水中普遍存在,从青岛海水浴场分离出的微塑料的主要类型是 PET、PP、PS 和 PE,含量最多的是 50~100 微米的纤维状微塑料,并且存在微塑料的含量随粒径的减小而增加的规律。微塑料的材质和形状表明其主要来源是包装业、纺织业和旅游业(垃圾袋、包装盒、钓鱼线等)。沉积物中白色微塑料占较大比重,而表层海水中彩色微塑料较多,青岛近岸海水浴场的污染状况处于一个较高水平。

四、海洋微塑料垃圾治理难点

(一)海洋微塑料治理存在技术短板

海洋垃圾与微塑料污染是备受关注的全球性新兴海洋环境问题。提高污水厂对微塑料的去除能力是预防水环境微塑料污染的重要措施之一。目前水体中微塑料的去除研究尚处于起步阶段(Henderson,2020)。传统的去除技术如沉降、吸附、截留等在优化后都在实际应用中表现出了明显提高的微塑料去除率,但是传统的去除方法无法将微塑料彻底消除,而是积累在污水处理厂的污泥中,有毒化合物在污泥中普遍存在已经显示出从微塑料中释放的趋势,而这些含有大量有毒物质的污泥仍存在回到水环境的可能。光催化、高级氧化等先进的微塑料去除手段的出现,为无害化消除微塑料污染提供了一条新的道路,然而这些先进去除技术仍存在很多缺点,且大多仍处于实验室阶段(许霞等,2018)。海洋微生物降解同样被认为是海洋塑料垃圾治理的可能有效途径,特别是在塑料垃圾集中的区域,若能找到并利用高效的塑料降解菌,将是一种环境安全且可行的途径。目前,对塑料降解微生物的研究主要集中于陆地环境,而海洋来源的研究也仅局限于近海。将这些技术在实际水处理中应用仍需要大量的试验验证。

(二) 海洋微塑料垃圾溯源困难

入海污染源包括陆源污染源、海上污染源和海洋大气沉降三种主要的类型，这三类污染源都与海洋微塑料的形成关系密切。不仅人类在海洋的活动会污染海洋，而且人类在陆地和其他活动方面产生的污染物，也会通过江河径流、大气扩散和雨雪等降水形式，最终汇入海洋。海洋污染是长期的积累过程，不易及时发现，一旦形成污染，需要长期治理才能消除影响，且治理费用大，造成的危害会影响到各方面。

多年的监测结果表明，陆源入海污染源是我国近岸海域污染的主要来源。近年来重化工业向沿海布局的趋势明显，2011 年 1 月 4 日，国务院批复《山东半岛蓝色经济区发展规划》，山东半岛蓝色经济区建设正式上升为国家战略，成为国家层面海洋发展战略和区域协调发展战略的重要组成部分。按照《山东半岛蓝色经济区发展规划》，大量的重化工企业在山东省海域布局，如海州湾重化工业集聚区规划产业是巨大型港口、钢铁工业、石化工业、国际物流业；前岛机械制造业集聚区功能定位是以机械制造为主的先进制造业集聚区；龙口湾海洋装备制造业集聚区发展重点是海洋工程装备制造业、临港化工业、能源产业、物流业；滨州海洋化工业集聚区发展重点是海洋化工业、海上风电产业、中小船舶制造业、物流业；莱州海洋新能源产业集聚区发展重点是盐及盐化工业、海上风能产业；东营石油产业集聚区发展重点是我国最大的战略石油储备基地后方配套设施区、海洋石油产业、商务贸易业。大型化工项目分布在近海，污染几乎"难以避免"，随着规划的推进，化工企业的各类污染物会直接影响海湾环境，海洋污染物治理压力增大。

在 1982 年之前，海洋倾废在我国几乎是没有管制的，人们把海洋当作"垃圾箱"，任意倾倒废物。1985 年，我国颁布《中华人民共和国海洋倾废管理条例》，开始对海洋倾废行为进行管制。2020 年，山东省的烟台疏浚物临时性海洋倾倒区、烟威疏浚物临时性海洋倾倒区、烟台港附近海域三类疏浚物倾倒区、青岛崂山疏浚物临时性海洋倾倒区、青岛沙子口南疏浚物临时性海洋倾倒区、青岛骨灰临时性海洋倾倒区、胶州湾外三类疏浚物倾倒区、日照骨灰倾倒区仍作为北海区可继续使用的近岸倾倒区，潍坊港中港区 3.5 万吨级航道维护性疏浚物临时性海洋倾倒区、石岛国核示范工程疏浚物临时性海洋倾倒区被划作北海区可继续使用的远海倾倒区。海洋倾废会改变浮游植物的水环境，使浮游植物的种数减少，多样性和均匀度降低。倾倒区水体质量也会出现下降趋势。

（三）相关法律法规欠缺，执行力度差

截至 2021 年，全球很多国家都相继实施了不同级别的塑料禁令或塑料限制政策，我国在海洋垃圾污染治理方面出台了很多法律法规，但依然存在某些立法滞后、管理体制与运行机制以行业和部门管理为主、公众参与度较低的情况，有法不依、执法不严的现象依然存在。2008 年国务院办公厅印发"限塑令"。但从实际执行效果来看，商超、农贸市场等地方仍以少量收费或免费形式提供塑料袋，近年来，一次性洗漱用品、一次性床单、一次性卫生用品等一次性产品的销售呈明显上升态势。2020 年初，国家发展和改革委员会（以下简称"发改委"）、生态环境部发布了《关于进一步加强塑料污染治理的意见》。要求到 2020 年底，率先在部分地区、部分领域，禁止、限制部分塑料制品的生产、销售和使用。2020 年 7 月 17 日，发改委等 9 个部门联合印发《关于扎实推进塑料污染治理工作的通知》，明确提出自 2021 年 1 月 1 日起，商场和超市等场所、餐饮打包外卖服务等，禁止使用不可降解塑料购物袋。海洋微塑料治理的配套条例、规定、标准需要适时出台，以配合上述文件的有效施行。

（四）各部门协同治理效果差

海洋微塑料垃圾的治理涉及生产、流通、消费等多个环节。我国海洋环境保护工作由自然资源部、生态环境部负责管理，具体到山东省的海洋环境保护工作，又涉及山东省生态环境厅、山东省海洋局、山东省农业农村厅、

山东海事局等部门以及沿海地方人民政府组织实施。各部门根据分工对不同类型的污染源实施监督控制。尽管法律明确规定了涉海各部门的职权范围，但各部门职能存在交叉，而且"海洋部门不上岸，环保部门不下海"的难点尚存（栾维新，2016），机构间和部门间缺少协作。环保、海洋、渔政、军队环保部门共同参与海洋污染治理，海洋环境的"多头管理"，导致互相推诿的现象随之产生，影响了海洋微塑料污染的治理效果。

（五）海洋微塑料监测存在难点

美国国家海洋和大气管理局（NOAA）将塑料微粒定义为直径小于5毫米的塑料块。此前研究认为，每立方米海水中的塑料微粒可能有几颗到上百颗。但是，传统的测量方式是用网过滤海水，只能发现体积足够大的塑料微粒。根据美国加州大学圣地亚哥分校斯克里普斯海洋研究所生物海洋学家詹妮弗·布兰登在《湖沼学和海洋学快报》上发表的论文，采用了孔径只有5微米的聚碳酸酯过滤器过滤海水，并使用特殊的荧光显微镜来观察。检测分析得知，每立方米海水中的塑料微粒数量高达830万颗，是之前测量数据的几万倍甚至上百万倍。我国在2016年海洋微塑料已纳入海洋环境常规监测范围，并通过《海洋生态环境状况公报》定期向公众公布监测结果。目前山东省生态环境厅编报的《山东省生态环境状况公报》中列报的海洋垃圾包括海滩垃圾和海面漂浮垃圾，并未对海洋微塑料进行单独公示，而定期公布的水污染物仍主要集中在化学需氧量、氨氮、重金属等。按照目前掌握的微塑料检测技术来看，尺寸较大的微塑料检测相对容易，但极小的微塑料的识别和监测仍存在技术短板。在评估海洋微塑料对生态环境造成的影响时，不可避免地要对微米甚至纳米尺寸的微塑料进行分析监测，现有的方法和技术尚不能完全满足需要，如何能够改进现有的方法或是开发新技术来达到监测微米甚至纳米尺寸的微塑料的需求，这可能是未来微塑料快速准确检测的一个重要研究方向（王俊豪等，2016）。

五、山东省自贸区海洋微塑料垃圾的治理建议

海洋生态环境污染与破坏是一个累积的过程，不是某一个单独环节造成的，其中包括经济层面、政治层面、文化层面的多重原因。在海洋微塑料的治理方面，本文提出以下几个方面的建议。

（一）扶持海洋微塑料处理技术创新与成果转化

海洋微塑料处理技术创新与成果转化是一个长期的过程，项目分配、机构设置、人员配备等均要科学合理，需要大量的资金和技术支持，同时也需要注意多方面的协调配合。

企业作为社会经济的重要引擎，是其中的关键。企业具有双重身份，既是海洋微塑料垃圾的制造者之一，也是污染治理的必不可少的重要参与者，但部分企业沉溺于追求自身利益最大化，环保责任和能力尚未被充分调动和激发。应从根本上帮助企业树立环保思维，重视微塑料处理技术的研发，主动采用清洁替代材料，改良污水处理过程中微塑料的拦截和降解工艺，从源头上防治微塑料污染。"垃圾是放错地方的资源"，除了积极探索微塑料的消除方式外，企业还可以关注于微塑料垃圾其他的利用方式。在"碳达峰、碳中和"战略目标下，企业遵循自然之道，探索环保技术的改进升级，不单可以帮助企业规避环保风险，更是助推企业可持续发展的有力途径。

若要研发微塑料垃圾治理技术并加以推广，学术方面的交流也必不可少。现阶段我国对海洋微塑料的研究还存在大量空白，研究成果多集中于自然科学领域，可以加强各领域间的交流，弥补理论上的空缺，为海洋微塑料污染的防治提供科学的数据支撑，促进无害环境替代品的研究和应用。另外，还可联合设立地区间、国家间的科学技术研讨会机制，及时交流技术成果，更新相关标准，做到取长补短，互利共赢。尤其要加大科技投入，鼓励研究治

理微塑料污染的新型环境材料和高效处理工艺，积极推动投资和研发塑料全生命周期涉及的创新技术和社会解决方案。

政府应设立专项基金，为微塑料处理技术创新与成果转化提供强有力的经济保障，严格、科学地配置资金，并将收入和支出信息全部公开，保证资金透明度。还可引入市场机制，拓宽环保融资渠道，将资本市场上闲置的资金用于支持海洋微塑料处理技术的研发，与政府的税收优惠、科研投入等互为辅助，将有力地带动我国环保产业的发展。

（二）推进陆海统筹治理模式

陆海统筹管理分区的管理调控思路是遵循陆源水污染输出的自然规律为前提，以某一种污染要素的陆海空间关系构建陆海一体的管理分区，并依据以海定陆的原则确定陆域管理调控的目标及重点，从陆域社会经济活动入手进行管理调控。环保部门与经济发展部门协调制定战略规划，建立跨地区的自贸区海洋环境治理专职机构来强化渤海区域海洋管理的执行力，并与各地政府配合，负责自贸区海洋微塑料垃圾的防治工作，加大污水排放管制力度，统一污水处理厂微塑料的标准分析方法，制定海域有偿使用制度，进而从源头上控制微塑料垃圾进入海洋。在各地制定经济发展规划时，也要充分考虑对海洋环境的可能影响，不能为谋求经济发展盲目上马高污染项目。对自贸区海域也应运用综合管理模式，综合考虑经济、资源、环境等多目标优化，将资源管理、应急管理、环境管理与保护有机结合，促进海域的综合治理，并运用人工生态的方法逐步恢复海域的生态系统。

（三）完善海洋微塑料治理的法律法规

部分发达国家已通过立法、制定规划等方式，在国内进行微塑料污染的治理。美国出台了《2015年无塑料微珠水域法案》，从联邦政府层面确定禁止在美国境内生产和销售添加了塑料微珠的清洁类化妆品。加拿大于2016年6月将塑料微珠正式确认为该国《环境保护法》规定的有毒物质，并于2016

年11月出台《化妆品中塑料微珠法规》，禁止进口、生产、销售含有塑料微珠的化妆品，并禁止在天然保健品和处方药中加入塑料微珠。新西兰、英国、法国、日本、韩国也相继出台禁令，禁止进口、生产与销售含有塑料微珠的个人清洁化妆品。

我国对海洋微塑料污染的研究起步较晚，在我国2020年1月出台的《国家发展改革委　生态环境部关于进一步加强塑料污染治理的意见》中也提出要"禁止生产和销售厚度小于0.025毫米的超薄塑料购物袋、厚度小于0.01毫米的聚乙烯农用地膜。禁止以医疗废物为原料制造塑料制品。全面禁止废塑料进口。到2020年底，禁止生产和销售一次性发泡塑料餐具、一次性塑料棉签；禁止生产含塑料微珠的日化产品。到2022年底，禁止销售含塑料微珠的日化产品。"但关于海洋微塑料治理的专项法律法规仍有欠缺，应当有所鉴别地吸取其他国家和国际组织在海洋微塑料污染防治方面的先进成果，结合我国实际，将塑料污染防治纳入相关法律法规要求。

首先，应当清晰划分塑料生产者、销售者、消费者及政府部门的具体职责，明确各自在塑料生产、使用、回收等各个环节的责任和义务，避免由于相关规定过于抽象、职责混淆不清等问题，造成执行力度不够、难以落实、责任推诿等现象，必须在政策制度和执行层面建立完整链路。其次，应将海洋塑料垃圾污染防治明确纳入海洋环境保护法、水污染防治法等法律条文之中，还应增加法律对于塑料清洁生产以及固废排放标准的强制性规定，明确对违法企业和个人的相关处罚规则，对约束性条款设置相应的经济处罚措施和行政强制措施，并加大对违法行为的处罚力度，加强法律法规的威慑效力，以期更好地防治海洋塑料污染。最后，还可以借鉴美国等国家的经济政策，利用税收减免、政府补贴、融资优惠等经济手段，鼓励企业实施有利于海洋环保的清洁生产政策体系，促进企业投入清洁技术的研发与技术转让，从而减少微塑料污染的产生，从源头上对污染进行控制，实现环境保护与法律体系的理念一致性。实施企业法人守信承诺和失信惩戒，将违规生产、销售、使用塑料制品等行为列入企业失信记录。

(四) 构建多元主体参与的协同治理机制

塑料污染治理需要政府、企业和公众的共同努力，治理能否见效，更需要全社会的共同行动。需要政府从政策、制度层面进行引导、约束。企业在减少新塑料的生产和增加旧塑料的回收利用方面发挥积极作用；公众则需要提高海洋垃圾污染防治意识，杜绝垃圾随意倾倒与丢弃，养成良好生活习惯，减少甚至杜绝一次性塑料用品的使用。在日常生活中贯彻"3R"原则：减量化（reduce）、再利用（reuse）和可循环（recycle）。

随着海洋塑料垃圾的危害性、复杂性与解决难度的不断增加，属地式治理方式显然不足以应对海洋塑料垃圾跨界性污染问题，跨区域性的协同治理就成为沿海行政区的理性选择。即突破现有的行政区域、管理部门以及区域保护主义的藩篱，区域之间结成稳定的伙伴关系，达成合作共识担负起共同的治理责任，体现出整体性治理的效用。通过恰当的合作治理制度安排来管控和解决海洋塑料垃圾污染问题，减少因塑料垃圾污染所造成的生态与经济损失，能够实现各区域良性发展。另外，也可以通过整合区域内环境利益和合理地再分配环境责任来营造出各区域积聚力量平等地享受环境、保护生态的氛围，满足各区域民众对良好海洋环境的期许。值得注意的是，区域协同治理的关键是构建多元主体参与、协同治理机制，需明确治理海洋微塑料污染是全社会共同的责任和应尽的义务，充分发挥各主体的积极性，采取沟通协商、相互合作的方式，充分利用各自的资源、知识、技术等优势，协同治理微塑料污染，合力改善生态环境。为此，建立和完善法律法规机制、利益共享机制、沟通协商机制和监督管理机制都是必不可少的，严格划定权责边界，完善跨区域合作的制度安排，以打造多元主体和谐共治的良好格局。

防治海洋微塑料污染是全球海洋治理的重要课题之一。目前国际上对海洋塑料垃圾问题的关注逐渐从科学研究层面向实质性污染管控和全球治理延伸，海洋塑料污染问题已从单一的环境问题演变为环境、经济和政治问题交织的复杂问题。因此，还应积极融入海洋微塑料垃圾的全球治理，通过缔结合约等形式，加入海洋微塑料治理的全球行动。

(五) 加强对海洋微塑料的监测力度

建立海洋微塑料监测系统，开展表层水体、海滩和生物体的相关监测，全面掌握各海域的微塑料污染特征及污染物主要来源，能为海洋微塑料污染的防治提供基础数据资料。具体来讲，一是要加强对陆源入海排污口和入海径流河流的监测，除了目前监测的化学需氧量、氨氮、重金属以外，增加对微塑料的监测信息，并及时向公众公布，为陆源排污治理提供技术支撑。二是加大对海上倾倒、海上作业、海洋石油平台的监视监测，采取有效措施降低因海洋开发活动造成的海洋污染。三是加大对浅海贝类养殖场专项监测活动，及时发现因污染造成水产品污染物残留超标的问题。四是加强对海上漂流物、海滩垃圾、海底沉积物中微塑料的监测。在此过程中，应研究制定与国际统一的微塑料监测、分析和评估技术标准，改进数据的精确性与可比性，其最终监测结果也应实时向社会公开。真实可靠的数据再结合理论研究成果为海洋微塑料污染的治理和应对工作提供有力的科学支撑，将创新思想转化为应用于实践的技术成果。

参 考 文 献

[1] Thompson R C, Olsen Y, Mitchell R P, Davis A, Rowland S J, John A W G, McGonigle D, Russell A E, Lost at Sea: Where Is All the Plastic?. *Science*, Vol. 304, No. 5672, 2004, pp. 838.

[2] Frias J P, Otero V, Sobral P, Evidence of microplastics in samples of zooplankton from Portuguese coastal waters. *Marine Environmental Research*, Vol. 95, January 2020, pp. 89–95.

[3] Griet V, Lisbeth V C, Janssen C R, Antonio M, Kit G, Gabriella F, J. J. K M, Jorge D, Karen B, Johan R, Lisa D, A critical view on microplastic quantification in aquatic organisms. *Environmental Research*, Vol. 143, July 2015,

pp. 46 – 55.

［4］Vianello A, Boldrin A, Guerriero P, Moschino V, Rella R, Sturaro A, Ros L D, Microplastic particles in sediments of Lagoon of Venice, Italy: First observations on occurrence, spatial patterns and identification. *Estuarine Coastal and Shelf Science*, Vol. 130, No. 3, September 2013, pp. 54 – 61.

［5］Napper I E, Bakir A, Rowland S J, Thompson R C, Characterisation, quantity and sorptive properties of microplastics extracted from cosmetics. *Marine Pollution Bulletin*, Vol. 99, July 2015, pp. 178 – 185.

［6］徐向荣、孙承君、季荣、王菊英、吴辰熙、施华宏、骆永明：《加强海洋微塑料的生态和健康危害研究提升风险管控能力》，载于《中国科学院院刊》2018年第10期。

［7］赵淑江、王海雁、刘健：《微塑料污染对海洋环境的影响》，载于《海洋科学》2009年第3期。

［8］Andrady A L. The plastic in microplastics: A review. *Marine Pollution Bulletin*, Vol. 119, No. 1, 2017, pp. 12 – 22.

［9］Kane I A, Clare M A, Miramontes E, Wogelius R, Rothwell J J, Garreau P, Pohl F, Seafloor microplastic hotspots controlled by deep-sea circulation. *Science*, Vol. 368, No. 6495, April 2020, pp. 1139 – 1141.

［10］邵宗泽、董纯明、郭文斌：《海洋微塑料污染与塑料降解微生物研究进展》，载于《应用海洋学学报》2019年第4期。

［11］韩鹏磊：《海洋的环境保护》，吉林出版集团有限责任公司2012年版。

［12］孙承君、蒋凤华、李景喜、郑立：《海洋中微塑料的来源、分布及生态环境影响研究进展》，载于《海洋科学进展》2016年第4期。

［13］包木太、程媛、陈剑侠、赵兰美、李天滋、咸清淳、赵嘉嘉、李一鸣、陆金仁：《海洋微塑料污染现状及其环境行为效应的研究进展》，载于《中国海洋大学学报（自然科学版）》2020年第11期。

［14］Cox K D, Covernton G A, Davies H L, Dower J F, Juanes F, Dudas S E, Human Consumption of Microplastics. *Environmental Science & Technology*,

Vol. 53, No. 12, 2019, pp. 7068-7074.

[15] 罗雅丹、林千惠、贾芳丽、徐功娣、李锋民：《青岛4个海水浴场微塑料的分布特征》，载于《环境科学》2019年第6期。

[16] Henderson L, Green C, Making sense of microplastics? Public understandings of plastic pollution. *Marine Pollution Bulletin*, Vol. 152, 2020, pp. 1-14.

[17] 许霞、侯青桐、薛银刚、寒云、王利平：《污水厂中微塑料的污染及迁移特征研究进展》，载于《中国环境科学》2018年第11期。

[18] 栾维新、王辉、康敏捷等：《环渤海地区污染压力的统筹分区与调控研究》，海洋出版社2016年版。

[19] 王俊豪、梁荣宁、秦伟：《海洋微塑料检测技术研究进展》，载于《海洋通报》2019年第6期。

中日韩协同治理海洋塑料垃圾实现机制研究

▶郑 潇* 于 红**

摘要： 中日韩三国海洋环境相互影响，海洋环境治理难度大，需要建立长效合作机制，共同应对海洋塑料垃圾防治的严峻挑战。但在环境合作机制建立和实施过程中，国情差异、国际形势、制度问题等都会对合作产生深层次影响。要建立中日韩协同治理海洋塑料垃圾的长效机制，需要加强政府间对话、充分发挥区域海洋计划作用、利用多元主体互动，充分发挥主权国家、国际组织和民间团体的作用。

关键词： 海洋塑料 垃圾治理 中日韩 协同治理

塑料曾被誉为"20世纪的伟大发明"之一，在提升20世纪人类社会工业化和全球民众生活水平方面发挥了十分重要的作用。然而废弃塑料的不恰当处理使其成为生态环境的巨大威胁。联合国发布的《全球环境展望6》指出：海洋垃圾存在于所有海洋，在任何深度都能找到，而海洋垃圾中有3/4由塑料构成，海洋塑料垃圾已经成为海洋环境的最大威胁，成为各国政府、国际组织、新闻媒体和社会公众广泛关注的热点问题之一。

---

* 郑潇，山东大学自贸区研究院研究助理。
** 于红，山东大学自贸区研究院研究助理。

一、全球海洋塑料污染现状及其应对措施

(一) 海洋塑料污染现状及其来源

塑料已经成为当前使用最普遍的人工合成材料。尽管随着科技发展,清洁技术、回收技术等得以发展,然而废弃塑料的回收利用率仍然较低,仅有约10%的废弃塑料被回收利用,绝大多数废旧塑料被弃置于垃圾填埋场或者江海湖泊等生态系统中。简贝克等(Jambeck et al.,2015)基于全球固体废物、人口密度和经济状况预测,若不采取有效干预手段,到2025年海洋中的塑料垃圾可能会增加到1亿~2.5亿吨。由于塑料易分解为细小碎片,加之塑料物质具有浮力,因此海洋塑料在洋流和漩涡的作用下可能发生迁移。从这个意义上说,海洋塑料垃圾的分布没有边界,遍布所有海域,全球沿海国家都将受到海洋塑料垃圾的影响。因此,应对海洋塑料垃圾污染要求各国共同行动。

海洋中的塑料垃圾一般以大片塑料垃圾和微塑料垃圾两种形式存在。大片塑料垃圾以塑料袋、塑料瓶、塑料绳和聚苯乙烯泡沫为主;海洋微塑料则主要来源于初生微塑料和次生微塑料,其中初生微塑料为直接进入环境中的粒径小于5毫米的塑料,洗涤衣物产生的废水、化妆品、某些药物甚至杀虫剂等都包含初生微塑料;次生微塑料则是大片塑料经过物理、化学和生物过程造成分裂和体积减小而形成的,大片塑料因紫外线照射、强氧化以及洋流、波浪等的物理磨损,变脆、变黄形成较小尺寸的微塑料(王西西等,2018)。无论是塑料还是微塑料,都不易分解,易被海洋生物误食,甚至影响航运安全等。

(二) 全球海洋塑料污染应对措施

治理塑料污染已经成为国际社会的普遍共识。在联合国环境大会、二十

国集团（G20）领导人峰会等国际多边场合，均有领导人提出过关于全球共同应对塑料污染的相关倡议。其实国际社会对海洋垃圾污染问题的关注从未止步，并通过缔结国际和区域性公约的形式规范各缔约国的海洋倾废行为，典型代表包括以下几个。

1.《防止倾倒废弃物及其他物质污染海洋的公约》

海洋环境治理是全球面临的共同挑战，海洋环境保护国际公约的出现也表明责任共担已经在一定意义上成为共识。1972 年 11 月 13 日，在英国伦敦通过的《防止倾倒废弃物及其他物质污染海洋的公约》（以下简称《伦敦公约》）于 1975 年 8 月 30 日开始正式生效，已有包括中国在内的 87 个国家接受了该公约。《伦敦公约》对部分海洋倾倒物进行了限制，然而《伦敦公约》采取的是一种"非禁止即允许"的准则，除有机卤素化合物、汞及汞化合物等禁止倾倒物之外，部分物质可通过获取特别许可证或一般许可证后倾倒，而海洋塑料垃圾等该公约未提及的物质则被允许倾倒。因此，《伦敦公约》实质上并未对海洋塑料垃圾倾倒提出限制。

2.《防止倾倒废弃物及其他物质污染海洋的公约议定书》

1996 年 11 月 7 日，《伦敦公约》缔约国通过了《防止倾倒废弃物及其他物质污染海洋的公约议定书》（以下简称《伦敦议定书》），该议定书于 2006 年 3 月 24 日生效。该议定书将"倾倒"的范围进行了扩展，包括"从船舶、航空器、平台或其他海上人造结构物将废弃物或其他物质在海床及其底土中作的任何贮藏。"此外，不同于《伦敦公约》规定的"非禁止即允许"的方法，议定书采用了"非允许即禁止"的方法，根据此规定，任何没有在议定书附件中列举的物质都不允许排放到海洋中。此外，《伦敦议定书》还规定了缔约当事国不应允许将废弃物或其他物质出口到其他国家以便倾倒或海上焚烧。

3.《控制危险废物越境转移及其处置巴塞尔公约》

《控制危险废物越境转移及其处置巴塞尔公约》（以下简称《巴塞尔公约》），于 1989 年 3 月 22 日在联合国环境规划署召开的世界环境保护会议上通过，1992年5月5日生效。《巴塞尔公约》旨在遏止越境转移危险废料，其中包含两条涉及海洋倾倒的相关内容。根据《巴塞尔公约》，只要进口国同意即可在缔约国之间实现废物转移，这为废物进出口以及海洋倾倒提供了可能。近年来，由于海洋塑料污染问题的加剧，对海洋生态、海洋生物以及人类健康产生了一定程度的威胁。对此，2014年6月，联合国环境大会通过了关于海洋废弃物和塑料微粒的决议[①]，鼓励各国开展海洋废弃物和塑料微粒问题整治合作。鉴于海洋塑料废物问题的严峻性，2019年5月召开的《巴塞尔公约》第十四次缔约方大会通过了与塑料废物相关的修订，将塑料废物海洋倾倒纳入国际法律规制。

4. 西北太平洋海洋和沿岸地区环境保护、管理和开发的行动计划

1972年瑞典斯德哥尔摩联合国人类环境大会之后，联合国环境署于1974年发起区域海洋计划（RSP）。区域海洋计划旨在通过对海洋和海岸的可持续管理与利用，防止全球海洋及海岸生态环境的急剧退化，使海域相邻国家共同参与综合及专项行动以保护其共享的海洋环境。区域海洋计划已成为覆盖全球18个海区的最广泛的保护海洋和海岸环境的倡议。"西北太平洋海洋和沿岸地区环境保护、管理和开发的行动计划"（简称"西北太平洋行动计划"——NOWPAP），是联合国环境规划署区域海洋项目的一个组成部分。西北太平洋行动计划由四个成员国组成：中国、日本、韩国和俄罗斯，直接涉及中日韩附近海域海洋垃圾问题的国际性文件就是"西北太平洋行动计划"的子项目——"海洋垃圾行动计划"（MALITA）。该子项目成立于2005年11月，由第十一次西北太平洋行动计划政府间会议通过。西北太平洋行动计划是联合国环境署关于海洋垃圾全球倡议的一部分，海洋垃圾行动计划（MALITA）的主要成果包括：①2006年建立NOWPAP海洋垃圾数据库。②发布关于海洋垃圾的区域概况。③出台关于沙滩、海岸线和海底的海洋垃圾的监测指南。④编制海洋垃圾管理行业指南（捕鱼、商业航运、娱乐活动、客运船舶、旅游），以及港口垃圾接收设施的指南。⑤通过制作海洋塑

---

① 《联合国环境规划署联合国环境大会2014年6月27日第一届会议上通过的决议和决定》，https://www.fmprc.gov.cn/ce/ceke/chn/sgzc/jgsz/dbc/lhghjdh/P020160927836528451146.pdf。

料垃圾回收宣传册、发布传单和海报等方式提高公众对海洋垃圾污染问题的关注。⑥开展一系列海洋垃圾行动研讨会，促进成员国间海洋垃圾数据信息的交流并且促使各国在海洋垃圾处理问题上达成共识。⑦在四个成员国间开展海洋垃圾清理活动（ICC）。⑧在第 12 次政府间会议上提出实施海洋垃圾项目的第二阶段——海洋垃圾区域行动计划（RAP MALI）。经四个成员国同意后，RAP MALI 从 2008 年 3 月开始实施，该行动包含三项重要任务：一是防止垃圾输入到海洋和沿海环境；二是监测海洋垃圾的数量和分布；三是清理和处置现有的海洋垃圾。从 2008 年开始，该计划已经进行了多次国际海岸清洁活动和海洋垃圾管理专题研讨会（李玫等，2012）。

二、中日韩协同治理海洋塑料垃圾的必要性

（一）海洋塑料垃圾治理迫在眉睫

2019 年 4 月 23 日，习近平在青岛会见应邀出席中国人民解放军成立 70 周年多国海军活动的外方代表团团长，在讲话中提出"构建海洋命运共同体"，并指出："我们人类居住的这个蓝色星球，不是被海洋分割成了各个孤岛，而是被海洋连结成了命运共同体，各国人民安危与共。"[①] 海洋作为连接各个陆地的重要纽带，其环境污染问题近年受到全球的广泛关注。而海洋污染物中 80% 以上为塑料污染，因此 2018 年世界环境日将主题定为"塑战塑决"，将全球环境保护的焦点再次聚集于塑料污染治理（钭晓东等，2019）。中日韩三国作为东亚核心区国家，海域面积广阔，海洋环境治理难度大。

中国是塑料生产和消费大国，2018 年全国塑料制品行业规模以上企业累计完成产量 6042.15 万吨，同比增长 1.10%，已经成为世界上塑料生产和消

---

① 《关乎人类福祉！习近平提出一个重要理念》，新华网，http://www.xinhuanet.com/politics/xxjxs/2019-04/23/c_1124406391.htm。

费的第一大国。① 与此同时，中国废弃塑料回收利用率也实现了逐年提升，全国每年使用的回收利用废塑料3000万吨左右，占塑料消费量的30%以上。中国作为世界上最大的塑料生产与消费国，塑料污染问题日益严峻。简贝克等的模拟预测指出，中国是世界上最大的海洋塑料垃圾源头国，海洋塑料排放量占192个沿海国家和地区排放总量的1/3左右，刘彬等（2020）测算2016年中国向海洋中排放塑料垃圾为 $124 \times 10^4 \sim 331 \times 10^4$ 吨，其结果可能存在偏误，但也在一定程度上表明中国面临严峻的海洋塑料垃圾治理挑战。《2020年中国海洋生态环境状况公报》数据显示：2020年，在开展海洋垃圾监测的49个区域中，塑料垃圾占比超过80%，主要为塑料袋、塑料瓶、聚苯乙烯泡沫等塑料制品。图1反映了2010~2020年中国海洋塑料垃圾在海面漂浮垃圾、海滩垃圾以及海底垃圾中所占的比重。塑料垃圾在海洋垃圾中的比重呈逐步提高态势，自2019年以来，塑料垃圾在海面漂浮垃圾、海滩垃圾和海底垃圾中所占的比重均达到80%以上。由此可见，海洋塑料垃圾俨然已经成为中国海洋垃圾的重要来源，海洋塑料垃圾治理迫在眉睫。

较之中国较高的海洋塑料排放量，日本和韩国作为发达国家，较早开始了工业化进程，也更早开始关注环境污染问题。资料显示，21世纪以来，日本塑料垃圾有效利用率逐年提高，至2017年，塑料垃圾有效利用率已经达到86%。超过80%的塑料垃圾用于再生利用、发电发热等用途。其余塑料垃圾则部分出口至中国、泰国、马来西亚等国家，其中中国是日韩最大的塑料垃圾进口国。然而，这一较高的垃圾利用率随着中国国务院办公厅印发《禁止洋垃圾入境推进固体废物进口管理制度改革实施方案》而有所下降，该实施方案出台以来，日韩两国塑料垃圾出口遇阻，加之经合组织（OECD）和欧盟（EU）对日本80%以上塑料垃圾再利用率的质疑以及对塑料垃圾掩埋引致的海洋环境污染问题的担忧，迫切要求日韩两国提高塑料垃圾无害化处理能力，加强海洋塑料污染防治能力。

---

① 朱文玮：《在中国塑协科技咨询委员会第五次会议上的讲话》，http://old.cppia.com.cn/cppial/zdbd/2019520102356.htm。

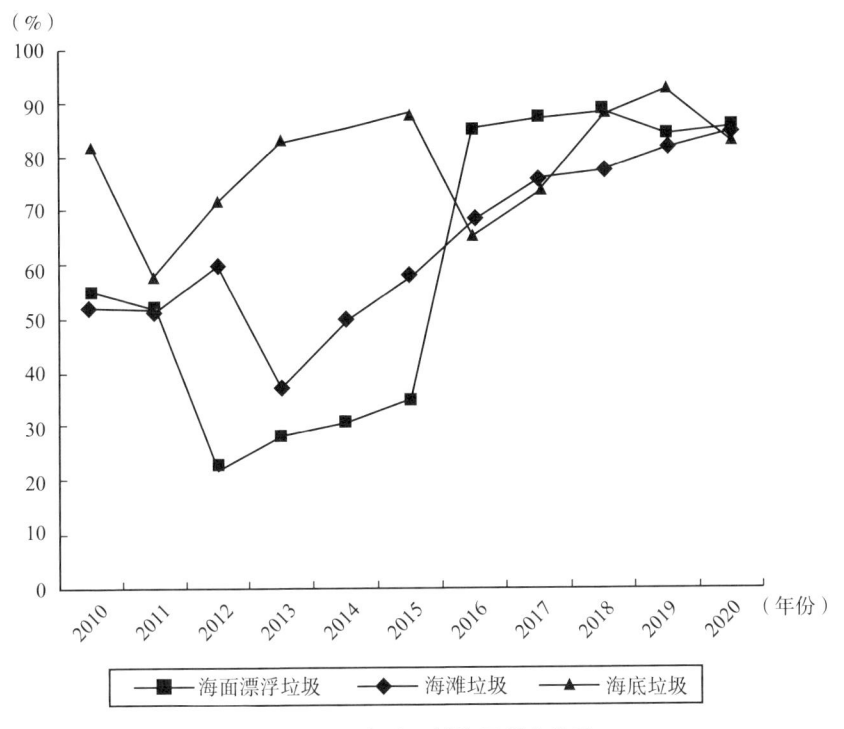

图 1 中国海洋塑料垃圾所占比重

资料来源：2018~2020年《中国海洋生态环境状况公报》、2011~2017年《中国近岸海域环境质量公报》。

（二）海洋污染防治休戚与共

中日韩三国在地理区位上隔海相望，在经济贸易上紧密合作。从区位关系来看，中国、韩国、日本三国同为太平洋沿岸国家，因黄海、东海、日本海而在区位上紧密相连。在水文特征上，日本海的主要海流是由黑潮分离而来的向北流的对马暖流，对马暖流的分支东朝鲜暖流沿韩国近岸北上与对马暖流汇合。这一水文特征使大量来自韩国的漂浮物及生活垃圾随对马暖流进入日本海，从而对日本海洋生态造成了严重破坏。黑潮的分支台湾暖流经巴士海峡进入台湾海峡而后北上进入东海，另有一分支黄海暖流进入东海北部，影响黄海海域。因此，中日韩三国的海洋环境相互影响，休戚与共。中日韩三国海洋环境和海洋生态因相互交融的海域而紧密相关,将三个国家自然集结为海洋命运共同体,这就要求中日韩三国建立长效合作机制,共同应对海洋塑料垃圾防治的严峻挑战。

三、中日韩协同治理海洋塑料垃圾的现状

中国改革开放以来,随着市场经济发展和对外开放程度的扩大,对海洋的开发和利用程度也逐渐扩大,与此同时,中国近海的海洋垃圾污染问题日趋严重,中国政府对此予以高度重视,于2000年开始公布《中国海洋环境质量公报》,并于2009年开始公布中国近海海域的海洋垃圾监测结果。日本四面环海,其地理位置阻碍了边缘海与大洋之间的水交换,从而容易造成污染,使得日本沿岸海域的渔业资源遭到严重破坏,一些水产品几乎绝迹。韩国的海洋环境污染情况也并不乐观,韩国境内汉江、锦江等的污染自西向东汇入黄海,加剧了黄海污染。有数据显示,自1988年起,韩国平均每年有超过450万吨垃圾进入海洋,且这一数据正在呈倍数增长(王晓峰,2017)。中国、日本、韩国三国因海相连,作为一衣带水的邻国,三国的海洋环境污染境况相近。多年来,环境的持续恶化使中日韩三国逐渐意识到环境问题的重要性并积极采取行动,促成了一系列区域性的多方和双方环境合作。主要的环境合作表现为两种形式:一是多边环境合作,二是双边环境合作。

(一)多边环境合作

1. 中日韩环境部长会议

中日韩三国环境合作至今已有20余年的历史,中日韩环境部长会议是落实三国首脑会议共识、探讨和解决共同面临的区域环境问题、促进本地区可持续发展的重要渠道,在三个国家轮流举行,自1999年首次召开至2021年12月已经成功召开22次。中日韩环境部长会议为三方国家了解和掌握各国

环境保护取得的最新进展、商讨未来阶段三方国家进一步合作的重点方向提供了渠道,为中日韩三国拓展环境保护合作领域、拓宽合作渠道、建立环境治理长效合作机制提供了可能。2018年召开的第二十次中日韩部长会议决定加强三国合作,共同解决海洋垃圾问题,其中包括可能影响海洋生态环境的微塑料问题。此次会议表明中日韩三国在海洋垃圾特别是海洋塑料和微塑料垃圾应对方面取得了初步合作意向,三国就海洋垃圾问题开展合作,对亚洲乃至全球海洋环境问题都具有重要的现实意义。

2. 《中日韩环境合作联合行动计划》

《中日韩环境合作联合行动计划》是中日韩三国共同应对环境挑战的共同行动计划,是中日韩三国切实开展环境合作的重要体现,截至2021年12月已经签署三期,首次签署时间为2010年5月23日,该行动计划执行期限为5年。《中日韩环境合作联合行动计划(2010 - 2014)》中指明了中日韩三国共同应对环境问题的十大优先合作领域,包括:环境教育,环境意识和公众参与;气候变化;生物多样性保护;沙尘暴;污染控制;环境友好型社会/3R/资源循环型社会;电子废物越境转移;化学品无害管理;东北亚环境管理;环境保护产业和环境保护技术。《中日韩环境合作联合行动计划(2015 - 2019)》则明确了空气质量改善、生物多样性、绿色经济转型在内的九大未来优先合作领域。2021年12月8日,中日韩三国共同签署《中日韩环境合作联合行动计划(2021 - 2025)》,是下一阶段三国环境合作的实施蓝图,三国将围绕共同关注的重点问题开展务实合作,切实推动全球和区域环境问题的解决。

(二) 双边环境合作

除多边合作外,中日韩三国间就环境问题开展的双边合作也成为推动区域环境协同共治的重要渠道。典型的有中日两国签订的《中日环境保护合作协定》,中韩两国政府签订的《中华人民共和国与大韩民国政府环境合作协定》并在此基础上进一步组建了中韩环境联合合作委员会,日韩两国政府签订的《环境合作协议》等。此外也有一些双边的环境合作项目,如中日清洁发展机制（CDM）项目合作，这是《京都议定书》中引入的灵活履约机制之一，核心内容是允许其缔约方即发达国家与非缔约方即发展中国家进行项目级的减排量抵销额的转让与获得。从而在发展中国家实施温室气体减排项目。中国和日本作为《京都议定书》缔约国，两国之间达成的清洁发展机制（CDM）项目合作在促进两国清洁合作的同时，也在一定程度上促进中日韩三国的环境交流合作。然而，这一清洁合作机制在实际运行中存在一些问题：清洁发展机制中的碳交易是一个市场机制，资金和技术转让均发生在私人部门之间，但是减排作为全球公共物品，需要大量公共设施投资，这使得市场机制难以有效发挥作用。此外，CDM主要是"事后支付"机制，而发展中国家要成功实现大规模的减排，需要大量前期的基础设施和技术设备更新的投资。只能进行"事后支付"的机制等于是没有支付机制，许多减排行动无法在发展中国家顺利展开。

总体来说，中日韩三国在环境治理领域的区域合作为三国顺利开展海洋垃圾治理创造了合作基础，对解决海洋垃圾污染问题具有重要的现实意义。区域合作和对话机制的建立为三方加强信息交流、垃圾处理科技合作提供了平台，成为区域海洋垃圾污染协同治理的典型样板，为全球性海洋垃圾污染问题的解决提供了现实的实践基础，也为构建海洋垃圾污染治理区域合作的国际法律保护机制提供了法律渊源。

四、中日韩协同治理海洋塑料垃圾的现实阻梗

环境合作机制建立和实施过程中遇到的困难不仅来源于合作机制本身，国情差异、国际形势、制度问题等都会对合作产生深层次影响。这种深层次矛盾的解决远比制度的建立更为复杂，这使中日韩三国建立协同治理海洋塑料垃圾的长效机制面临诸多现实阻梗。

（一）主权问题引发的海洋污染治理责任冲突

区域政治形势稳定是区域合作的重要基础。近年来，各国海洋领域的主

权纷争不断白热化。主权与环境保护之间存在着微妙关系。一方面,主权之争不应成为各国逃避环境治理责任的借口;另一方面,环境保护和治理也不应成为侵犯他国主权的理由(李佳丽,2008)。中日韩三国当前在黄海、东海领域仍然存在不少显性的主权争端与隐性主权冲突,这些疑难、敏感问题的存在为中日韩三国建立协同治理海洋塑料垃圾的长效机制设置了政治屏障,搁置争端为短时间合作提供了可能,但随着海洋资源开发程度不断加深,海洋资源总量逐渐减少,三方在海洋资源上的争夺必然会愈演愈烈,海洋领土主权争端也将变得更为复杂,这为中日韩三国海洋环境治理深入合作埋下了"不定时炸弹"。

(二)经济发展水平差异导致的污染治理观念差异

中日韩三国同处东亚,三国分别作为新兴经济体、新兴工业化国家和工业化国家的典型代表,在经济发展的过程中表现出一些共性:三国都曾实行出口导向型政策促进经济增长,并在一定时期内保持过较高的经济增长速度。从经济发展水平比较,徐瑾等(2012)对中日韩三国的经济总量和人均GDP进行比对后发现:以2000年不变国际美元衡量,韩国20世纪90年代初人均GDP水平大致相当于日本20世纪60年代初水平,而韩国2010年左右人均GDP大致相当于日本20世纪70年代初水平;中国2010年左右人均GDP大致相当于韩国20世纪70年代中期的水平。若以购买力平价比较,韩国在2000年左右已经达到了日本20世纪80年代水平,2010年左右基本处于日本20世纪90年代水平;而中国2010年左右中国人均GDP大致相当于韩国20世纪80年代水平。经历近10年发展,中国已经超越日本成为世界第二大经济体,2019年中国经济总量达到14.36万亿美元,保持了6.1%的经济增长速度,人均GDP首次突破1万美元;日本GDP突破5万亿美元,达到5.08万亿美元,位居世界第三位,人均GDP超过4万美元;而韩国2019年GDP总量达到了1.64万亿美元,排名全球第12位,人均GDP超过3万美元。[1]

---

[1] 《亚洲五大经济体:中国、日本、印度、韩国、印尼2019年GDP对比》,简易财经,https://baijiahao.baidu.com/s?id=1661746418760476427&wfr=spider&for=pc。

对比来看，尽管中国经济总量和经济增长速度远超日本和韩国，然而从人均水平来看，中国与日韩两国仍然存在巨大差距，这也表明了在当前及今后的很长一段时间里，发展仍然是第一要务。

此外，中日韩三国在产业结构上存在较大差距，日本基本在20世纪70年代中期完成工业化过程，开始向后工业化阶段过渡，韩国在80年代后期也开始出现拐点，但是中国当前仍处在工业化阶段向后工业化过渡阶段，这决定了中日韩三国的能源消耗模式和环境污染程度存在较大差异，环境治理成本、重点治理领域和环境政策等相应存在差异。因此，经济发展水平的差异可能会影响中日韩三国在海洋塑料垃圾治理中的资金投入分配与关注重点，从而影响协同治理海洋塑料垃圾长效机制的建立和实施。

（三）环境法律政策差异引致的污染治理原则分歧

中日韩三国协同治理海洋塑料垃圾需要基本的法律遵循，既要遵循国际和区域性公约，又要遵循本国内部的法律规定。中国的海洋环境保护法制建设起步于1974年颁布的《中华人民共和国防止沿海水域污染暂行规定》，该规定首次对沿海海洋环境污染防治问题做出了要求，此后中国先后制定和加入了数十项与海洋相关的法律法规及国际公约。包括1985年出台、2011年和2017年两次修订的与海洋垃圾污染直接相关的《中华人民共和国海洋倾废管理条例》，该条例明确规定"渔网、绳索、塑料制品及其他能在海面漂浮或在水中悬浮，严重妨碍航行、捕鱼及其他活动或危害海洋生物的人工合成物质"属于禁止倾倒物质。

日本海洋环保政策体系框架始于1967年颁布的《公害对策基本法》，《公害对策基本法》确立了日本公害防治的基本方针、基本理念、公害治理的综合方案。这一法律的出台，极大地促进了海洋环境保护法律的发展。此后，日本于1971年颁布《海洋污染防治法》，专门针对海洋污染的预防和治理，成为日本海洋污染防治的核心法律，该法律对海洋废弃物排放、废弃物在海洋中的处理以及海上火灾的处理、海上污染事件的预防和处理做出规定。《海洋污染防治法》经多次修订，不断完善了海洋污染防治的各项政策（刘学成，2018）。

韩国海洋环境保护法律立法始于 1977 年《海洋污染防治法》，此法制定的主要目的是为解决海洋溢油事件所带来的归责及救济问题。除此之外，韩国还制定了其他海洋环境保护的法律。如为对设置设施等使用公有水面进行管理出台的《公有水面管理法》。1992 年结合国际公约《油类污染民事责任公约（CLC)》相关规定制定了《油类污染损害赔偿保障法》，为控制海洋废弃物，制定了《口岸秩序法》《废弃物管理法》等。这些法律的出台丰富了韩国海洋环境保护法律制度框架。而为适应韩国海洋污染防治的需要，原本对韩国海洋保护起到重要基础作用的《海洋污染防治法》被废止，由新的《海洋环境管理法》代替（张昕，2014）。

中日韩三国在海洋污染防治中均有各自的法律规定，其对待海洋环境、海洋倾废等的政策规定也存在差异，因此，三方在寻求合作治理海洋塑料垃圾的长效机制时，国内法的差异可能成为制约合作机制实现的潜在因素。

五、中日韩协同治理海洋塑料垃圾的实现机制

建立中日韩协同治理海洋塑料垃圾的长效机制需要充分发挥海洋环境治理主体的作用，海洋环境治理主体主要有三类：主权国家、国际组织和民间团体。其中，主权国家在海洋环境治理中扮演着极为重要的角色，各个主权国家通过立法形式规范国内海洋倾废行为，如《中华人民共和国海洋倾废管理条例》中明确禁止"塑料渔网、绳索、塑料制品及其他能在海面漂浮或在水中悬浮，严重妨碍航行、捕鱼及其他活动或危害海洋生物的人工合成物质"排放。在国际层面，各主权国家通过缔结国际公约（如《巴塞尔公约》）、参与行动计划（如"西北太平洋行动计划"）等开展海洋塑料垃圾治理活动。此外，民间组织也是海洋塑料垃圾治理中的重要力量。因此，要建立中日韩协同治理海洋塑料垃圾的长效机制需要充分发挥主权国家、国际组织和民间团体的作用。

（一）加强政府间对话，依托中日韩环境部长会议开展深层次海洋塑料垃圾治理合作

中日韩环境部长会议作为承载三国环境领域合作的重要机制，在当前海洋污染问题凸显、海洋塑料垃圾问题引起全球广泛关注的现实背景下，应切实发挥作用，加强在海洋污染治理尤其海洋塑料垃圾治理领域的政策对话。当前，中日韩三国环境合作正处于承前启后的重要时期。前两个五年联合行动计划已经完成，三国在环境教育、电子废弃物、化学品管理、环保产业、大气污染防治等多个领域开展了丰富且卓有成效的合作。新一期联合行动计划即将开启，新一轮合作领域应充分考虑国际环境治理形势变化，早在2018年第20次中日韩环境部长会议上，三国就决定加强合作，共同解决海洋垃圾问题，包括可能影响海洋生态环境的微塑料问题。因此，三国应充分利用新一期联合行动计划制定的有利机遇，将海洋污染治理，纳入合作领域。在充分借鉴以往合作经验的基础上，利用现有合作资源，充分调动政府、企业、教育与科研机构积极性，为联合行动计划的顺利实施创造有利条件。在合作过程中，中日韩三国应各尽所能、包容合作，正视发展阶段差异，尊重和照顾彼此的关切，增强协调沟通，通过平等对话和友好协商来求同存异，深化合作。

（二）充分发挥区域海洋计划作用，完善海洋塑料垃圾纠纷处理机制

中日韩三国协同治理海洋塑料垃圾，一方面可以依托三方环境部长会议开展对话合作，另一方面，可以依托西北太平洋行动计划开展海洋塑料垃圾治理行动。中日韩三国作为西北太平洋行动计划的三个重要成员国，早在2005年第十次西北太平洋行动计划政府间会议上就已经通过了海洋垃圾行动计划（MALITA），2007年又通过了西北太平洋地区关于海洋垃圾区域行动计划（RAP MALI），共同进行海洋垃圾治理。因此，西北太平洋计划是中日韩

协同治理海洋塑料垃圾的有效渠道。然而，该计划目前面临一些问题，要切实发挥西北太平洋计划在海洋塑料垃圾防治中的作用，应注意以下两点：

一是要完善西北太平洋行动计划信托基金，加大成员国投入力度，拓展资金来源渠道。总体来看，西北太平洋行动计划分配给海洋垃圾处理的资金比重不高，对当前的海洋垃圾污染形势而言，显然这一费用是严重不足的。因此，应该完善西北太平洋行动计划信托基金，一方面应该增加成员国的资金投入，或者增加专门用于 RAP MALI 项目的专项支出，用于海洋塑料垃圾治理以及海洋环保宣传等；另一方面可以向联合国环境规划署、联合国开发计划署和世界银行等国际组织寻求资金支持。

二是在西北太平间行动计划框架下组建常设机构处理成员之间的海洋环境污染纠纷。因环境本身存在外溢性，海域边界难以成为划分环境治理责任的依据，为保障各国海洋塑料垃圾协同治理长效机制能够切实发挥作用，理应构建常设机构用于处理成员之间在治理边界、治理标准等方面的纠纷。构建这一纠纷解决机制实际是一种利用外交途径解决国际环境争端的方式，采用这种方法不必限于严格的规则，并且可以对具体情况灵活掌握，有利于争端的迅速解决。

（三）多元主体互动，发挥中日韩三国民间组织力量

海洋塑料垃圾污染问题不仅关系到海洋生态环境和海洋生物安全，也与人民健康息息相关。因此，政府间开展政治对话和政策合作的同时，民间组织和个人也应该发挥作用。中日韩民众在海洋塑料垃圾防治中的广泛参与是真正解决海洋塑料垃圾污染问题的关键。日韩两国在工业化进程中都曾出现过环境公害，公众的环境保护意识相对较强，而中国随着经济的发展，人民生活水平得以提高，环保意识不断增强，与海洋环境保护相关的社会团体、基金会等数量不断增加，成为中日韩三国民间海洋环境保护互动的主要力量。中日韩三国应放宽民间技术交流渠道，为各国海洋环境保护组织进行环保技术和民间经验交流创造有利条件，达到以民促官的效果。此外，民间互动可以在一定程度上避免由于政治因素导致的对立，缩短磋商时间，为中日韩海

洋塑料垃圾治理提供新平台。

参 考 文 献

[1] Jambeck J R, Geyer R, Wilcox C, Siegler T R, Perryman M, Andrady A, Narayan R, Law K L, Plastic waste inputs from land into the ocean. *Science*, Vol. 347, February 2015, pp. 768–771.

[2] 王西西、曲长凤、王文宇、安美玲、缪锦来:《中国海洋微塑料污染的研究现状与展望》,载于《海洋科学》2018 年第 3 期。

[3] 李玫、王丙辉:《中日韩关于海洋垃圾处理的国际纠纷问题研究》,载于《社会科学》2012 年第 6 期。

[4] 钭晓东、赵文萍:《深海塑料污染国际治理机制研究——人类命运共同体的深海落实》,载于《中国地质大学学报(社会科学版)》2019 年第 1 期。

[5] 刘彬、侯立安、王媛、马文超、颜蓓蓓、李湘萍、陈冠益:《我国海洋塑料垃圾和微塑料排放现状及对策》,载于《环境科学研究》2020 年第 1 期。

[6] 王晓峰:《国际法视阈下的海洋垃圾污染问题研究》浙江大学硕士学位论文,2017 年。

[7] 李佳丽:《中日韩三国在黄海,东海区域海洋环境预警合作制度的建立》厦门大学硕士学位论文,2008 年。

[8] 徐瑾、丁振、刘磊:《中日韩经济发展阶段比较》,载于《经济问题探索》2012 年第 8 期。

[9] 刘学成:《战后日本海洋环保政策体系的历史考察》,渤海大学硕士学位论文,2018 年。

[10] 张昕:《中日韩政府环境保护制度和措施比较研究》,南京大学硕士学位论文,2014 年。

山东省自贸区蓝碳能力评估与提升路径

▶沈春蕾* 郑 潇**

摘要： 提升海蓝碳能力是山东省实现碳中和的有力抓手。目前山东省蓝碳存在环境污染降低碳汇功能、经济社会活动影响海岸带生物的碳汇功能、尚未从全省层面系统谋划"蓝碳行动"等问题。研究发现，2015~2020年，山东省海水养殖通过收获贝藻类产品每年平均可以从海水中移出碳40.25万吨，相当于减排二氧化碳147.72万吨；山东省海草床、滨海湿地碳汇功能显著。基于此，应加强省级层面的系统谋略、打好蓝碳生态基础、加强蓝碳机制与能力建设的科学研究、加大蓝碳项目与工程的财政金融支持力度，为山东省实现碳中和目标做出"海洋贡献"。

关键词： 蓝碳 碳汇 碳中和

习近平总书记在第75届联合国大会一般性辩论上发表的重要讲话中提出"二氧化碳排放力争于2030年前达到峰值，努力争取2060年前实现碳中和"[1]，彰显出中国积极应对气候变化、建设人类命运共同体的责任担当，也为山东省实现绿色可持续发展提出更高要求。从碳达峰、碳中和目标来看，山东省2050年允许的能源和工业领域二氧化碳排放可能只有1亿吨。此外，2060年还要实现包括其他温室气体在内的碳中和。要达到这一目标，山东省应依托于自贸区加快产业结构转型升级，在尽可能减排的同时大力增加碳汇，落实科学可行的碳汇方案。因此，低碳转型和固碳布局双轮驱动成为山东省率先实现碳中和的重要路径。

---

* 沈春蕾，山东大学自贸区研究院研究助理。
** 郑潇，山东大学自贸区研究院研究助理。
[1]《习近平在第七十五届联合国大会一般性辩论上发表重要讲话》，中国政府网，http://www.gov.cn/xinwen/2020-09/22/content_5546168.htm。

海洋是地球上最大的活跃碳库，包括浮游生物、细菌、海藻、盐沼和红树林等在内的海洋生态系统固定了全球55%的碳，每年吸收约30%的人类活动排放到大气中的二氧化碳，其碳储量是陆地碳库的20倍、大气碳库的50倍[1]，在应对全球气候变化、保护生物多样性和实现可持续发展等方面发挥着重要作用。

海洋碳汇过程机制方面，我国经过近20年的持续研究，已取得了长足进展。海洋渔业碳汇的概念由我国科学家提出，近年来得到国际上越来越多的关注。唐等（Tang et al., 2011）首先提出海洋渔业碳汇的概念，并基于生物量法测算了中国海洋渔业碳汇能力，发现贝藻养殖在浅海生态系统碳固定中起着重要作用。随后，我国学者对海洋渔业碳汇的机制、测算和特征展开了较为广泛的研究（齐占会等，2012；邵桂兰等，2019；张樨樨等，2020）。但目前中国特色的养殖贝藻还未被纳入国际"蓝碳"清单，亟待解决大型藻类"长久"碳汇效应、贝类碳汇机理、碳足迹等瓶颈技术问题。在渔业碳汇标准体系研究方面，各国仍处于研发阶段。2017年我国国家海洋局下达了若干个渔业碳汇的标准制订计划项目，但相关标准至今尚处于编制阶段，距离其广泛推广应用仍需时日。

一、山东省蓝碳发展现状

山东省拥有3345公里大陆海岸线，占中国海岸线总长度的1/6[2]，拥有滨海湿地、海洋牧场、藻类贝类养殖、海草床等丰富的蓝碳资源，如潍坊、东营的柽柳林碳汇、荣成贝藻碳汇、海草床生态系统碳汇、乳山牡蛎碳汇、烟台海洋生物碳汇等。同时，山东省已建成国家级海洋牧场44处、省级海洋牧场105处[3]，通过利用海洋牧场等科学、立体、循环的生态养殖机制，绿

---

[1]《蓝碳：健康海洋的固碳作用——快速反应评做报告》，https://wenku.baidu.com/view/fcdc050303d8ce2f00662353.html。
[2]《山东统计年鉴2020》。
[3]《山东已建成省级海洋牧场105处国家级海洋牧场44处》，中国海洋发展研究中心微信公众平台，http://aoc.ouc.edu.cn/2020/0823/c15170a295154/pagem.htm。

色生态养殖产业进行了丰富的近海增汇活动,具备海洋碳汇、发展蓝碳经济所必需的产业基础和科研能力。渔业资源是山东省的支柱性海洋经济资源,海洋渔业初见从"猎捕型"走向"农牧化",实现了海水养殖"从取到予、从近海走向深海"的转变,从原先的高密度近海养殖和过度捕捞,到建设五种类型的海洋牧场的转变。2020年,山东省贝类和藻类养殖产量分别高达407.7万吨和66.9万吨[①],海水养殖贝藻类碳汇资源丰富,具备发展海洋碳汇和蓝碳经济所必需的产业基础和能力。因此,提升蓝碳能力是山东省实现碳中和的有力抓手。

二、山东省蓝碳存在的问题

近年来伴随着经济的快速发展和破坏式的过度捕捞,环境污染、海洋资源过度开发等问题导致山东省的海洋可捕捞渔业资源和可持续渔业资源不断下滑,严重破坏海洋和海岸带生态系统。充分激发山东省蓝碳能力,既取决于产学研各界的共同努力,也离不开相关政策的配套支撑,急需从全省层面系统谋划"蓝碳行动"。

目前山东省蓝碳存在的问题主要包括三个方面。一是环境污染降低碳汇功能。经过多年努力,到2020年底山东省近岸海域水质优良比例达到91.5%,但山东渤海海域水质优良比例为78.3%,莱州湾入海河流监控断面水质时有超标。同时,沿岸及海上垃圾污染、污水直排入海、港口和船舶修造污染、海水养殖污染、赤潮等海洋生态环境问题时有发生,不仅降低海域生态功能,海洋(微)生物多样性也受到严重影响,蓝碳功能受到一定程度的干扰和破坏。二是经济社会活动影响海岸带生物的碳汇功能。山东省第二次湿地资源调查结果显示,因围填海、水产养殖、沿海土地开发、流域建库筑坝和工业生产等经济活动,不仅影响了海岸带生物碳汇过程与机制,同时

---

① 《2021年中国渔业统计年鉴》。

也使 2004~2014 年滨海湿地平均每年减少 4.02 万公顷[①],降低了滨海湿地固碳、储碳能力。山东省现有的滨海湿地修复工程大多以保护海洋生态环境为目的,有的甚至理解为滨海形象工程和园林景观,进行简单铺沙和补沙的沙滩整治,尚未上升到保护海洋生物多样性以增强海洋碳汇能力、实现碳中和层面。三是尚未从全省层面系统谋划"蓝碳行动"。山东省目前开展的海水生态养殖、滨海湿地保护、污染排放控制都将对海洋碳汇的增加提供可能,但目前各类蓝色碳汇的形成过程及其发展机制仍未完全探明,在海洋碳汇效能估算方法方面,国内外尚未形成统一的规范和标准,不仅阻碍科研成果交流与相互借鉴,而且会导致科研资源的重复投入与财力浪费;尚未构建相应的海洋碳汇数据库,也未系统评估测算全省蓝碳资源的碳汇能力;尚未集中全省科研资源系统开展蓝碳资源增汇能力的系列方法学研究,也未系统谋划海洋碳汇交易试点工作。

因此,尽早系统开展海洋碳汇能力的系列方法学研究、形成权威的海洋碳汇标准认证体系,有助于科学构建山东省的海洋碳汇数据库,系统评估测算山东省蓝碳能力,摸清家底,为实现"碳中和"赢得时间和信心。基于碳达峰、碳中和的战略诉求,从全省层面系统谋略、布局,从生态养护治理、增强固碳能力、巩固提升存量、挖掘涵养增量、市场化交易增值等维度设计科学高效、可持续的公共政策与相应的制度安排,提升蓝碳能力,为山东省率先实现碳中和、科学擘画"海洋力量"提供决策支撑。

三、山东省蓝碳能力评估

(一)山东省海水养殖贝藻类碳汇能力[②]

借鉴齐占会等(2012)的方法,基于贝藻养殖产量数据和贝藻生物数

---

① 《山东省第二次湿地资源调查情况新闻发布会》,国务院新闻办公室网,http://www.scio.gov.cn/xwfbh/gssxwfbh/xwfbh/shandong/Document/1370732/1370732.htm。
② 本部分数据来源于 2016~2020 年《中国渔业统计年鉴》。

据，采取物质量评估方法对山东省海水养殖的碳汇能力（C_t）进行评估，公式如下：

$$C_t = C_b + C_w$$

C_b 为海水养殖贝类从水体中移出的碳量，C_w 为海水养殖大型海藻从水体中移出的碳量，具体计算公式为：

$$\begin{cases} C_b = C_{st} + C_s \\ C_{st} = \sum_i (P_{b,i} \times R_{st,i} \times w_{st,i}) \\ C_s = \sum_i (P_{b,i} \times R_{s,i} \times w_{s,i}) \\ C_w = \sum_i (P_{w,j} \times R_{w,j} \times w_{w,j}) \end{cases}$$

其中，C_{st} 为贝类软组织（soft-tissue）碳汇量，C_s 为贝类壳（shell）碳汇量，C_w 为海藻藻体（seaweed）碳汇量。$P_{b,i}$ 和 $P_{w,j}$ 为不同贝类和不同藻类的产量，$R_{st,i}$ 和 $R_{s,i}$ 分别为软组织干重（soft tissue dry weight）和壳重（shell weight）在贝壳总湿重（total wet weight）中的比例，$R_{w,j}$ 为藻体干重（seaweed dry weight）占藻体湿重的比例，$w_{st,i}$、$w_{s,i}$ 和 $w_{w,j}$ 分别为贝类软组织干重、壳重和藻体干重中的碳含量（carbon content）占比。

山东省 2015~2020 年年均贝藻养殖总产量为 465.69 万吨，贝类养殖总产量和藻类养殖总产量分别为 399.22 万吨和 66.47 万吨，养殖贝类的产量占山东省海水养殖总产量的 78.26%，贝藻产量占海水养殖总产量的 91.3%。2015~2020 年山东省不同种类贝藻产量如表 1 所示。蛤、扇贝、牡蛎是山东省的主要贝类产品，分别年均占山东省贝类总产量的约 34%、23% 和 22%。山东省养殖的蛤和扇贝主要是菲律宾蛤仔（ruditapes philippinarum）和栉孔扇贝（chlamys farreri），如知名度较高的"威海蚬蛤"，即是菲律宾蛤仔的一种。山东省养殖的牡蛎主要是长牡蛎（crassostrea gigas），如威海乳山的牡蛎年均产量达 50 万吨，其"乳山牡蛎"凭借品质好、品种优等优势，早在 2008 年就获批为国家地理标志商标，在我国乃至全球均有一定的品牌知名度，其品种主要是经优化培育的长牡蛎。对于山东省养殖的蛤、扇贝和牡蛎的碳汇量，本文研究分别采用菲律宾蛤仔、栉孔扇贝和长牡蛎的相关数据进

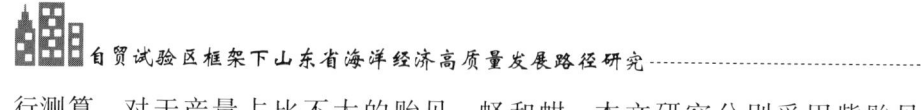

行测算。对于产量占比不大的贻贝、蛏和蚶，本文研究分别采用紫贻贝（mytilus edulis）、缢蛏（sinonovacula constricta）和毛蚶（scapharca subcrenata）的相关数据进行碳汇量测算。

表1　2015~2020年山东省海水养殖贝藻产量　　　单位：吨

种类		产量					
		2020年	2019年	2018年	2017年	2016年	2015年
贝类	牡蛎	971462	869876	933180	910685	872797	803493
	蛤	1313900	1209611	1356225	1437528	1441138	1340431
	扇贝	959024	973474	982637	984217	911159	756815
	贻贝	384450	384074	439135	447006	444225	434272
	蛏	140176	153579	163607	163942	161799	147614
	鲍	34021	21428	13195	13411	15399	14716
	蚶	7677	5508	2315	2548	2096	15358
	螺	16111	10299	10565	16586	17534	21468
	其他	250482	294598	248062	164278	186275	162961
	合计	4077303	3922447	4148921	4140201	4052422	3697128
大型藻类	海带	509156	481289	506838	531330	533439	556388
	裙带菜	45950	48590	58653	49514	43961	40709
	江蓠	45210	52584	50131	48394	51996	60797
	紫菜	12476	17785	15603	14931	972	1890
	其他	54393	62724	34085	15117	42668	3000
	合计	669168	662972	665310	659286	673036	662784
贝藻总计		4746471	4585419	4814231	4799487	4725458	4359912

长牡蛎、菲律宾蛤仔、栉孔扇贝、紫贻贝的软体干质量和壳质量占比，参考唐等（Tang et al.，2011）的测量结果，缢蛏和毛蚶的各部分干质量占比则分别参考了吕昊泽（2014）和孙同秋（2009）的测量结果。在主要藻类的藻体干质量占比中，江蓠的平均含水量为90%（宋金明等，2008），其他

品种的藻类干重比参考高等（Gao et al.，1994）的测量结果，按照20%进行计算。

贝类中，除缢蛏的碳含量数据参考柯爱英等（2016）外，其他贝类各部分的碳含量数据均参考周毅等（2002）的测量结果。滤食性贝类的软体组织中碳含量（w_{st}）平均在44%左右，而贝壳中的碳含量（w_s）约为12%，不同海区和种类之间的差异不大。对鲍和螺的相关研究较少，其各部分干质量占比、碳含量取其他滤食性贝类的参数均值。在各类大型海藻藻体中，海带的碳含量相对较高，碳汇作用较强。本文测算所用的贝藻干质量占比（R）、和含碳量（w）等参数，如表2和表3所示。

表2　　　　主要贝藻软体（藻体）干质量和贝壳干质量占比　　　　单位：%

种类	软体（藻体）干质量占比（R_{st} of R_w）	壳干质量占比（R_s）	参考文献
长牡蛎	1.30	63.80	康等（2011）
菲律宾蛤仔	7.67	44.65	康等（2011）
栉孔扇贝	7.32	56.58	康等（2011）
紫贻贝	4.63	70.64	康等（2011）
缢蛏	6.62	64.78	吕昊泽（2014）
毛蚶	5.83	68.64	孙同秋（2009）
江蓠	10.00		宋金明等（2008）
海带	20.00		
紫菜	20.00		高等（1994）
裙带菜	20.00		

表3　　　　　　　　　贝类与藻类的碳含量　　　　　　　　　单位：%

种类		软体组织碳含量（w_{st}）	贝壳碳含量（w_s）	参考文献
贝类	长牡蛎	44.90	11.52	周毅（2002）
	菲律宾蛤仔	42.84	11.40	周毅（2002）

续表

种类		软体组织碳含量 (w_{st})	贝壳碳含量 (w_s)	参考文献
贝类	栉孔扇贝	43.87	11.44	周毅（2002）
	紫贻贝	45.98	12.68	周毅（2002）
	缢蛏	44.99	13.24	柯爱英等（2016）
	毛蚶	45.86	11.29	周毅（2002）
藻体碳含量（w_w）				
大型藻类	海带	31.20		周毅（2002）
	江蓠	20.60		拉普特等（Lapointe B. et al., 1992）
	紫菜	27.39		齐占会等（2012）
	裙带菜	26.40		

注：裙带菜和其他海藻的藻体碳含量取海带、江蓠、紫菜藻体碳含量的均值。

经计算，2015~2020年，山东省海水养殖通过收获贝类产品，每年平均可以从海水中移出碳36.40万吨，相当于减排二氧化碳133.60万吨。收获海藻类产品，可以从海水中移出碳3.85万吨，相当于减排二氧化碳14.12万吨。2020年山东省海水养殖收获贝类和藻类产品可从海水中移除的碳总计40.86万吨，相当于减排二氧化碳149.96万吨，如表4所示。

表4　　　　2015~2020年山东省贝藻碳汇量　　　　单位：万吨

种类		2020年	2019年	2018年	2017年	2016年	2015年
贝类	牡蛎	7.71	6.90	7.40	7.22	6.92	6.37
	蛤	11.01	10.13	11.36	12.04	12.07	11.23
	扇贝	9.29	9.43	9.52	9.53	8.82	7.33
	贻贝	4.26	4.26	4.87	4.96	4.92	4.81
	蛏	1.62	1.77	1.89	1.89	1.87	1.71

续表

	种类	2020年	2019年	2018年	2017年	2016年	2015年
贝类	鲍	0.33	0.21	0.13	0.13	0.15	0.14
	蚶	0.08	0.06	0.02	0.03	0.02	0.16
	螺	0.24	0.10	0.10	0.16	0.17	0.21
	贝类其他	2.46	2.89	2.44	1.61	1.83	1.60
	软组织碳小计	10.05	9.71	10.26	10.35	10.15	9.20
	贝壳碳小计	26.95	26.05	27.47	27.24	26.64	24.36
	贝类碳汇	36.99	35.76	37.73	37.58	36.79	33.57
	~CO_2	135.77	131.23	138.48	137.93	135.02	123.19
藻类	海带	3.18	3.00	3.16	3.32	3.33	3.47
	裙带菜	0.24	0.26	0.31	0.26	0.23	0.21
	江蓠	0.09	0.11	0.10	0.10	0.11	0.13
	紫菜	0.07	0.10	0.09	0.08	0.01	0.01
	藻类其他	0.29	0.33	0.18	0.09	0.23	0.02
	藻类碳汇	3.87	3.80	3.84	3.84	3.90	3.84
	~CO_2	14.20	13.93	14.10	14.09	14.31	14.09
贝藻碳汇		40.86	39.55	41.57	41.42	40.69	37.41
~CO_2		149.96	145.16	152.58	152.01	149.32	137.28

注：~CO_2表示贝类或藻类碳汇量，相当于减排CO_2的量，折算系数为3.67。

（二）山东省海草床碳汇能力

海草床在保护生物多样性、净化水质等方面发挥着重要作用。海草床生态系统不但具有为海洋生物提供栖息繁衍生境、改善海岸物理环境、净化水质、为海洋生物提供丰富的食物来源等生态功能，同时也是地球上最有效的碳捕获和封存系统之一，全球海草床年固碳量约占海洋总固碳量的10%（Duarte et al.，2005）。海草对于水质的要求很高，海草床的健康状况很大程度上反映了当地的污染程度，海草也因此被称为"生态哨兵"。除了固碳和指示水质，海草床还兼具着缓解海水酸化、防止土壤侵蚀的生态功能，并有成为公民环保教育或生态旅游关键区域的潜力。

山东省海草床面积不大，科研人员一直在努力通过生境恢复法、移植法和种子法等修复方法增加海草床面积、提高海草的覆盖度以及恢复栖息于海草床物种的多样性。2013年，我国首个海草床生态系统碳汇观测站在威海市揭牌。该观测站由中国水产科学研究院黄海水产研究所碳汇实验室与荣成楮岛水产有限公司共同组建，旨在以海草床生态系统碳汇观测站为研究平台，发挥产学研相结合的优势，系统开展有关海草床碳汇功能的研究，获得有关海草床碳汇年际变化的长期观测数据，为我国政府应对全球气候变化管理策略的建立提供基础数据，建成国内领先、国际知名、产学研相结合的海草床生态系统碳汇科学观测研究平台。重点开展海草床生态系统生源要素的生地化循环过程，海草床生态系统的碳收支、碳汇计量技术方法以及碳汇扩增技术，人类活动对海草床生态系统的影响，分析对比研究退化海草床与扩增海草床海域的生物、物理、化学差异，海草移植和恢复技术的基础理论，海草床生态系统的生态服务功能评估评价等方面的课题研究。

（三）山东省滨海盐沼湿地碳汇能力

滨海湿地地理位置得天独厚，具有较高的碳封存速率和相对较低的甲烷释放速率，使单位面积的滨海湿地在全球变暖的情况下可能成为更有价值的碳汇。滨海湿地不仅是我国湿地的重要类型之一，在全球碳循环中起着重要的作用，而且对全球气候变化有着巨大的影响。盐沼湿地的地表水呈碱性，土壤中盐分含量较高，分布着柽柳、碱蓬、芦苇等植物，具有巨大的碳捕获和封存潜力。由于围海造地等滩涂围垦活动，以及全球气候变化引起的海平面上升、海岸侵蚀等，造成较大面积的盐沼受损、生态功能退化。滨海湿地生态系统相比于陆地生态系统的优势在于极大的固碳速率，以及长期持续的固碳能力。陆地生态系统随植物的不断生长和土壤有机质的累积，其植物和土壤呼吸释放的碳会持续增加。因而，其固碳能力在几十年到百年尺度上会达到饱和。达到饱和点后，植物通过光合作用吸收的碳与系统内植物、微生物和动物呼吸释放的碳会达到平衡,从而导致系统净固碳能力趋于零。滨海湿地中植物的凋落物会沉积到土壤中,但是与陆地生态系统不同的是:海水潮汐往复能够极大减缓这些沉积有机质的分解;随着海平面的上升,滨海湿地中沉积物不断增加并被埋藏到更深的土层,客观上不利于有机质的降解,因而这些沉积物中的碳能够在百年到上万年尺度上处于稳定状态而不会释放回大气中,从而实现稳定持续的储碳。

山东的柽柳林主要分布于潍坊市北部沿海,位于渤海莱州湾南岸以下的滩涂上,总面积2929公顷(约4.4万亩)。针对重点保护区、适度利用区和生态与资源恢复区制订重点保护方案,截至2020年6月,对全国唯一的国家级柽柳海洋生态特别保护区生态修复资金投入,累计投入2698万元,培育柽柳树苗134万株。[1]

四、山东省自贸区蓝碳能力提升路径

海洋在碳汇中发挥着重要作用,对二氧化碳减排具有重要意义,可以实现巨大的社会效益。系统谋划与政策引导是挖掘蓝碳潜力、率先实现碳中和的重要保障。山东是我国海洋大省,海洋渔业资源丰富,但目前相关政策与制度体系缺失,蓝碳能力和潜力未得到充分发挥,急需加快擘画山东省海洋碳汇潜力提升的公共政策框架,为山东省实现碳中和目标做出"海洋贡献"。

(一)加强省级层面的系统谋略

科学擘画蓝碳可持续发展的政策框架,充分挖掘山东省蓝碳潜力。在全国率先出台《山东省海洋碳汇行动方案》,将蓝碳理念贯穿海洋强省建设的全过程,摸清山东省蓝碳资源种类、家底,建立科学、精准、系统的海洋碳汇分类测算标准、评价体系和动态检测技术规范系统谋划全省海洋增汇的精

---

[1] 《潍坊柽柳生态修复》,大众网,http://paper.dzwww.com/dzrb/content/20200702/Articel06007MT.htm。

准路径，拓展海洋固碳储碳的有效空间，建立科学、精准的海洋碳汇测算标准和评价体系。在条件成熟的情况下，率先在全国建立省级层面的蓝碳交易市场，获得海洋碳汇资源资产定价、分类交易的话语权，高质量、可持续增强全省海洋碳汇能力，为山东省率先实现碳中和贡献"海洋力量"。

（二）打好海洋碳汇生态基础

将蓝碳理念嵌入海岸带综合治理的全过程，全方位打好海洋碳汇生态基础。陆海统筹治理海岸带陆源污染、生态修护，开展滨海湿地碳汇质量提升专项行动，加强典型生态系统和海洋生物多样性保护，因地制宜开展"南红北柳"湿地修复、蓝色海湾治理、"生态岛礁"建设、海岛保护等生态修复行动，形成基于滨海区域的"湿地—农田—近海—岸线"为整体组合的高质量的海洋碳汇体系。通过对山东省海洋环境污染情况的实地调研、文本挖掘，以山东省海洋环境监测数据为基础，考察山东省海洋环境质量现状与污染成因，聚焦陆海衔接重点区域，在省政府层面建立湾长制与河长制的无缝衔接机制，实现陆海统筹治理，健全海洋环境保护地方法规体系，建立健全海岸带综合管理体制，加强海洋环境监测等，提升生态环境厅对海岸带综合治理的政策效能。

（三）加强海洋碳汇机制与能力建设的科学研究

提高对海洋固碳储碳机制和能力的科学认知；系统开展山东省系列蓝碳资源的方法学研究，编制《山东省海洋碳汇核算指南和监测技术规范》，建立海洋碳汇分类核算标准体系和动态检测技术规范，在地方标准的基础上，推动其上升为行业标准和国家标准。开展滨海盐沼湿地碳汇质量提升专项行动，形成政府主导、多方参与的生态修复补偿机制。不仅为山东省率先实现碳中和目标提供科技支撑，也为我国海洋碳汇能力的整体增强贡献"山东智慧"。

（四）加大海洋碳汇项目与工程的财政金融支持力度

大力发展海洋碳汇项目和工程。一是运用蓝碳产业引导基金、财政专项奖励、减税降费、海洋碳汇生态补偿等政策，引导社会资本积极参与柽柳林、海草床和盐沼等海洋碳汇生态系统修复工程，发展低碳养殖、人工鱼礁等海洋碳汇产业。推动蓝碳产业规模化发展、市场化运营，提升蓝碳产业的经济价值。二是探索建立海洋碳汇多元化投融资机制，壮大碳汇渔业产业发展规模，提升其生态经济价值。积极引导开发性、政策性、商业性金融机构采取多种形式加大对海洋碳汇的支持力度，以推动蓝碳产业规模化发展、市场化运营，提升蓝碳系统的经济、生态价值，将海洋碳汇转化为"金山银山"。三是率先在全国建立省级层面的蓝碳交易市场，实现蓝碳生态价值。探索以柽柳林碳汇、海带碳汇、牡蛎碳汇等为特色标的，设计获得国家、国际认可的蓝碳交易方案，明确定价机制、交易模式、市场监管、效果评价等内容。

参 考 文 献

[1] Tang Q, Zhang J, Fang J, Shellfish and seaweed mariculture increase atmospheric CO_2 absorption by coastal ecosystems, *Marine Ecology Progress Series*, Vol. 424, March 2011, pp. 97 – 104.

[2] 齐占会、王珺、黄洪辉、刘永、李纯厚、陈胜军、孙鹏：《广东省海水养殖贝藻类碳汇潜力评估》，载于《南方水产科学》2012年第1期。

[3] 李昂、刘存歧、董梦荟、李博：《河北省海水养殖贝类与藻类碳汇能力评估》，载于《南方农业学报》2013年第7期。

[4] 邵桂兰、刘冰、李晨：《我国主要海域海水养殖碳汇能力评估及其影响效应——基于我国9个沿海省份面板数据》，载于《生态学报》2019年第7期。

[5] 张樨樨、郑珊、余粮红：《中国海洋碳汇渔业绿色效率测度及其空

间溢出效应》，载于《中国农村经济》2020年第10期。

［6］Tang Q，Zhang J，Fang J，Shellfish and seaweed mariculture increase atmospheric CO_2 absorption by coastal ecosystems，*Marine Ecology Progress*，Vol. 424，March 2011，pp. 97 – 104.

［7］吕昊泽：《缢蛏、光滑河蓝蛤和河蚬对盐度的适应性及碳、氮收支研究》，上海海洋大学硕士学位论文，2014。

［8］孙同秋、韩松、鞠东、崔玥、王玉清、郑小东：《渤海南部毛蚶营养成分分析及评价》，载于《齐鲁渔业》2009年第8期。

［9］宋金明、李学刚、袁华茂、郑国侠、杨宇峰：《中国近海生物固碳强度与潜力》，载于《生态学报》2008年第2期。

［10］Gao K，Mckinley K R，Use of macroalgae for marine biomass production and CO_2 remediation: a review，*Journal of Applied Phycology*，Vol. 6，No. 6，February 1994，pp. 41 – 60.

［11］柯爱英、罗振玲、薛峰、张石天、孙庆海、陈坚：《2004~2014年温州市养殖贝类碳汇强度研究》，载于《水产科技情报》2016年第3期。

［12］周毅、杨红生、刘石林、何义朝、张福绥：《烟台四十里湾浅海养殖生物及附着生物的化学组成、有机净生产量及其生态效应》，载于《水产学报》2002年第1期。

［13］Lapointe B E，Littler M M，Littler D S，Nutrient availability to marine macroalgae in siliciclastic versus carbonate-rich coastal waters，*Estuaries*，Vol. 15，No. 1，March 1992，pp. 75 – 82.

［14］Duarte C M，Middelburg J J，Caraco N，Major role of marine vegetation on the oceanic carbon cycle，*Biogeosciences*，Vol. 2，No. 1，February 2005，pp. 1 – 8.